Bernd Zoller

PC & ELEKTRONIK

DATA BECKER

Copyright © 1997 by DATA BECKER GmbH & Co.KG
Merowingerstr. 30
40223 Düsseldorf

1. Auflage 1997

Lektorat Jürgen Schulz / Joachim Philipp

Umschlaggestaltung Grafikteam DATA BECKER

Schlußredaktion Claudia Lötschert

Textverarbeitung und Gestaltung Uwe Brinkmann

Belichtung, Druck und buchbinderische Verarbeitung fgb, Freiburger Graphische Betriebe, Freiburg

ISBN 3-8158-1278-X

Wichtige Hinweise

Die in diesem Buch wiedergegebenen Verfahren und Programme werden ohne Rücksicht auf die Patentlage mitgeteilt. Sie sind für Amateur- und Lehrzwecke bestimmt.

Alle technischen Angaben und Programme in diesem Buch wurden vom Autor mit größter Sorgfalt erarbeitet bzw. zusammengestellt und unter Einschaltung wirksamer Kontrollmaßnahmen reproduziert. Trotzdem sind Fehler nicht ganz auszuschließen. DATA BECKER sieht sich deshalb gezwungen, darauf hinzuweisen, daß weder eine Garantie noch die juristische Verantwortung oder irgendeine Haftung für Folgen, die auf fehlerhafte Angaben zurückgehen, übernommen werden kann. Für die Mitteilung eventueller Fehler ist der Autor jederzeit dankbar.

Wir weisen darauf hin, daß die im Buch verwendeten Soft- und Hardwarebezeichnungen und Markennamen der jeweiligen Firmen im allgemeinen warenzeichen-, marken- oder patentrechtlichem Schutz unterliegen.

INHALTSVERZEICHNIS

INHALTSVERZEICHNIS

INHALTSVERZEICHNIS

INHALTSVERZEICHNIS

INHALTSVERZEICHNIS

INHALTSVERZEICHNIS

INHALTSVERZEICHNIS

INHALTSVERZEICHNIS

1. Einleitung

Ein Computer ist in der Lage, viele verschiedene Aufgaben zu erledigen. Sein Einsatzgebiet ist entsprechend vielfältig. Sehr häufig wird er innerhalb der Geschäftswelt in Büros zur Erledigung der anfallenden Schreib- bzw. Kommunikationsaufgaben eingesetzt. Viele Konzerne setzen den Computer als Entwicklungswerkzeug oder als Steuerungsgerät für Produktionsabläufe ein. Im privaten Bereich wird ein Computer dagegen oftmals für andere Zwecke eingesetzt. Lediglich das Schreiben von Briefen oder das Verwalten von privaten Daten ist hier mit der Firmenwelt vergleichbar. Häufig wird der Computer zu Hause als Spielgerät eingesetzt, oder allgemein formuliert: der Computer dient der Unterhaltung. Doch dies muß nicht das einzige Einsatzgebiet im privaten Bereich bleiben. Der Computer kann häufig auch im Haushalt oder in Verbindung mit einem Hobby eingesetzt werden. Dieses Buch beschäftigt sich mit diesem Gedanken und stellt eine Reihe von Möglichkeiten vor, wie eine solche Verbindung aussehen kann.

Der Grundgedanke dieses Buches

Grundlegend wird dabei nicht von einem Verwaltungseinsatz des Computers ausgegangen, sondern hier soll der Computer als Steuerungsgerät eingesetzt werden. Der Computer soll also nicht z. B. als Verwaltungsgerät für eine Briefmarkensammlung herangezogen werden, sondern z. B. steuernd auf eine Modelleisenbahn einwirken.

Der große Unterschied zwischen den beiden angesprochenen Beispielen liegt hauptsächlich darin, daß das Einsatzgebiet des Computers beim ersten Beispiel auf die Software beschränkt bleibt. Sie geben die Daten der Briefmarkensammlung ein, und die gewünschten Auswertungen werden innerhalb des Computers erledigt.

Anders soll es im zweiten Beispiel aussehen. Hier muß zwar auch eine Software eingesetzt werden, doch die Auswirkungen sollen nicht innerhalb des Computers verbleiben. Vielmehr sollen sich hier die Ergebnisse des Softwareeinsatzes auf das Umfeld des Computers auswirken.

Diese Auswirkungen sind allerdings in der Regel nur dann nach außen hin übertragbar, wenn zwischen dem Umfeld und dem Computer eine Verbindung hergestellt wird. In den meisten Fällen besitzen die Personalcomputer eine bzw. mehrere solcher Verbindungsmöglichkeiten, die allerdings fast ausschließlich für bestimmte Zwecke eingesetzt werden. Diese Einsatzgebiete werden Sie selbst täglich nutzen, obwohl Sie oftmals gar nicht näher darüber nachdenken.

Die Schnittstellen

Es handelt sich bei den Verbindungsmöglichkeiten um die im Computer vorhandenen *Schnittstellen*. Hier wird die *parallele* Schnittstelle zu fast 100 Prozent zum Anschluß an einen Drucker eingesetzt. Die *serielle* Schnittstelle, die häufig in zweifacher Ausfertigung im Computer enthalten ist, wird zum Einsatz einer Maus bzw. in Verbindung mit einem Modem verwendet.

Doch dies muß nicht so bleiben. Über die Schnittstellen kann der Computer beliebige andere Daten ausgeben oder aufnehmen. Die Voraussetzungen, dafür, daß ein sinnvoller Datenaustausch zwischen dem Computer und dem Umfeld stattfinden kann, sind zum einen, daß die ausgegebenen Daten von der Welt außerhalb des Computers richtig verarbeitet und interpretiert werden müssen. Zum anderen müssen Daten, die der Computer von außerhalb aufnehmen soll, so aufbereitet werden, daß dieser sie auch verarbeiten kann.

Beide Voraussetzungen sind nur dann gegeben, wenn eine zusätzliche Hardware an die Schnittstellen angeschlossen wird, die die erforderlichen Umsetzungen vornimmt. Dies muß nicht unbedingt kompliziert und teuer sein, wie dieses Buch beweisen wird.

Das soll dieses Buch leisten

Dieses Buch soll Ihnen die Möglichkeit eröffnen, einen Computer so einzusetzen, daß er bestimmte Aufgaben im Umfeld des häuslichen Bereichs oder in Verbindung mit einem Hobby wahrnehmen kann. Dies soll in Verbindung mit einer an der Schnittstelle des Computers angeschlossenen zusätzlichen Hardware erfolgen.

Was sich hier recht kompliziert anhört, soll Sie allerdings nicht abschrecken. Ziel dieses Buches ist es, Sie so mit Informationen und Vorgaben zu versorgen, daß Sie in der Lage sind, die für den beabsichtigten Zweck notwendigen Schaltungen selbst zu erstellen, ohne daß Sie übermäßigen Aufwand betreiben oder teure Investitionen vornehmen müssen. Welche Schaltungen Sie mit Hilfe dieses Buches erstellen und welche Aufgaben die Schaltungen erledigen können, erfahren Sie in den einzelnen Kapiteln.

Für wen ist dieses Buch?

Sie haben erfahren, daß dieses Buch Sie anleiten soll, eigene Schaltungen zu erstellen, die eine Verbindung zwischen Ihrem Computer und Ihrer technischen Umgebung herstellen sollen. Nun werden Sie vielleicht denken, daß die erforderlichen Voraussetzungen bei Ihnen nicht vorhanden sind, um die elektronischen Schaltungen aufzubauen. Doch urteilen Sie nicht zu voreilig. Lesen Sie erst einmal die nachfolgenden Absätze, die Ihnen darlegen sollen, welche Voraussetzungen vorhanden sein müssen.

Die technischen Voraussetzungen

Bevor Sie erfahren, was Sie für die Umsetzung der Schaltungen an elektronischem Know-how mitbringen müssen, soll hier erst einmal erläutert werden, welche technischen Voraussetzungen gegeben sein müssen.

Grundsätzlich sollen die in diesem Buch angesprochenen Schaltungen mittels eines handelsüblichen, IBM-kompatiblen PCs betrieben werden können. Dabei spielt es keine Rolle, ob Sie einen „alten“ 386er oder einen modernen Pentium-Computer einsetzen. Er muß lediglich eine parallele und eine serielle Schnittstelle besitzen, und es muß Windows 3.1x oder eine höhere Windows-Version installiert werden können.

Für die Erstellung der Schaltungen ist es erforderlich, daß Sie einige elektronische Bauelemente zusammensetzen. Die Arbeitsweise dieser elektronischen Bauelemente müssen Sie allerdings nicht zwingend kennen. Zu den einzelnen Schaltungen erhalten Sie innerhalb der Kapitel alle erforderlichen Informationen für den Zusammenbau. Der Aufbau der Schaltungen wird in den meisten Fällen auf einem universell einsetzbaren Trägermaterial durchgeführt. Dieses und alles weitere an elektronischen Bauelementen können Sie leicht über den Fachhandel beziehen.

Es ist also nicht erforderlich, daß Sie elektronische Schaltpläne „lesen“ und verstehen müssen. Zudem sind die Erläuterungen und Anweisungen in einer normal verständlichen Art formuliert; Sie werden nicht mit elektronischen Fachtermini konfrontiert.

Die erforderlichen Fertigkeiten

Damit die Schaltungen realisiert werden können, ist es notwendig, daß bestimmte elektronische Arbeiten verrichtet werden. Diese beschränken sich jedoch auf Arbeitsweisen, die Sie leicht nachvollziehen bzw. mit ein wenig Übung erlernen können. Dazu werden in der Hauptsache ein Lötkolben, ein Seitenschneider und ähnliche einfache Werkzeuge eingesetzt. Das notwendige Geschick, um die Werkzeuge richtig einzusetzen, wird leicht zu erlernen sein.

Alle erforderlichen Arbeiten werden leicht verständlich erläutert. Sie sollten sich allerdings darauf einstellen, daß es einige Zeit erfordert, bis Sie die notwendigen Arbeiten leicht durchführen können. Das Motto lautet: Übung macht den Meister. Haben Sie Vorkenntnisse in diesem Bereich, sollte es Ihnen keinerlei Schwierigkeiten bereiten, das Beschriebene nachzuvollziehen.

Es bleibt also festzustellen: Haben Sie Interesse an der Erstellung von einfachen Schaltungen, die die Verbindung zwischen einem Computer und seinem technischen Umfeld herstellen, dann lesen Sie dieses Buch. Alles Erforderliche für die Umsetzung und den Einsatz der Schaltungen erfahren Sie ausführlich und für einen Laien verständlich in den Kapiteln dieses Buches.

Der Aufbau des Buches

Das Buch ist in drei Hauptteile gegliedert. Jeder Teil bezieht sich auf einen bestimmten Bereich. Nachfolgend werden die Inhalte der einzelnen Teile beschrieben.

Teil I

Der erste Teil des Buches beschäftigt sich mit den Grundlagen zu den Schaltungen und den erforderlichen Arbeiten. Hier erhalten Sie Informationen zu den elektronischen Bauteilen, welche Aufgabe sie haben und wie sie in die Schaltungen eingebaut werden. Außerdem erhalten Sie hier grundlegende Informationen zu den erforderlichen Arbeiten. Hinweise und Tips zum Einsatz der Werkzeuge runden diese Informationen ab.

Um die Funktionen der Schaltungen besser nachvollziehen zu können, behandelt ein Kapitel im ersten Teil zudem die Funktionsweise der seriellen und der parallelen Schnittstelle. Bei den Erläuterungen wird, wie in allen Kapiteln, tiefgründiges Fachchinesisch bewußt vermieden, so daß auch ein Laie die Informationen umsetzen kann.

Als letztes wird im ersten Teil auf die Software eingegangen, die für die Funktion der einzelnen Schaltungen erforderlich ist. Auch hier beschränken sich die Erläuterungen auf das Wesentliche.

Teil II

Der zweite Teil des Buches enthält die einzelnen Schaltungen, wobei jede Schaltung in einem separaten Kapitel abgehandelt wird. Die Schaltungen sind vom Aufbau und den Funktionen recht einfach gehalten, so daß auch ein Elektronikneuling die Schaltungen aufbauen und funktionstüchtig einsetzen kann.

Die Schaltungen in diesem Teil werden so umfassend dargelegt, daß Sie in der Lage sein werden, die notwendigen Schritte zum Aufbau der Schaltungen durchzuführen. Genaue Schritt-für-Schritt-Anweisungen sollen sicherstellen, daß die Schaltungen auch so realisiert werden, daß sie anschließend problemlos eingesetzt werden können.

Teil III

Der dritte Teil des Buches geht ein wenig über das Einsteiger-Niveau hinaus. Zwar können diese Schaltungen anhand der vorhandenen Anleitungen auch von Laien gebaut werden, doch sind hierfür weitergehende Arbeiten erforderlich.

Den Aufbau dieser Schaltungen sollten Sie erst in Erwägung ziehen, wenn Sie anhand der Schaltungen im zweiten Teil genügend Erfahrungen gesammelt haben.

Die CD-ROM im Buch

Neben den angesprochenen technischen und mechanischen Erläuterungen zu den Schaltungen, ist auch der Einsatz von Software vonnöten. Da zu jeder einzelnen Schaltung eine eigenständige Software eingesetzt werden muß, wurde diesem Buch eine CD-ROM beigelegt, die die gesamte Software zu allen Schaltungen enthält. Dabei handelt es sich nicht nur um die ausführbaren Dateien, sondern auch um den gesamten Sourcecode, so daß Sie diesen bei Bedarf abändern können.

Der Aufbau der CD-ROM ist an die Einteilung der Schaltungen angelehnt. So ist für jede Schaltung, die jeweils in einem eigenständigen Kapitel im Buch beschrieben wird, auch ein Ordner mit der entsprechenden Bezeichnung auf der CD-ROM vorhanden. D. h., daß z. B. die Software zur Schaltung aus dem Kapitel 20 im Ordner mit der Bezeichnung *KAP_20* auf der CD-ROM enthalten ist.

Die einzelnen Ordner zu den Kapiteln auf der CD-ROM beinhalten, bis auf einige Ausnahmen, wiederum Unterordner. In den meisten Fällen ist ein Unterordner mit der Bezeichnung *Windows* vorhanden. Darin ist die Software zu den Schaltungen sowohl in installationsfähiger als auch in veränderlicher Form enthalten.

Weitere Informationen zu den Inhalten der einzelnen Unterordner erhalten Sie in den einzelnen Kapiteln. Achten Sie deshalb auf die entsprechenden Hinweise und Anmerkungen in den Kapiteln dieses Buches. Näheres zur Software erfahren Sie in Kapitel 6 „Die Software für die Schaltungen“.

Teil I
Die Grundlagen

Im ersten Teil des Buches erhalten Sie grundlegende Informationen zu den in diesem Buch verwendeten elektronischen Bauteilen und den zu verrichtenden Arbeiten wie das Löten oder das Vorbereiten der Materialien.

Außerdem erhalten Sie hier Hinweise zu den benötigten Werkzeugen. Hinweise und Tips zum Einsatz dieser Werkzeuge runden diesen Teil ab.

Auch die Funktionsweise bzw. die Unterschiede zwischen der seriellen und der parallelen Schnittstelle werden hier aufgegriffen. So können Sie leichter nachvollziehen, wie der Ablauf der Steuerung bzw. der Informationsaustausch erfolgt.

Da kaum eine Schaltung ohne Software auskommt, wird dies in einem weiteren Kapitel angesprochen. Hier erfahren Sie etwas zur verwendeten Programmiersprache und den Möglichkeiten, die vorgegebene Software abzuändern.

Alles in allem erhalten Sie in diesem ersten Teil des Buches die Vorbereitung, um mit dem anschließenden zweiten und dritten Teil des Buches problemlos zurechtzukommen.

Teil I

Die Grundlagen

2. Die benötigten Werkzeuge

Wie Sie im ersten Kapitel erfahren haben, werden Ihnen in diesem Buch Anregungen und Anleitungen für Schaltungen angeboten, die Sie in Verbindung mit Ihrem Computer einsetzen können. Da diesem Buch lediglich eine CD-ROM, nicht aber die Schaltungen beigelegt sind, können Sie unschwer daraus schließen, daß Sie die Schaltungen selbst aufbauen müssen.

Das Aufbauen der Schaltungen wird Ihnen in den einzelnen Kapiteln genau erläutert. Doch bevor Sie diese Arbeiten in Angriff nehmen, sollten Sie sich mit den erforderlichen Arbeitsgeräten auseinandersetzen.

Nun brauchen Sie allerdings keine Angst zu haben, daß Sie sich teure Spezialgeräte anschaffen müssen, denn um die Arbeiten durchführen zu können, sind lediglich einige wenige Werkzeuge vonnöten. Einige dieser Werkzeuge sind zudem schon in vielen Haushalten vorhanden, so daß Sie diese nicht erst kaufen müssen.

Nachfolgend werden Sie erfahren, welche Werkzeuge Sie für alle Schaltungen benötigen. Zudem wird hier kurz angesprochen, wozu und wie diese eingesetzt werden.

2.1 Die richtigen Schraubendreher

Das erste in diesem Kapitel angesprochene Werkzeug wird den meisten von Ihnen bekannt sein. Es handelt sich um den *Schraubendreher*, der in vielen Haushalten schon vorhanden sein wird und im Volksmund auch als Schraubenzieher bezeichnet wird. Doch auch hier gibt es Unterschiede.

Der Schlitzschraubendreher

Für die Arbeiten mit den Schaltungen benötigen Sie einen kleinen bis mittleren *Schlitzschraubendreher*. Dieser hat an seinem Ende eine flache Klinge, die in den Schlitz von entsprechenden Schrauben eingesetzt werden kann.

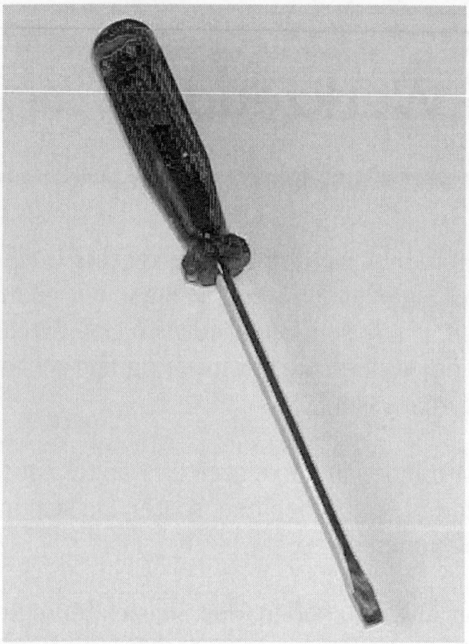

Der Schlitzschraubendreher

Dieser kommt immer dann zum Einsatz, wenn Sie Befestigungsschrauben anziehen müssen. Diese Arbeit kann z. B. bei Steckergehäusen anfallen, die Sie um einen Stecker anbringen sollen, oder wenn Sie einen Stecker an eine Schnittstelle fest montieren möchten. Auch hier sind in der Regel kleine Schrauben vorhanden, die Sie mittels eines Schlitzschraubendrehers festdrehen können.

A

▶ **Beachten Sie beim Einsatz von Schlitzschraubendrehern, daß Sie die der Schraube in der Größe entsprechenden Schraubendreher benutzen, da ansonsten die Schraube Schaden nehmen könnte und auf Dauer nicht mehr eingesetzt werden kann.**

Doch der Schlitzschraubendreher wird beim Aufbau der Schaltungen in den meisten Fällen zweckentfremdet eingesetzt. Dies geschieht in Zusammenhang mit den erforderlichen Lötarbeiten. Da hierbei immer wieder Bauteile an eine bestimmte Position in der Nähe der Lötstelle gedrückt werden müssen, ist es oft notwendig, dies wegen der Hitze nicht mit der Hand, sondern mit dem Schraubendreher durchzuführen.

Für diesen Einsatz sollten Sie sich einen nicht zu großen, sondern handlichen Schlitzschraubendreher bereitlegen. Wie Sie diesen beim Löten einsetzen, erfahren Sie im Kapitel 23.3.

Der Kreuzschlitzschraubendreher

Neben einem Schlitzschraubendreher sollten Sie sich auch einen mittleren *Kreuzschlitzschraubendreher* zurechtlegen. Wie der Name schon vermuten läßt, besitzt diese Art Schraubendreher am Ende eine Klinge, die nicht flach ist, sondern die Form eines Plus-Zeichens (von oben gesehen) hat.

Dieser Schraubendreher wird zwar nicht sehr häufig benötigt, dennoch sollten Sie ihn vorsichtshalber paratlegen, um ihn schnell einsetzen zu können.

2.2 Der erforderliche Seitenschneider

Das nächste angesprochene Werkzeug werden Sie für die Arbeiten an den Schaltungen mit am häufigsten einsetzen müssen. Es handelt sich dabei um den *Seitenschneider*.

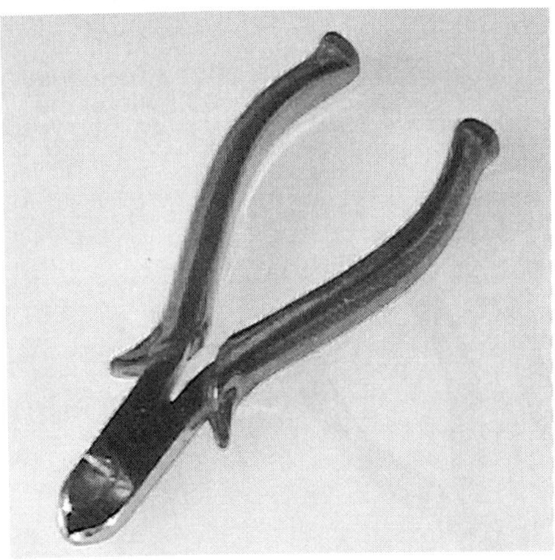

Der Seitenschneider wird häufig eingesetzt

Ein Seitenschneider wird im allgemeinen zum Durchtrennen von Leitungen benutzt. Er ist wie eine normale Zange aufgebaut, jedoch hat er am Ende zwei kurze Schneiden, die aufgrund der großen Hebelwirkung in der Lage sind, Leitungen zu durchtrennen.

Da es dicke und dünne Leitungen gibt, werden im Handel auch entsprechend stabile, große sowie kleine, handliche Seitenschneider angeboten. Bei den großen handelt es sich um Elektro-Seitenschneider, die in einigen Haushalten schon vorhanden sind. Bei den kleineren Ausführungen handelt es sich um Seitenschneider, die speziell für den Einsatz im Elektronikbereich konzipiert sind.

Für die Arbeiten an den Schaltungen werden Sie einen kleinen Seitenschneider benötigen. Zwar können auch kleine Ausführungen der Elektro-Seitenschneider verwendet werden, doch damit werden Sie nicht so leicht zurechtkommen. Speziell wenn es darum geht, die dünnen Drähte präzise abzuschneiden, sind die großen Seitenschneider nicht geeignet.

H

▶ **Sollten Sie sich dazu entschließen, einen neuen Seitenschneider zu kaufen, dann berücksichtigen Sie auch die nachfolgenden Unterkapitel. Oftmals werden in Elektronik-Läden komplette Sätze von Elektronik-Werkzeugen preiswert angeboten. Es ist nicht unbedingt notwendig, daß Sie sich für die Arbeiten teure Spezialausführungen dieser Werkzeuge zulegen.**

2.3 Die notwendigen Zangen

Neben einem Seitenschneider benötigen Sie auch ein oder zwei Zangen. Auch hier gilt es, wie beim Seitenschneider, zwischen den großen *Elektro-Zangen* und den feinen *Elektronik-Zangen* zu unterscheiden.

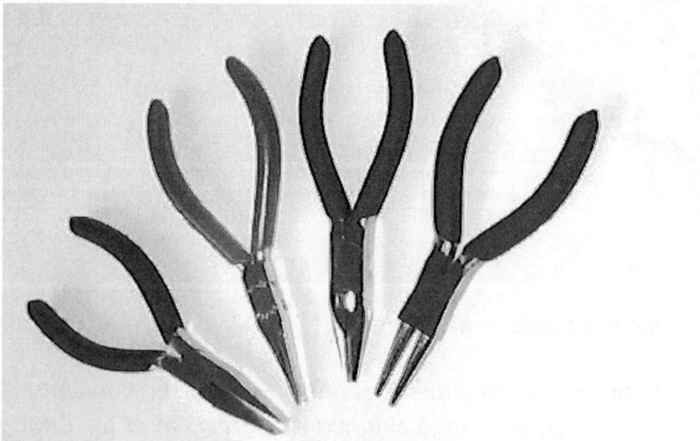

Die Elektronik-Zangen sind unbedingt erforderlich

Die Zangen benötigen Sie zum einen, um die elektronischen Bauteile auf der Platine zu positionieren. Zum anderen müssen Sie beim Herstellen von Leitungsverbindungen zwischen den Bauteilen feine Drähte genauestens, in den meisten Fällen um 90 Grad, biegen und justieren.

Für diese Arbeiten sind die großen Elektro-Zangen nicht geeignet. Sie sind an den Enden oftmals nicht flach oder spitz genug, um zwischen den Drähten ordnungsgemäß arbeiten zu können. Auch das „Anfassen" der feinen Bauelemente und Drähte ist mit den klobigen Zangen oftmals nicht möglich.

Die Flachzange

Für das Ausrichten und Positionieren der Drähte und Bauelemente benötigen Sie eine *Flachzange*. Diese besitzt am Ende zwei sehr flache Greifbacken, so daß sie sehr gut in engen Zwischenräumen, z. B. zwischen Drähten, eingesetzt werden kann.

Mit dieser Zange können Sie feine Drähte leicht biegen und justieren. Zwar können Sie mit dieser Zange, speziell am äußeren Ende, keinen kräftigen Druck ausüben, um z. B. etwas zusammenzuquetschen, doch ist das mit dieser Zange auch nicht erforderlich.

Die Spitzzange

Neben einer Flachzange ist es häufig sinnvoll, eine *Spitzzange* einzusetzen. Diese ist ähnlich geformt wie eine Flachzange, doch sind hier die Greifbacken nicht so breit. Außerdem sind die Greifbacken stabiler ausgearbeitet. Dies wird oft dadurch erreicht, daß die äußeren Backenseiten eine halbrunde Form haben.

Mit dieser Zange können Sie etwas mehr Druck auf die zu bearbeitenden Bauteile ausüben. Außerdem ist es mit dieser Zange oftmals besser möglich, Drähte gezielt zu biegen, speziell dann, wenn mehrere Biegungen nah beieinander vorgenommen werden müssen.

H

▶ Auch die Zangen kann man in der Regel zusammen mit einem Seitenschneider günstig in einem Set erwerben. Für einen recht niedrigen Einkaufspreis genügen diese den Hobbyansprüchen. Die professionellen Elektronik-Werkzeuge, die teilweise pro Stück mehr kosten als das angesprochene Hobby-Set, sind für die in diesem Buch erforderlichen Arbeiten nicht notwendig.

2.4 Der richtige Lötkolben

Neben den zuvor genannten Werkzeugen benötigen Sie für die in diesem Buch beschriebenen Arbeiten auf jeden Fall einen *Lötkolben*. Ohne ihn können Sie die Schaltungen nicht aufbauen.

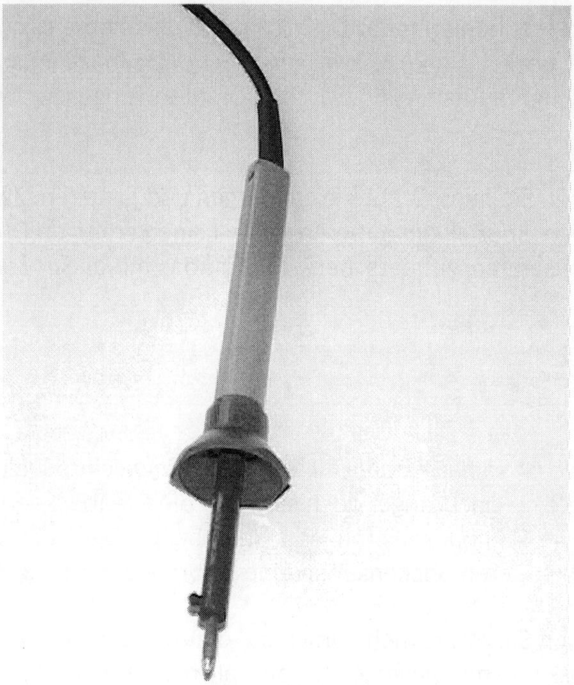

Der Lötkolben ist unverzichtbar

Besitzen Sie bereits einen Lötkolben, wird dieser sicherlich ausreichen, um die Arbeiten durchführen zu können. Ein Problem könnte sich allerdings ergeben, wenn er nicht für die feinen Elektronik-Lötarbeiten, sondern für gröbere Arbeiten, z. B. zum Verlöten von Blechen, ausgelegt ist. In einem solchen Fall sollten Sie sich die nachfolgenden Absätze durchlesen.

Die erforderliche Leistung

Die Aufgabe des Lötkolbens ist, die elektrischen Verbindungen zwischen den Bauteilen mit Hilfe von Lötzinn herzustellen. Gleichzeitig werden die Bauteile durch das Lötzinn so fixiert, daß diese ihre vorgegebene Position beibehalten, auch wenn leichter mechanischer Druck auf sie ausgeübt wird.

Der Lötkolben hat bei diesem Vorgang lediglich die Aufgabe, das Lötzinn so zu erhitzen, daß es einen flüssigen Zustand annimmt und somit die Verbindung herstellen kann. Um diese Aufgabe zu erfüllen, werden innerhalb des Lötkolbens elektrische Heizelemente aktiviert, die die notwendige Hitze erzeugen. Für die Lötarbeiten, die in diesem Buch beschrieben sind, sind keine hohen Heizleistungen erforderlich, so daß relativ einfache Lötkolben mit einer Leistung von ca. 30 Watt ausreichend sind. Der Kaufpreis eines solchen Lötkolbens liegt zwischen 10,- und 30,- DM.

H

▶ **Ein Lötkolben mit zuviel Leistung kann zu Problemen führen. Leicht wird das Lötzinn zu heiß und verbrennt, so daß es nicht richtig verarbeitet werden kann. Zudem besteht dabei auch die Möglichkeit, daß empfindliche Bauteile durch die zu große Hitze Schaden nehmen.**

Die Lötstation

Um den Lötkolben variabel an die damit durchzuführenden Arbeiten anpassen zu können, sind im Handel *Lötstationen* zu erwerben. Diese sind so ausgelegt, daß die Leistung des Lötkolbens mit einem Regler einstellbar ist. Auf diese Weise kann die erforderliche Hitzeleistung an die anstehende Arbeit angepaßt werden. Der Komfort der Lötstationen muß natürlich bezahlt werden. So ist eine Lötstation in der Regel kaum unter 100,- DM zu erstehen. Für die Schaltungen in diesem Buch müssen Sie allerdings nicht unbedingt so viel ausgeben. Wie schon oben angesprochen: ein einfacher Lötkolben reicht aus.

Die Lötspitze

Neben dem Heizelement ist die *Lötspitze* ein weiterer wichtiger Teil des Lötkolbens. Über die Lötspitze wird die Hitze auf das Lötzinn und das Bauteil übertragen. In der Regel ist die Lötspitze eines Lötkolbens auswechselbar. Es gibt unterschiedliche Arten und Formen von Lötspitzen. Die einfachste Art besteht aus Kupfer und hat eine ähnliche Form wie die Spitze eines Schlitzschraubendrehers. Über das flache Ende der Lötspitze wird hier die Hitze auf die Lötstelle übertragen. Für die feinen Lötarbeiten besser geeignet als die flache Lötspitze sind runde Lötspitzen. Damit ist das Berühren der gewünschten Lötstelle gezielter möglich, wodurch das Löten erleichtert wird. Es ist immer wieder ärgerlich, wenn eine an der eigentlichen Lötstelle angrenzende Lötverbindung durch unbeabsichtigtes Erhitzen wieder gelöst wird.

Ein weiterer Unterschied liegt in der Beschaffenheit der Lötspitze. Neben den ganz aus Kupfer bestehenden Spitzen gibt es auch solche, die am äußersten Ende vernickelt oder mit einer anderen haltbareren Substanz beschichtet sind. Sie haben den Vorteil, daß sie einfacher zu reinigen sind. Bei Kupferspitzen ist es von Zeit zu Zeit erforderlich, die durch die Hitzeabgabe entstehenden Ablagerungen mittels einer Drahtbürste oder einer Feile zu entfernen. Die vernickelten Spitzen können dagegen erwärmt und leicht mit einem Tuch gesäubert werden.

Außerdem hat die Kupferspitze den Nachteil, daß sich das Kupfermaterial mit der Zeit aufbraucht, so daß die Form der Spitze hin und wieder nachgearbeitet werden muß. Dies ist bei der veredelten Spitze nicht notwendig. Da die beschichteten Lötspitzen nicht allzuviel kosten, sollten Sie in Erwägung ziehen, sich eine solche zuzulegen, wenn Ihr Lötkolben noch nicht mit einer solchen Spitze ausgestattet ist.

Die Lötkolbenhalterung

Beim Arbeiten mit einem Lötkolben ist es wichtig, daß dieser auf dem Arbeitstisch in einer festen Position abgelegt werden kann. Wird der Lötkolben nur auf dem Tisch abgelegt, kann dieser schnell z. B. durch ziehen am Netzkabel verrutschen. Leichte Verbrennungen oder eine angesengte Stelle im Teppich können die Folge sein. Aus Gründen der Sicherheit sollten Sie sich eine *Lötkolbenhalterung* zulegen. In dieser Halterung kann der Lötkolben leicht abgelegt werden. Durch den guten Stand der Haltervorrichtung auf dem Tisch ist dann ein Verrutschen nicht mehr so leicht möglich.

Der Reinigungsschwamm

Durch die Hitzeentwicklung treten immer wieder Rückstände an der Lötkolbenspitze auf. Diese sollten vor jedem Lötvorgang entfernt werden, so daß nur „frisches" Lötzinn auf die Lötstelle aufgebracht wird.

Am einfachsten ist das Reinigen der Spitze mit einem kleinen, leicht feuchten *Schwamm* möglich. Dieser sollte flach auf dem Tisch liegen oder besser mit der Lötkolbenhalterung kombiniert werden. So ist auch der Schwamm arretiert und kann nicht verrutschen.

H

► Abschließend soll noch erwähnt werden, daß viele Elektronik-Anbieter sogenannte Löt-Startersets im Angebot haben. Diese Sets enthalten in der Regel alles Notwendige zum Löten und reichen für die Arbeiten, die in diesem Buch beschrieben werden, aus. Oftmals sind auch Seitenschneider und Zangen in diesen Sets enthalten, so daß Sie auf diese Weise die meisten der benötigten Werkzeuge preiswert auf einmal erwerben können.

2.5 Weitere Werkzeuge

Mit den zuvor beschriebenen Werkzeugen sind Sie in der Lage, die in diesem Buch dargestellten Schaltungen nachzubauen. Dennoch sollen in diesem Unterkapitel weitere Werkzeuge angesprochen werden, die das Arbeiten erleichtern können. Sie müssen diese Werkzeuge allerdings nicht zwingend kaufen. Sammeln Sie besser vor dem Kauf dieser Werkzeuge Erfahrungen. Falls Sie dabei feststellen, daß die nachfolgenden Werkzeuge Erleichterungen darstellen, können Sie diese immer noch kaufen.

Die Entlötpumpe

Wenn Sie bislang noch nicht viel Erfahrung mit Lötarbeiten haben, wird es oft vorkommen, daß Sie eine Lötstelle nicht so hinbekommen haben, wie es eigentlich erforderlich ist.

In einem solchen Fall ist es dann häufig nötig, daß die Lötstelle wieder von dem bereits aufgebrachten Lötzinn befreit wird. Zu diesem Zweck gibt es die sogenannte *Entlötpumpe*.

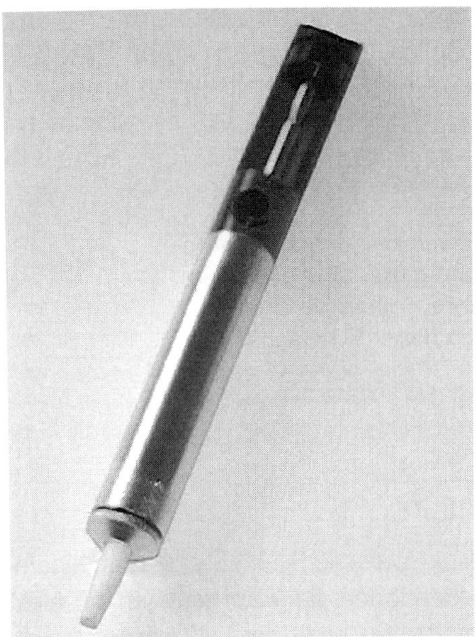

Die Entlötpumpe hilft, Lötzinn zu entfernen

Sie erzeugt auf Knopfdruck einen Unterdruck, der überschüssiges, flüssiges Lötzinn in die Pumpe saugt. Anschließend kann die Lötstelle erneut bearbeitet werden.

H

Zur Aufnahme von Lötzinn ist auch die sogenannte *Entlötlitze* gedacht. Dabei handelt es sich um eine Art vieladriges Kupferkabel, das an das flüssige Lötzinn gehalten wird und aufgrund der physikalischen Gesetzmäßigkeiten das Lötzinn aufnimmt.

Diese Art des Lötzinn-Entfernens ist nicht so elegant und sollte einer Entlötpumpe nicht vorgezogen werden.

Der Platinenhalter

Wenn Sie schon einmal Lötarbeiten durchgeführt haben, kennen Sie sicherlich das Problem, daß Ihnen oftmals eine dritte oder vielleicht sogar eine vierte Hand fehlt. In der einen Hand halten Sie den Lötkolben, in der zweiten das Lötzinn. Gut ist es, wenn dann die Lötstelle, d. h. das zu lötende Bauteil und das Trägermaterial, fest und zugänglich auf dem Tisch liegen kann. Doch dies ist oft nicht der Fall.

Aus diesem Grund kann häufig ein *Platinenhalter* sehr hilfreich sein. Dabei handelt es sich um ein Gerät, das fest auf eine flache Ablage, z. B. einen Tisch, gestellt oder mittels schraubbarer Halterungen dort angebracht werden kann. Über kleine Greifarme kann dann das Trägermaterial, also die Platine, so arretiert werden, daß die Lötstelle anschließend gut zugänglich ist und diese auch durch den leichten Druck des Lötkolbens nicht aus der Position gebracht wird.

H

Den Zweck der „dritten Hand" kann auch ein kleiner Schraubstock erfüllen. Von großem Vorteil wäre es, wenn dieser über ein Kugelgelenk frei positioniert werden könnte. Sollten Sie einen solchen Schraubstock besitzen, wird Ihnen dieser sicherlich die Arbeiten sehr erleichtern.

Die Pinzetten

Wenn Sie sich schon einmal eine elektronische Schaltung, z. B. in einem defekten Radio o. ä., angesehen haben, werden Ihnen die Abmessungen der elektronischen Bauteile schon bekannt sein. Ist dies nicht der Fall, werden Sie diese noch kennenlernen.

In jedem Fall sind die Bauteile teilweise sehr klein, so daß man oftmals Schwierigkeiten bekommen kann, sie mit den Fingern zu fassen. Hinzu kommt, daß diese Bauteile häufig an unzugänglichen Positionen eingebaut werden müssen.

In solchen Fällen können *Pinzetten* sehr hilfreich sein. Ob diese gerade oder abgewinkelt sind, spielt eine Rolle. Sollten Sie eine Pinzette besitzen, legen Sie sie für die Lötarbeiten vorsichtshalber parat. Besitzen Sie keine Pinzette, probieren Sie zunächst aus, ob Sie mit den Zangen auskommen.

3. Die anfallenden Arbeiten

In diesem Buch werden eine Reihe von Schaltungen vorgestellt, die Sie als Leser nachbauen können. Dazu müssen Sie die Funktionsabläufe innerhalb der Schaltung nicht verstehen, d. h., Sie müssen kein Elektroniker sein, um die Schaltungen einsetzen zu können.

Was Sie allerdings tun müssen, ist, die Schaltung aufzubauen. Die wichtigsten Werkzeuge für diese Aufgabe haben Sie im vorherigen Kapitel kennengelernt. Dieses Kapitel soll Sie auf die zu verrichtenden Arbeiten vorbereiten.

Falls Sie bislang noch keine Erfahrungen zum Aufbau von elektronischen Schaltungen gesammelt haben, werden Sie hier die notwendigen Informationen erhalten, damit der Aufbau problemlos von Ihnen durchgeführt werden kann.

3.1 Das Einkaufen der notwendigen Materialien

Jede Schaltung in diesem Buch besteht aus einer Vielzahl von kleinen Einzelteilen: den elektronischen Bauteilen, den Verbindungsdrähten, den Kabeln usw.

Doch bevor diese Bauteile von Ihnen verarbeitet werden können, müssen Sie sie zuerst besorgen. Was sich so einfach anhört, kann sich allerdings zu einem Problem entwickeln, wenn Sie bestimmte Dinge nicht beachten.

Zu den Werkzeugen haben Sie schon einiges erfahren, so daß diese hier nicht noch einmal angesprochen werden müssen. Doch werden für bestimmte Arbeiten besondere Verbrauchsmaterialien benötigt. Hierzu werden Sie auch Informationen erhalten.

Achten Sie auf das Verbrauchsmaterial

Beabsichtigen Sie, eventuell neben etwaigem Werkzeug die für die Arbeiten notwendigen Verbrauchsmaterialien zu kaufen, lesen Sie zuerst in diesem Buch nach, welche Materialien für die Arbeiten geeignet sind.

Innerhalb der einzelnen Kapitel werden die für die jeweilige Schaltung benötigten Materialien innerhalb einer sogenannten *Stückliste* aufgelistet. Dabei handelt es sich um eine Tabelle, die spezifiziert, welche Bauteile die Schaltung des jeweiligen Kapitels erfordert.

Bei einigen Bauteilen sind manchmal noch ergänzende Informationen notwendig, um das richtige Modell des Bauteils besorgen zu können. Diese Informationen sind dann innerhalb des Textes des jeweiligen Kapitels enthalten. Bevor Sie also aufbrechen und sich einzelne Bauteile kaufen wollen, lesen Sie den gesamten Text eines Kapitels durch, damit Sie nicht versehentlich ein falsches Bauteil erwerben.

Eine Liste der Materialien

Die zuvor schon angesprochenen Stücklisten können Sie sozusagen als Einkaufsliste betrachten. Zwar hat diese Auflistung auch noch die Aufgabe, Ihnen mitzuteilen, um welche Bauelemente es sich innerhalb des zuvor abgebildeten Bauteilelageplans handelt, doch ist dies für den Einkauf der Teile nicht wichtig.

Die Bauteile, die innerhalb der Stückliste aufgeführt sind, benötigen Sie für den Aufbau der jeweiligen Schaltung auf jeden Fall. Diese Bauelemente werden auf der Platine der Schaltung verwendet. Darüber hinaus werden häufig noch zusätzliche Bauteile benötigt. Es handelt sich dabei um Elemente, die mit der Platine z. B. über Kabel verbunden werden. Da es sich bei diesen Elementen nicht um Bauteile handelt, die auf der Platine aufgelötet werden, sind diese nicht in der Stückliste enthalten. Dennoch benötigen Sie diese Bauteile für den Aufbau der Schaltung. Lesen Sie auch aus diesem Grund unbedingt den gesamten Text eines Kapitels durch, bevor es zum Elektronikladen geht. Schnell wird ein Bauelement vergessen, nur weil es nicht in der Stückliste enthalten ist.

Oftmals werden Bauelemente für eine Schaltung benötigt, die schon in einer Schaltung aus einem vorherigen Kapitel eingesetzt wurden. Je nachdem, ob Sie die beiden Schaltungen gleichzeitig aufgebaut lassen wollen oder nicht, können Sie diese Bauelemente für beide Schaltungen benutzen, um diese Bauteile nicht doppelt zu erwerben. Auf diese Weise können Sie einige Ausgaben vermeiden.

Entsprechende Informationen erhalten Sie ebenfalls in den einzelnen Kapiteln.

Bevor Sie also losgehen, um Materialien zu besorgen, sollten Sie unbedingt folgende Schritte durchführen:

- Entnehmen Sie aus der Stückliste die Art und die Menge der benötigten Bauteile.
- Lesen Sie das Kapitel sorgfältig hinsichtlich erläuternder Informationen bezüglich der Bauteile der Stückliste durch.

- Ergänzen Sie die Liste der Bauteile durch die in den Kapiteln aufgeführten zusätzlich benötigten Bauelemente, die nicht auf die Platine gelötet werden und somit auch nicht in der Stückliste enthalten sind.
- Achten Sie darauf, welche Bauelemente Sie bereits bei vorherigen Schaltungen verwendet haben, und entscheiden Sie, ob Sie diese Bauelemente ein weiteres Mal kaufen müssen oder ob Sie diese von der vorherigen Schaltung verwenden können.

3.2 Das Vorbereiten der Materialien

Haben Sie die Materialien für die jeweils aufzubauende Schaltung gekauft, müssen einige dieser Bauteile bearbeitet werden, bevor sie innerhalb der Schaltung eingesetzt werden können. Dies betrifft hauptsächlich die Widerstände.

Die aus den beiden Enden der Widerstände herausragenden Drähte müssen Sie mit einer Zange jeweils um 90° verbiegen, damit diese Drähte durch die Löcher der Platine gesteckt und auf der Rückseite verlötet werden können.

Beim Umbiegen sollten Sie auf zwei Dinge achten. Zum einen sollten die Biegungen der Drähte in einem kleinen Radius erfolgen, d. h., Sie packen den Draht mit einer Flachzange an der Stelle, an der die Biegung erfolgen soll. Dann knicken Sie den Draht scharfkantig direkt an der Zange ab, so daß ein exakter 90°-Winkel entsteht. Dies müssen Sie auf der anderen Seite des Widerstands mit dem zweiten Drahtende ebenso durchführen. Achten Sie darauf, daß Sie die Drähte so umbiegen, daß beide gebogenen Enden anschließend in die gleiche Richtung zeigen.

Zudem müssen Sie die Drähte so umbiegen, daß die gebogenen Enden einen bestimmten Abstand voneinander haben. Dieser Abstand wird durch das Raster der Platine in Verbindung mit dem Bauteillageplan der Schaltung vorgegeben. Entnehmen Sie dem Plan den Abstand der beiden Drahtenden des jeweiligen Bauelements. Biegen Sie die Drahtenden dann jeweils auf das Maß um, das Ihnen entsprechend vorgegeben wurde. Das Bauteil muß anschließend so in das Lochraster der Platine passen, wie es die Zeichnung vorgibt.

Diese Arbeit erfordert zwar einige Übung, ist jedoch schnell erlernt, so daß die ersten Versuche vielleicht korrigiert werden müssen, anschließend allerdings schnell von der Hand gehen.

Das Anfertigen der zu verlötenden Drähte

Innerhalb der Stücklisten werden immer wieder sogenannte *Leiterbahnbrücken* aufgeführt. Diese stellen einfache Verbindungen zwischen zwei Punkten der Schaltung dar. Weil aufgrund des Schaltungsaufbaus diese Verbindungen nicht auf der Leiterbahnseite der Platine erfolgen können, müssen diese über die Bauteilseite erfolgen.

Die Leiterbahnbrücken bestehen aus einfachem Schaltdraht, der nachfolgend noch näher beschrieben wird. Haben Sie den Schaltdraht entsprechend der nachfolgenden Hinweise behandelt, können Sie diesen, wie die Widerstände, so abwinkeln, daß die erforderliche Länge des Bauteils erreicht wird.

Der soeben angesprochene Schaltdraht wird allerdings noch zu einem anderen Zweck eingesetzt. Mit Hilfe des Schaltdrahts werden die Leiterbahnen auf der Rückseite der Platine realisiert. Die erforderlichen Verbindungen zwischen den Bauteilen auf den Leiterbahnseiten der Platinen werden durch das Auflöten des Schaltdrahts erreicht.

Bevor Sie nun irgendwelche Drähte besorgen und diese einlöten wollen, noch einige Hinweise vorab: Es gibt in den Elektronikläden besondere Drähte, die speziell zum Verlöten ausgelegt sind. Dabei handelt es sich um versilberten Draht, den es mit verschiedenen Durchmessern gibt. Sie sollten sich für die Schaltungen dieses Buches eine entsprechende Rolle zulegen, wobei der Durchmesser des Drahtes ca. 0,6 mm betragen sollte.

Eine Rolle mit versilbertem Lötdraht

Ist es Ihnen nicht möglich, einen solchen *Lötdraht* zu besorgen, sollten Sie sich im Elektronik-Fachhandel sogenannten *Klingeldraht* besorgen. Dieser sollte zum einen nicht aus Litze, d. h. aus vielen feinen Adern, sondern aus einer massiven Kupferleitung bestehen. Zudem sollte er einen Durchmesser von ca. 0,6 mm haben und verzinnt sein. Ein nicht verzinnter Kupferdraht läßt sich nicht so gut löten. Es gibt diesen Draht meistens als kleine Rollen von einigen Metern Länge.

Bevor Sie diesen bzw. den schon weiter oben angesprochenen auf der Rolle vorhandenen Draht verwenden können, sollten nach dem Kauf einige Vorbereitungen getroffen werden. Zum einen ist in dem einen Fall um den Draht eine Kunststoffummantelung vorhanden und zum anderen ist der Draht in beiden Fällen oftmals durch die Rolle gekrümmt oder sogar geknickt. So ist der Draht nicht zu verwenden.

Durch eine einzige Maßnahme können Sie dies ändern. Schneiden Sie drei ca. 20 bis 40 cm lange Stücke vom Kabel ab. Spannen Sie diese gleichzeitig mit jeweils einem Ende nebeneinander in einen Schraubstock. Haben Sie keinen Schraubstock, dann packen Sie die Enden fest mit einer Zange an.

Die anderen Enden fassen Sie mit einer weiteren Zange an. Drücken Sie die Zangen fest zu und ziehen Sie die Kabel auseinander. 3 bis 5 Zentimeter dürften ausreichen. Reißt ein Kabel, so ist dies nicht tragisch. Sollten Sie mit zwei Zangen arbeiten und Ihnen bei einer Länge von 40 cm die Kraft zum Auseinanderziehen fehlen, dann verkürzen Sie die Länge.

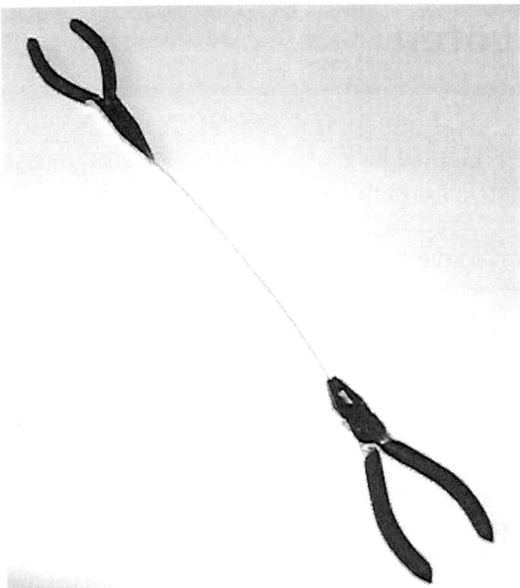

So wird der Draht auseinandergezogen

Das Auseinanderziehen der Drähte hat zwei Auswirkungen. Zum einen wird der Draht begradigt. Achten Sie deshalb darauf, daß Sie nach dem Dehnen das Kabel flach ablegen, so daß es nicht wieder knickt oder krumm wird. Außerdem wirkt sich das Dehnen auf den Durchmesser des Drahtes aus. Dieser wird minimal kleiner, was zur Folge hat, daß die Ummantelung etwas lockerer wird.

Nach dem Dehnen schneiden Sie die Enden der Drähte, dort wo Sie die Zangen angesetzt haben, ab, so daß dort keine zerdrückte Ummantelung vorhanden ist. Oftmals können Sie an den Enden feststellen, daß sich die Ummantelung wieder ein klein wenig zusammenzieht und den Draht freigibt. Sollte dies nicht automatisch vonstatten gehen, helfen Sie ein wenig nach, indem Sie diese etwas zurückschieben.

Greifen Sie mit der Zange vorsichtig das Ende des Drahtes, und schieben Sie die Ummantelung zum anderen Ende. Dies ist oftmals sehr schwierig und erfordert manchmal mehrmaliges Ansetzen. Wird es zu schwer, dann verkürzen Sie die Leitungen, indem Sie diese mit einem Seitenschneider in mehrere Stücke schneiden.

Sollte der Draht nach dem Abziehen der Ummantelung wieder etwas verbogen sein, können Sie das Dehnen ein weiteres Mal durchführen, so daß anschließend wieder ein gerader Draht vorhanden ist.

Der so vorbereitete Draht kann dann gut für die Leiterbahnbrücken und für die Verbindungen auf der Rückseite der Platinen verwendet werden.

3.3 Hinweise zum Löten

Haben Sie die erforderlichen Bauteile für eine Schaltung besorgt, müssen Sie diese sowie die erforderlichen Leiterbahnen auf die Platine löten.

Das Löten stellt eine Arbeit dar, die ein wenig Geschick und viel Übung erfordert. Haben Sie bislang wenig Erfahrung mit dem Löten, sollten Sie, bevor Sie die erworbenen Bauteile verlöten, ein wenig üben. Die nachfolgenden Hinweise sollen Ihnen die Arbeit erleichtern.

T

▶ Haben Sie bislang noch keine Erfahrungen mit dem Löten gemacht, sollten Sie sich spezielle Literatur zu diesem Thema besorgen. Es gibt hierzu preiswerte Lötfibeln, die Ihnen die richtige Arbeitsweise darlegen.

Beim Löten sollten Sie immer bedenken, daß Sie mit Hitze arbeiten. Zum einen werden Sie dies schnell feststellen, wenn Sie mit dem Lötkolben direkt in Berührung kommen. Aber auch die Bauteile erwärmen sich beim Löten, so daß Sie sich auch daran verbrennen können.

Aber nicht nur Sie reagieren sehr empfindlich auf zuviel Wärme. Auch verschiedene Bauteile sind wärmeempfindlich, die einen mehr, die anderen weniger. Widerstände zum Beispiel sind auch gegenüber Wärme sehr widerstandsfähig, ICs hingegen müssen sehr vorsichtig eingelötet werden. Wird der Lötkolben zu lange an diese empfindlichen Bauteile gehalten oder wird ein zu starker Lötkolben mit einer zu hohen Wärmeentwicklung verwendet, können diese Bauteile leicht beschädigt werden.

Aus diesem Grund sollten Sie beim Löten immer darauf achten, daß der Lötkolben nur so lange an die Lötstelle gehalten wird, bis das Lötzinn flüssig geworden ist und eine Verbindung zwischen den beiden zu verlötenden Materialien hergestellt hat. Anschließend sollten Sie den Lötkolben sofort wieder von der Lötstelle entfernen.

Nachdem Sie den Lötkolben von der Lötstelle entfernt haben, breitet sich die Hitze über die Bauteile weiter aus. Dies werden Sie leicht merken, wenn Sie z. B. ein Bauteil mit der Hand festhalten. Oftmals wird die Zeit, bis das Lötzinn vom flüssigen Zustand wieder in den starren übergeht, sehr lang. Dennoch sollten Sie die Lötstelle nicht „kaltpusten“, um die Zeitspanne zu verkürzen. Durch das Pusten kann es zu einer *kalten Lötstelle* kommen, die leicht durch mechanische Belastungen entzweigehen kann, bzw. der Kontakt zwischen den Bauelementen ist nicht mehr gewährleistet. Schaltungsfehlfunktionen sind die Folge, wobei kalte Lötstellen schwer zu finden sind. Ein Hinweis für eine kalte Lötstelle ist ein mattes Aussehen. Kalte Lötstellen können aber auch dadurch entstehen, daß die Bauelemente während des Abkühlens des Lötzinns bewegt werden.

Beim Löten sollten Sie versuchen, eine möglichst *saubere Lötstelle* zu erstellen. Dies bedeutet zum einen, daß nicht zuviel Lötzinn verwendet werden sollte. Es sollte gerade so viel benutzt werden, daß das Bauteil mit dem Lötauge der Platine gut verbunden wird. Im optimalen Fall erreicht die Lötstelle ein kegelförmiges Aussehen. Wird zuviel Lötzinn verwendet, bildet sich eine Kugel, was nicht gut ist. Wird zuwenig Lötzinn verwendet, werden die Bauteile nicht vollständig miteinander verbunden, was leicht zu Brüchen führen kann.

Eine saubere Lötstelle bedeutet allerdings auch, daß an der Lötstelle kein verbranntes *Kolophonium* vorhanden ist. Das *Flußmittel* verbrennt leicht und bildet dann einen schwarzen Kranz um die Lötstelle. Dies tritt leicht dann auf, wenn der Lötvorgang zu lange dauert und zuviel Lötzinn verwendet wird.

Ist eine unsaubere Lötstelle entstanden, sollten Sie überlegen, ob Sie das Lötzinn mit einer Entlötpumpe wieder von der Lötstelle entfernen und den Lötvorgang erneut vornehmen. Da beim Entlöten die Lötstelle mit dem Lötkolben gut erwärmt werden muß, sollten Sie darauf achten, daß dadurch die Bauteile nicht zerstört werden.

Eine saubere Lötstelle erhalten Sie einfacher, wenn die Lötkolbenspitze regelmäßig gesäubert wird. Dazu sollten Sie sich einen kleinen Schwamm zurechtlegen, der leicht angefeuchtet sein sollte. Anschließend können Sie die Lötkolbenspitze jeweils vor einem Lötvorgang leicht durch Abstreifen des alten Lötmaterials auf dem Schwamm säubern. Achten Sie hierbei darauf, daß der Schwamm nicht zu naß ist, da ansonsten der Lötkolben beim Säubern zu weit abgekühlt wird.

Hinweise zum Lötzinn

Wie Sie erfahren haben, ist zum Löten auch das entsprechende Lötzinn notwendig. Hier sollten Sie beim Kauf des Lötzinns darauf achten, daß es mit einem sogenannten *Flußmittel* versehen ist. Dieses sorgt dafür, daß das Lötzinn, nachdem es flüssig geworden ist, leichter Kontakt mit den zu verlötenden Materialien aufnehmen kann.

Das Flußmittel, in den meisten Fällen ist dies das Mittel *Kolophonium*, ist in der Regel im Lötzinn vorhanden. Sie erkennen es daran, daß das Lötzinn in der Mitte hohl ist. Dort ist dann das Flußmittel eingebracht.

Beim Löten wird dieses Mittel schnell flüssig und verteilt sich entsprechend auf der Lötstelle.

Verlegen der Leiterbahnen

Bei den Schaltungen des zweiten Teils dieses Buches müssen auf den Rückseiten der Platinen die Leiterbahnen mit Hilfe der oben angesprochenen Schaltdrähte verlötet werden. Wie Sie die Schaltdrähte vorbereiten, haben Sie erfahren. Nachfolgend sollen Sie einige Hinweise zum Verlegen der Schaltdrähte erhalten.

Ist es erforderlich, daß eine Leiterbahn verlegt werden muß, sollten Sie als erstes ein ausreichend langes Stück Schaltdraht zurechtlegen. Achten Sie darauf, daß es nicht zu kurz ist. Es muß zwar nicht genau die erforderliche Länge haben, allerdings sollte es auch nicht einen halben Meter zu lang sein, da der Draht dann sehr unhandlich wird.

Den Lötvorgang beginnen Sie an einem der Endpunkte der Leiterbahn. Dort wird in der Regel ein Bauelement mit einem Lötauge verbunden sein. Es existiert also schon eine Lötstelle. Bringen Sie den Schaltdraht an diese Lötstelle an, indem Sie den Draht flach auf die Platine auflegen und dieser exakt an die anderen Bauteile angrenzt. Dann erwärmen Sie kurz die Lötstelle, so daß der Schaltdraht mit den anderen Bauteilen verbunden wird.

Anschließend müssen Sie den Schaltdraht so verlegen, wie es die entsprechende Zeichnung vorgibt. Halten Sie sich an die Vorgaben, dann werden häufig 90°-

Biegungen des Schaltdrahts erforderlich sein. Diese müssen Sie exakt so anbringen, wie es vorgegeben ist. Achten Sie bei dieser Arbeit darauf, daß der Schaltdraht, auch nach einer Biegung, immer mittig über den Lötaugen liegt.

Damit der Schaltdraht auf der Platine fest aufliegt und nicht verschoben werden kann, ist es erforderlich, daß Sie ihn entweder den gesamten Weg entlang mit allen sich darunter befindlichen Lötaugen verbinden oder dies in regelmäßigen Abständen von z. B. fünf Lötaugen tun. Die erste Methode ist sicherlich anzuraten, bedeutet allerdings auch mehr Arbeit und einen höheren Lötzinnverbrauch.

Setzen Sie lediglich einige Lötpunkte, dann achten Sie darauf, daß direkt vor bzw. nach jeder Biegung ein Lötpunkt gesetzt wird. Dies kann auch beim Biegen von Vorteil sein. Setzen Sie einen Lötpunkt direkt vor einer erforderlichen Biegung, können Sie den Schaltdraht anschließend leicht mit einer Flachzange in die neue Richtung biegen, ohne daß der Draht mit einer zweiten Zange festgehalten werden muß. Achten Sie darauf, daß der Draht immer flach auf der Platine aufliegt. Oftmals ist es erforderlich, daß eine Lötstelle noch einmal erwärmt wird, um den Draht mit einem Schlitzschraubendreher herunterdrücken zu können.

Gehen Sie auf diese Weise von einem Ende der Leiterbahnverbindung zum anderen vor. Beachten Sie, daß es nicht gut ist, wenn Sie zwischen zwei bestehenden Lötstellen eine zusätzliche Lötstelle einfügen. Da sich der Schaltdraht durch das Erwärmen ausdehnt, kann er sich so weit verbiegen, daß er Kontakt zur Nachbarleitung bekommt und so einen Kurzschluß verursacht.

Abschließend sollte noch einmal erwähnt werden, daß diese Arbeit viel Übung erfordert. Sie ist jedoch von jedem zu erlernen. Seien Sie also geduldig und arbeiten Sie sorgfältig, um Probleme zu vermeiden.

3.4 So bauen Sie eine Schaltung wieder ab

Haben Sie eine Schaltung einmal aufgebaut, setzen diese in der Zukunft aber nicht mehr ein, können Sie die Bauelemente dieser Schaltung auch in anderen Schaltungen wiederverwenden. Dazu ist es erforderlich, daß die Bauteile aus der bestehenden Schaltung wieder ausgelötet werden.

Beim Auslöten sollten Sie besondere Vorsicht hinsichtlich der Wärme walten lassen. Leicht können beim Auslöten Bauteile durch Überhitzung beschädigt werden. Es gilt hier das gleiche wie beim Einlöten.

Außerdem sollten Sie beim Auslöten darauf achten, daß die Bauteile nicht durch einen zu hohen Kraftaufwand beschädigt werden. Oftmals hängen die Bauteile ein wenig fest, da durch das Abschneiden zu langer Drähte mit Hilfe eines Seitenschneiders auf der Rückseite der Platine leicht kleine Haken entstanden sein können. In manchen Fällen biegen Sie die Bauteile, nachdem Sie sie durch die Platine gesteckt haben, auf der Rückseite ein wenig auseinander, damit diese beim Festlöten nicht wieder herausfallen. Beim Entlöten fallen diese dann nicht automatisch heraus, sondern müssen mit einer Zange oder einem Hebel aus der Platine herausgezogen werden.

Die entlöteten Bauteile sollten Sie auf mechanische Schäden kontrollieren und anschließend säubern, d. h. von überflüssigem Lötzinn befreien.

Handeln Sie hierbei nach dem Grundsatz, daß es oftmals sinnvoller ist, für 20 Pfennig ein neues Bauteil zu kaufen, als ein vermutlich defektes Bauteil einzusetzen. Verwenden Sie also nur dann gebrauchte Bauteile, wenn Sie sicher sind, daß diese auch noch in Ordnung sind.

Auch die Platinen können Sie ein weiteres Mal verwenden. Allerdings sollten Sie diese besonders gut säubern. Da beim Entlöten der Leiterbahnen häufig einige Lötaugen mit entfernt werden, sollten Sie auch hier im Zweifelsfall eine neue Platine kaufen. Die durch fehlende Lötaugen entstehenden Probleme sind oftmals nicht unerheblich und können leicht zu Fehlern führen.

4. Die verwendeten Materialien

Es werden innerhalb der Schaltungen immer wieder einige elektronische Grundbauteile verwendet, die in diesem Kapitel angesprochen werden sollen. Dabei wird nicht auf die elektronische Funktionsweise eingegangen, sondern mehr auf die Besonderheiten bzw. auf die Eigenschaften hinsichtlich deren Einbau in die Schaltung.

Lesen Sie sich dieses Kapitel durch, um zu erfahren, worauf Sie bei den einzelnen Bauteilen achten müssen.

4.1 Die Lochrasterplatine

Die meisten der in diesem Buch vorgestellten Schaltungen werden auf einer sogenannten *Lochrasterplatine* aufgebaut. Dabei handelt es sich um eine ca. 1 mm dicke Pertinax-Platte, die vollständig in regelmäßigen Abständen mit Löchern versehen ist. Die Löcher halten dabei einen Rasterabstand von exakt 2,54 mm ein.

Auf der Rückseite der Platine sind um die Löcher Kupferringe aufgebracht, die zum Festlöten der Bauteile dienen.

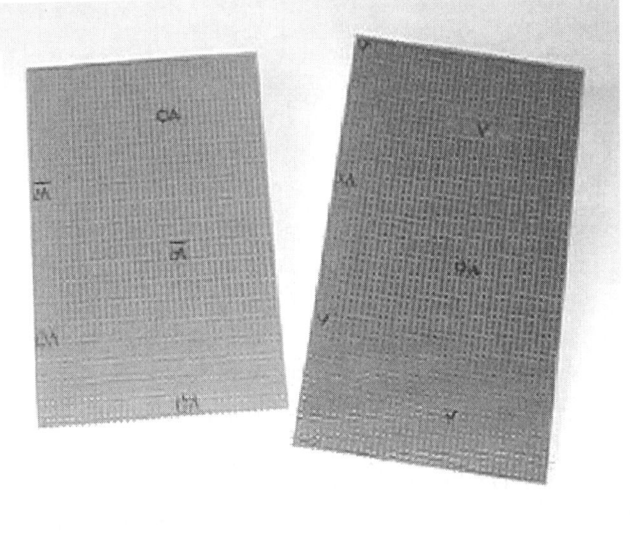

Die Lochrasterplatinen

Das Format der Europa-Lochrasterplatine beträgt 100 mm x 160 mm (links im Bild). Es gibt allerdings auch Lochrasterplatinen mit einer Breite von 100 mm als Meterware. Diese können Sie sich auch zulegen, um den Kaufpreis zu mindern. Da in den meisten Schaltungen lediglich eine halbierte Europa-Lochrasterplatine benötigt wird, kann die Meterware hier gut berücksichtigt werden. In der Abbildung sehen Sie ein Stück dieser Meterware auf der rechten Seite.

4.2 Der Einsatz von Draht beim Löten

Im vorigen Kapitel haben Sie schon alles zum Einsatz des benötigten *Drahtes* erfahren. Der Vollständigkeit halber sei hier nur noch einmal erwähnt, daß es am sinnvollsten ist, sich eine Rolle mit versilbertem Draht in einer Stärke von ca. 0,6 mm zu besorgen. Damit lassen sich die notwendigen Verbindungen am besten herstellen.

4.3 Der Widerstand

Der *Widerstand* ist eines der elektronischen Bauteile, die am häufigsten eingesetzt werden. Er sorgt mit seiner Widerstandseigenschaft gegenüber Strom in den meisten Fällen dafür, daß andere Bauelemente nicht überbelastet und damit zerstört werden.

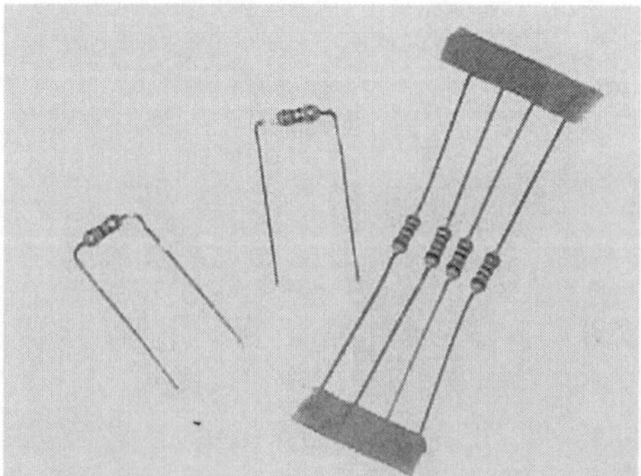

Die Widerstände

In der Abbildung sehen Sie auf der rechten Seite mehrere Widerstände, wie Sie sie beim Händler erwerben können. Auf der linken Seite sehen Sie zwei Widerstände, nachdem sie für den Einbau in die Schaltung vorbereitet, d. h. entsprechend umgebogen wurden. Die beiden abgebogenen Leitungen werden beim Aufbau der Schaltungen durch die Löcher der Lochrasterplatine gesteckt und auf der Rückseite angelötet.

Als ergänzende Information sollten Sie noch wissen, daß die Widerstände eine Belastung von 0,25 Watt aushalten müssen. Beim Händler werden Sie in der Regel danach gefragt.

4.4 Die Diode

Bei vielen Schaltungen werden sogenannte *Dioden* eingesetzt. Dabei gilt es, zwei unterschiedliche Arten von Dioden zu unterscheiden.

Die „normale" Diode

Die „normale" Funktion einer Diode liegt darin, den Strom in eine Richtung durchzulassen und in die Gegenrichtung zu sperren. Dazu werden die Bauteile, ähnlich wie die Widerstände, in die Schaltung auf die Lochrasterplatine gelötet.

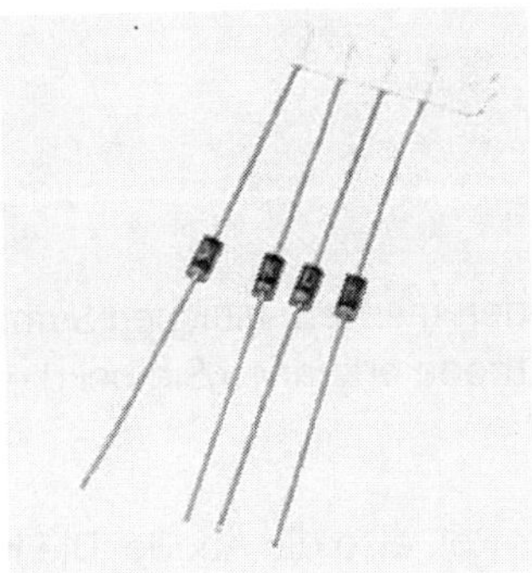

Normale Dioden

Damit die Dioden ihre Funktion ausüben können, ist es erforderlich, diese richtig herum in die Schaltung einzubauen. Die *Polarität* des Bauteils muß hier also berücksichtigt werden.

In der Abbildung sehen Sie an den unteren Rändern der Bauteile einen grauen Ring um die Gehäuse. Dadurch wird die sogenannte *Kathode*, also der Minus-Pol, des Bauteils gekennzeichnet.

Innerhalb der Baupläne der Schaltungen finden Sie für Dioden nachfolgendes Symbol:

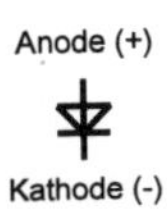

Das Symbol einer Diode

Das Dreieck zeigt bei dem Symbol auf eine dazu senkrecht stehende Linie. Diese Linie stellt in den Plänen die Minus-Seite, also die Kathode, dar.

Beim Aufbau der Schaltungen müssen Sie die Richtung, in der die Bauteile eingebaut werden müssen, unbedingt einhalten, um Fehlfunktionen zu vermeiden.

Die Leuchtdioden

Eine spezielle Form der Dioden sind die *Leuchtdioden*. Diese werden nicht wie die zuvor vorgestellten „normalen" Dioden eingesetzt. Die Aufgabe dieses Bauelements besteht darin, Licht auszusenden, deshalb auch der Name Leuchtdiode.

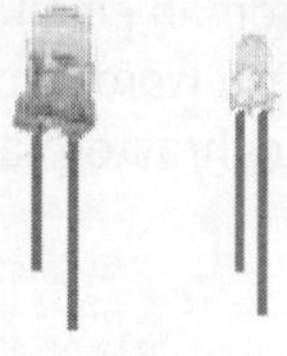

Die Leuchtdioden

In den Bauanleitungen werden die Leuchtdioden mit dem gleichen Symbol dargestellt. Die Anode, den Plus-Pol, und die Kathode erkennen Sie bei diesem Bauelement an der Länge der Anschlußdrähte.

Der längere Anschlußdraht ist immer der Plus-Pol, also die Anode. Die Kathode muß entsprechend der kürzere Anschlußdraht sein.

Haben Sie eine Leuchtdiode einmal verwendet und die Anschlußdrähte entsprechend abgeschnitten, können Sie die Kathode in den meisten Fällen auch an einem anderen Merkmal erkennen. Der Kunststoffmantel der Leuchtdiode ist an einer Seite oftmals abgeflacht. Der dort angebrachte Anschluß ist die Kathode. So können Sie die Diode ein weiteres Mal richtig herum einsetzen und verwenden.

4.5 Der Kondensator

Einige Schaltungen benötigen sogenannte *Kondensatoren*. Diese Bauteile gibt es in verschiedenen Ausführungen. In der nachfolgenden Abbildung sehen Sie drei unterschiedliche Bauarten von Kondensatoren.

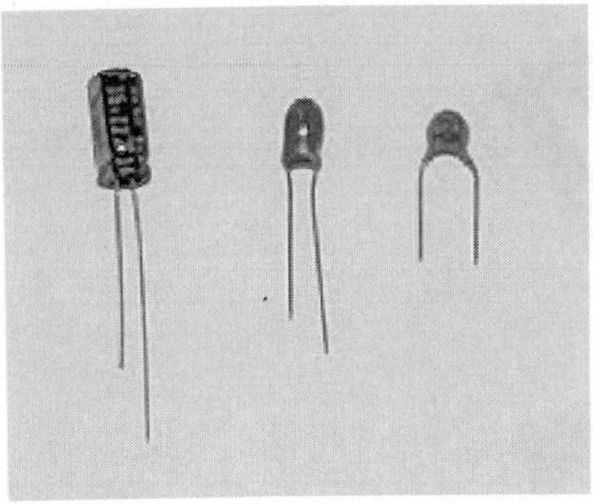

Verschiedene Kondensatoren

Bei dem linken Bauteil handelt es sich um einen sogenannten *Elektrolytkondensator*, kurz *Elko* genannt. Er hat sowohl einen Plus-Kontakt (langer Anschlußdraht) als auch einen Minus-Kontakt. Auf dem Gehäuse ist der Minus- bzw. Plus-Kontakt entsprechend gekennzeichnet.

Der mittlere Kondensator ist ein sogenannter *Tantal-Kondensator*. Er hat ebenso eine Polarität. Auch hier ist der längere Anschlußdraht der Plus-Pol.

Bei dem rechten Bauelement handelt es sich um einen *Folienkondensator*. Er hat keine Polarität und kann entsprechend richtungsfrei eingebaut werden.

In den Stücklisten zu den einzelnen Schaltungen finden Sie die entsprechenden zu verwendenden Arten.

4.6 Das IC und der Sockel

Bei den *IC-Bausteinen* handelt es sich um integrierte Schaltkreise, die über mehrere Beinchen mit der Schaltung verbunden werden. Da diese Bauelemente sehr empfindlich sind, werden sie häufig in Verbindung mit einem *IC-Sockel* eingebaut.

Hierbei bildet der IC-Sockel eine Fassung, die fest auf die Schaltung gelötet wird. Anschließend kann der IC-Baustein in die Fassung eingesteckt werden und so Kontakt zur Schaltung herstellen.

Auf diese Weise kann der empfindliche Baustein problemlos eingebaut und bei Bedarf schnell aus der Fassung gehebelt werden, um z. B. in einer anderen Schaltung eingesetzt zu werden.

IC-Bausteine und passende IC-Sockel

Beim Einbau eines IC-Sockels ist darauf zu achten, daß die Fassung mit der markierten Seite in der richtigen Richtung eingebaut wird. Die Markierung ist im Bauteileplan entsprechend eingezeichnet. Achten Sie darauf, daß Sie beim Einbau auch IC-Sockel mit der benötigten Anzahl von Polen verwenden.

Wenn Sie das IC in die Fassung stecken, achten Sie darauf, daß Sie die auf dem Bauelement vorhandene Markierung mit der des Sockels zur Deckung bringen.

4.7 Die Stecker

Einige der Schaltungen werden als Zusatzplatine erstellt, die dann in eine zuvor hergestellte Grundplatine eingesteckt werden. Damit hier das Zusammenstecken leicht vonstatten gehen kann, müssen Sie 21polige *Stiftleisten* kaufen.

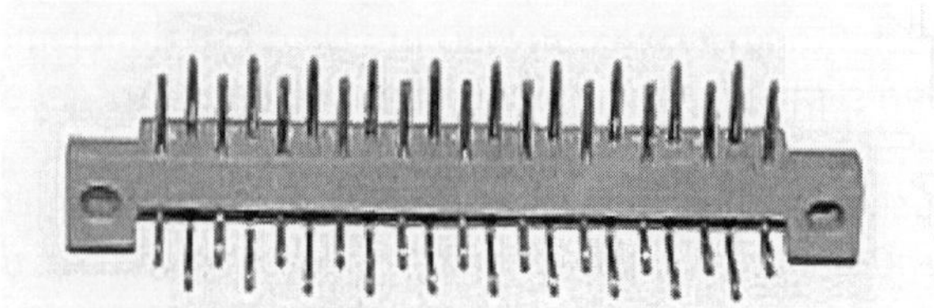

Eine 21polige Stiftleiste

Die Stiftleiste ist abgewinkelt, so daß die versetzten Stiftreihen in das Raster der Lochrasterplatine passen.

Für die Grundplatine benötigen Sie das entsprechende Gegenstück, eine sogenannte *Buchsenleiste*, auch *Federleiste* genannt.

Neben dieser Leistenkombination werden in vielen Schaltungen auch sogenannte *Pfosten* und entsprechende *Pfostenstecker* verwendet.

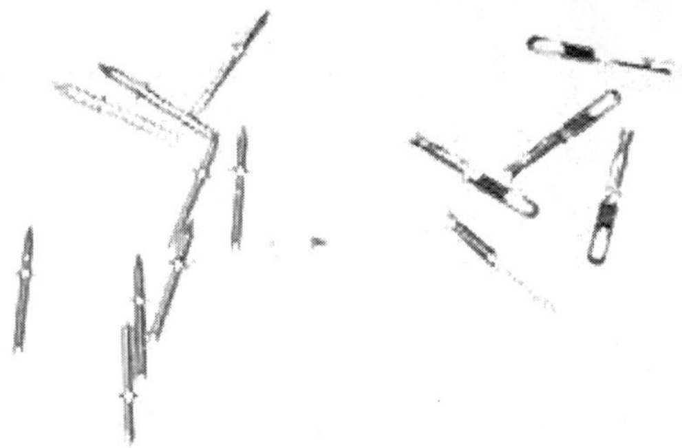

Pfosten und Pfostenstecker

Es gibt die Pfosten in verschiedenen Stärken. Diejenigen mit einem Durchmesser von 1 mm passen recht gut in die Lochrasterplatine. Die Pfosten mit 1,3 mm Durchmesser hingegen bereiten häufig Schwierigkeiten, da sie nur mit viel Kraftaufwand eingesteckt werden können bzw. die Löcher zuvor aufgebohrt werden müssen. Dabei wird häufig das Lötauge auf der Rückseite fast vollständig entfernt.

Die Pfostenstecker gibt es passend zu den entsprechenden Pfosten. Achten Sie auch hier auf den passenden Durchmesser.

4.8 Das Relais

Einige Schaltungen verwenden *Relais*, um steuernd auf daran angeschlossene Zusatzelemente zu wirken oder um Ihnen die Möglichkeit zu geben, die Schließerkontakte für Ihre Zwecke einzusetzen.

Bei den hier zu verwendenden Relais handelt es sich in den meisten Fällen um Miniaturrelais, die mit 5 Volt betrieben werden können. Diese kleinen Relais können allerdings nur kleine Spannungen bzw. Ströme über ihre Kontakte schalten. Achten Sie darauf, wenn Sie sie einsetzen. Sie sind z. B. nicht immer für 220 Volt ausgelegt.

Daneben gibt es noch leistungsfähigere Relais, die etwas größer sind. Diese müssen ebenfalls mit 5 Volt angesteuert werden können. Hier kann die zu schaltende Leistung höher angesetzt werden.

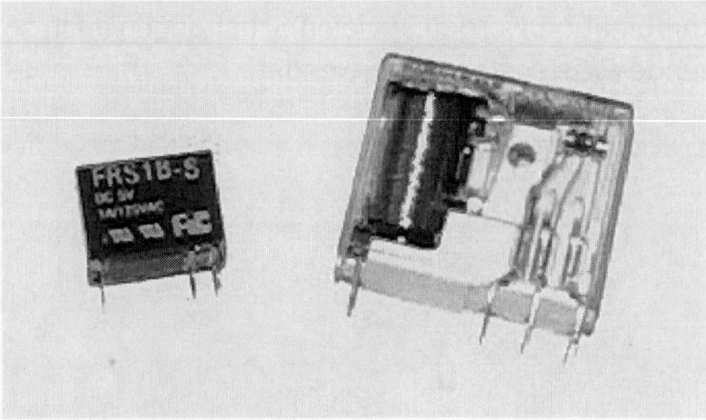

Miniatur- und Leistungsrelais

Die Relais haben in der Regel die gleiche Kontaktbelegung. Beim Kauf der Relais sollten Sie darauf achten, daß sie auch auf die dargestellten Kontakte der Bauteilezeichnungen passen.

4.9 Der Spannungsregler

Als letztes Bauelement soll hier der *Spannungsregler* angesprochen werden. Er dient dazu, die benötigte Spannung von 5 Volt kontinuierlich zu gewährleisten. Dazu ist es erforderlich, daß eine etwas höhere Eingangsspannung an das Bauteil angelegt wird. Das Bauteil regelt diese Spannung dann auf 5 Volt herunter.

Ein Spannungsregler

Die drei Beinchen des Bauteils haben folgende Funktionen:

- Wenn Sie so auf das Bauteil schauen, daß Sie die Aufschrift lesen können, dient das linke Beinchen dazu, die höhere Eingangsspannung aufzunehmen. Es dient praktisch als Eingang.
- Das mittlere Beinchen stellt den Masse-Bezug dar, und dies sowohl für die höhere Eingangs- als auch für die 5-Volt-Ausgangsspannung. Dieses Beinchen ist mit der metallenen Platte auf der Rückseite des Bauelements verbunden. Diese dient dazu, die entstehende Wärme über einen zusätzlichen Kühlkörper abzuführen.

- Das rechte Beinchen stellt dann die 5-Volt-Ausgangsspannung zur Verfügung. Hier wird die benötigte Spannung für die Schaltung abgegriffen.

Neben den hier aufgeführten Bauelementen werden oftmals noch zusätzliche elektronische Bauteile benötigt; diese werden dann in den entsprechenden Kapiteln angesprochen und erläutert.

5. Die serielle und die parallele Schnittstelle

Der Datenaustausch zwischen Ihrem Computer und den in diesem Buch vorgestellten Schaltungen findet über die Schnittstellen des Computers statt. Es sind hier zwei unterschiedliche Arten von Schnittstellen zu unterscheiden: zum einen die serielle und zum anderen die parallele Schnittstelle.

Wie diese Schnittstellen funktionieren und worin sie sich unterscheiden, erfahren Sie in diesem Kapitel.

Die serielle Schnittstelle

Die serielle Schnittstelle in Ihrem PC haben Sie wahrscheinlich schon mehr als einmal benutzt, vielleicht ohne daß es Ihnen bewußt war. Dort wird bei den meisten PCs die Maus angeschlossen. Die seriellen Schnittstellen erkennen Sie leicht an einer 9poligen Buchse auf der Rückseite Ihres PCs. Allerdings wird für die serielle Schnittstelle zuweilen auch eine 25polige Buchse verwendet.

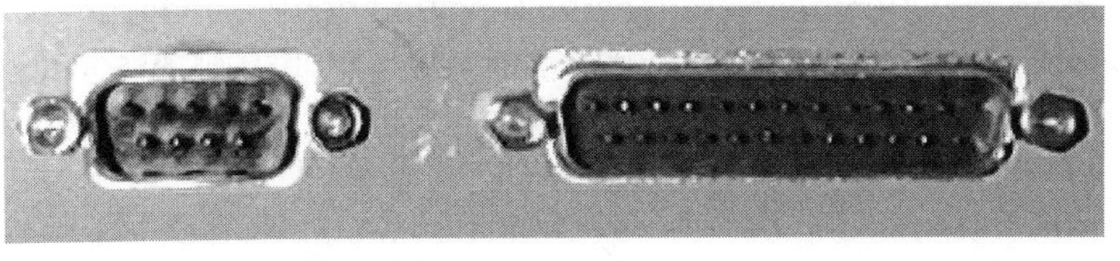

Die seriellen Buchsen im PC

In vielen Fällen werden die heutigen Computer mit zwei seriellen Schnittstellen ausgestattet, so daß dann häufig beide Buchsen zum Einsatz kommen. Beachten Sie dabei, daß es sich bei beiden Buchsengrößen um eine sogenannte männliche Bauart handelt, d. h., es sind bei beiden Buchsen Stifte zu sehen (im Gegensatz zur Buchse der parallelen Schnittstelle, die ebenfalls 25polig ist, allerdings in der weiblichen Ausführung).

Die seriellen Schnittstellen sind *die* Kommunikationsschnittstellen Ihres PCs schlechthin. Umgangssprachlich werden sie oft nur COM1 und COM2 genannt, was von der technischen Bezeichnung herrührt. Jedes Terminal- oder Modemprogramm kann auf sie zugreifen und nutzt sie zur Datenübertragung. Die serielle Schnittstelle wird auch für die Steuerung einiger Schaltungen dieses Buches benutzt.

Was ist aber eine serielle Schnittstelle? Das wohl entscheidende Merkmal dieses Anschlusses steckt in dem Wort *seriell*. Das bedeutet: eins nach dem anderen; und genau so werden dort auch die Daten über die Anschlußkabel geschickt.

Jedes Zeichen in einem PC besteht im allgemeinen aus einem Byte, also 8 Bit. Bei einer Übertragung über die seriellen Schnittstellen werden die 8 Bit wie an einer Perlenschnur aufgereiht hintereinander zum Kabel geschickt. Am anderen Ende der Leitung muß ein Gerät oder ein Programm stehen, das diese Daten genau in dieser Form erwartet und aus den 8 Bit wieder ein Byte, also ein ganzes Zeichen, zusammensetzt.

Damit das alles reibungslos abläuft, werden den eigentlichen Daten zusätzliche Bits für Prüfsummen und andere Informationen hinzugefügt. Aufgrund dieser simplen Methode, die viele Zwischenschritte und Zusatzdaten enthält, können Sie sich vorstellen, daß bei seriellen Übertragungen keine großen Übertragungsgeschwindigkeiten erwartetet werden dürfen.

Serielle Schnittstellen sind zwar langsam, haben aber einige entscheidende Vorteile:

- Es gibt die seriellen Schnittstellen in fast jedem Rechnertyp, angefangen von einer Großrechneranlage mit mehreren CPUs oder Rechnerverbundlösungen über IBM-kompatible PCs bis hin zu programmierbaren Taschenrechnern, elektronischen Terminkalendern oder Uhren. So können auch die unterschiedlichsten Betriebssysteme und Programme relativ leicht Daten austauschen.
- Die Grunddefinition der Datenbearbeitung und der Pinbelegung reicht weit zurück. Bereits 1969 wurde von der **E**lectronic **I**ndustries **A**ssociation (EIA) der RS-232-Standard festgelegt, der sich bis heute nicht verändert hat. Was sich so lange bewährt hat, kann so schlecht also nicht sein.
- Die Grundverkabelung der RS-232-Definition kommt mit einem 3adrigen Kabel für die Verbindung zweier Rechner aus. Eine Ader stellt die Masse-Leitung dar, und die anderen werden für die Übertragung der Daten benutzt. Dabei wird eine Ader zum Senden und eine zum Empfangen der Daten genutzt. Das einfache Kabel ist billig, liegt in Form von Telefonanschlüssen meistens schon in jedem Büro und ist auch für eine Verbindung über große Entfernungen gut geeignet. Eine Verbindung über ein Modem zu einem anderen Rechner mit Modem auf der anderen Seite des Globus ist im Prinzip auch nichts anderes als eine Drei-Draht-Verbindung zweier Rechner im Büro. Nur die Entfernung ist viel größer.
- Wenn es bei der Übertragung der Daten nicht auf hohe Geschwindigkeit ankommt, bietet die serielle Schnittstelle mit ihrer ausgereiften Chiptechnologie und dem einfachen Konzept eine ideale Basis. So ist es kein Wunder, daß die ersten Zeigegeräte, wie Maus oder Zeichentabletts, an eine COM-Schnittstelle angeschlossen wurden. Die Datenmenge, die dort anfällt, ist nicht so groß. Meistens werden nur sporadische und ungleichmäßig viele Informationen übermittelt.

- Viele Maschinen haben ebenfalls serielle Schnittstellen. Schon die ersten Computer wurden für die komplizierte Steuerung von Maschinen und Anlagen benutzt. Der Computer wertete die Informationen eines Sensors aus und änderte dann gegebenenfalls den Arbeitsablauf in der Maschine selbst. Die Informationen des Sensors empfing er über die erste serielle Schnittstelle, und die Steuerung der Maschine wurde dann über die zweite Schnittstelle durchgeführt. Nach einem ähnlichen Prinzip werden auch einige Schaltungen in diesem Buch aufgebaut.

Sie fragen sich wahrscheinlich, warum 9- oder 25polige Steckverbindungen für eine dreiadrige Verbindung benutzt werden? Was ist mit den anderen Polen? Der Grund dafür ist schnell gefunden: Die EIA und ein weiteres Normierungsgremium, das CCITT, haben noch weitere 17 Leitungen mit Signalen belegt. Diese Signale dienen der Steuerung des Informationsflusses, um die Sache flexibel zu gestalten und sicherer zu machen.

Zum Glück ist aber niemand gezwungen, diese Signale alle zu benutzen oder auszuwerten. Bei einem 9poligen Stecker würde das auch praktisch nicht gehen. In der Tat sind nur drei Adern wirklich notwendig, um eine serielle Übertragung in zwei Richtungen zu ermöglichen.

Bei einer Verbindung zu einem Modem werden für die bessere Verständigung zwischen Modem und PC sechs weitere Signale benutzt, die lohnen, hier erwähnt zu werden. Über diese Signale steuern PC und Modem den Datenfluß. Dies ist notwendig, wenn z. B. das Modem viel schneller Daten empfängt, als der PC sie verarbeiten kann. Dann sind die Signalleitungen notwendig, um das Modem zu bremsen. Wäre das nicht der Fall, gingen Daten verloren, weil der Empfänger die Daten nicht schnell genug entgegennehmen kann.

Die Erläuterung der angesprochenen Leitungen findet anhand der Pinbelegung einer 25poligen Buchse statt. Diese sieht wie folgt aus:

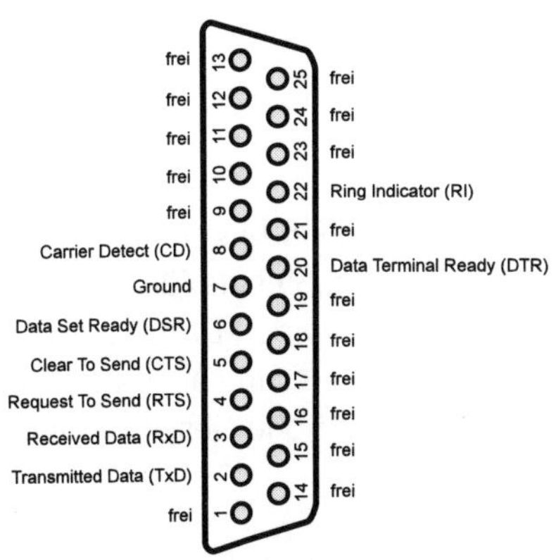

Schema einer seriellen 25poligen Buchse (männlich)

Pin 2	*Transmitted Data (TxD)* steht für die Übertragung der Daten. Über diese Leitung werden die eigentlichen Daten verschickt.
Pin 3	*Received Data (RxD)* bedeutet dementsprechend, daß hier die Daten gelesen werden. Alle Daten kommen seriell über diesen Pin an.
Pin 4	*Request To Send (RTS)* wird vom PC benutzt, um das Modem zu fragen, ob es bereit ist, Daten zu empfangen.
Pin 5	Sobald das Modem ein RTS-Signal empfängt und derzeit keine anderen Aufgaben wahrnimmt, setzt es das *Clear To Send-Signal (CTS)*. Damit weiß der PC nun, daß er senden darf.
Pin 6	Das Signal *Data Set Ready (DSR)* wird vom Modem gesetzt, um dem PC mitzuteilen, daß die Verbindung zur Gegenseite erfolgreich aufgebaut wurde.
Pin 7	Die *Masse*-Leitung ist dazu da, daß sich die einzelnen Signale auf ein gemeinsames Spannungspotential, nämlich 0 Volt, beziehen können.
Pin 8	Bevor das Signal DSR gesetzt wird, was einen erfolgreichen Aufbau der Verbindung anzeigt, wird das *Carrier Detect*-Signal *(CD)* gesetzt. Damit will das Modem lediglich mitteilen, daß am anderen Ende der Leitung jemand ist, der dem ersten Anschein nach auch etwas mit dem Signal anfangen kann.
Pin 20	Das *Data Terminal Ready*-Signal *(DTR)* wird vom PC gesetzt, um dem Modem mitzuteilen, daß er überhaupt da ist und mit dem Modem arbeiten will. Sobald also z. B. ein Terminalprogramm auf die Schnittstelle zugreift, wird dieses Signal gesetzt.
Pin 22	Der *Ring Indicator (RI)* wird vom Modem gesetzt, wenn ein Klingelzeichen beim Modem ankommt; sobald also jemand das Modem anruft. Über dieses Signal steuert eine Software z. B., nach wieviel Klingelzeichen das Modem den Anruf entgegennehmen soll.

Wie unschwer zu erkennen ist, müssen bei einer direkten Verdrahtung zweier Computer untereinander einige Signale gedreht werden. Es wird also Pin 2 mit Pin 3 verdreht, damit das ausgehende Signal auf der einen Seite am eingehenden Signalpin der anderen Seite ankommt und umgekehrt.

Bei einer 9poligen Buchse sieht die Pinbelegung wie nachfolgend abgebildet aus:

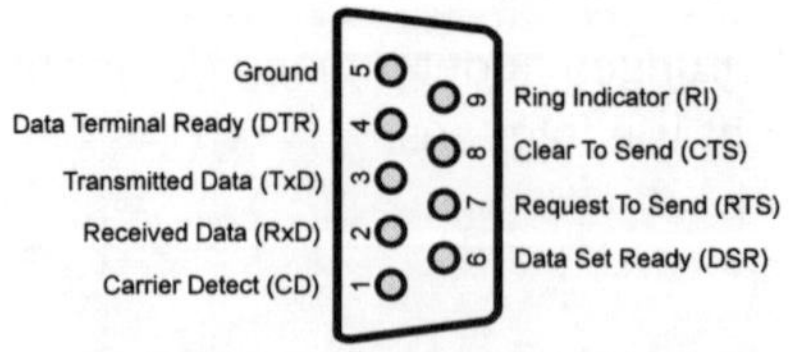

Die Pinbelegung einer 9poligen Buchse (männlich)

Es bleibt also festzustellen, daβ der PC bei einigen Leitungen auf Signale eines externen Gerätes wartet und an anderen Leitungen Signale für diese Geräte setzt. Die eigentlichen Daten werden nur über die beiden Datenleitungen gesendet. Dieser Ablauf eignet sich hervorragend zur Steuerung aller Maschinen, die auf einfache Signale angewiesen sind und nicht auf hohe Geschwindigkeiten bauen.

Eben aus diesem Grund benutzen einige Schaltungen in diesem Buch auch die seriellen Schnittstellen des PCs. Dem einen oder anderen Begriff, der hier erklärt wurde, werden Sie noch öfter begegnen.

Die parallele Schnittstelle

Was unterscheidet denn nun die parallele von der seriellen Schnittstelle, außer daß die technische Abkürzung hier LPT lautet?

- Da gibt es zunächst einen rein äußerlichen Unterschied. Die parallele Schnittstelle hat zwar ebenfalls einen 25poligen Anschluß, aber wie Sie schon weiter oben erfahren haben, wird hier die weibliche Ausführung verwendet. Ein Kabel, das auf die parallele Schnittstelle gesteckt wird, muß also einen männlichen Stecker haben.

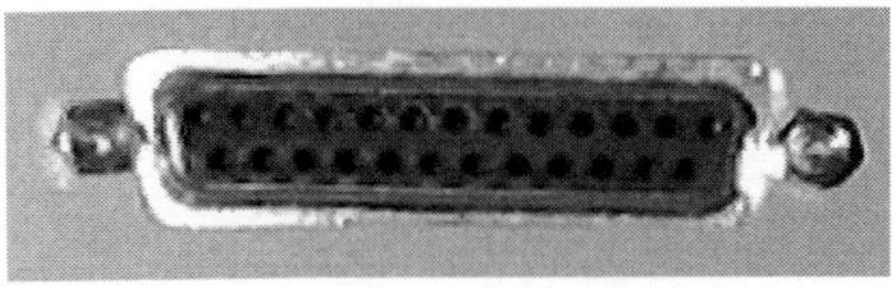

Die weibliche Buchse der parallelen Schnittstelle

- Der entscheidende Unterschied ist allerdings die parallele Übertragung von Daten über 8 Datenleitungen. So können 8 Bit, also 1 Byte bzw. 1 Zeichen, gleichzeitig übertragen werden. Dies entspricht ungefähr der achtfachen Übertragungsgeschwindigkeit einer seriellen Schnittstelle.
- Im Normalfall wird die parallele Schnittstelle dazu benutzt, einen Drucker anzusprechen. Sicher gab es früher auch Drucker, die ihre Daten seriell empfangen konnten, aber mit der steigenden Geschwindigkeit der Drucker und der hohen Datenmenge durch Druckersprachen, wie z. B. PostScript, wurden die Anforderungen so in die Höhe getrieben, daß nur eine parallele Schnittstelle diesen Erfordernissen genügen konnte.
- Die parallele Schnittstelle ist aufgrund ihrer Bestimmung zur Ansteuerung eines Druckers eigentlich nur für die Datenübertragung in eine Richtung gedacht. Der Drucker soll schließlich Daten empfangen. Die parallele Schnittstelle hat also keinen Datenpuffer für den Empfang von Daten, wie die serielle Schnittstelle. Doch auch die parallele Schnittstelle besitzt neben den acht Datenleitungen einige Signalleitungen, die der Schnittstelle Informationen vom Drucker mitteilen. So sind Signalleitungen vorhanden, die dem PC mitteilen, daß z. B. das Papier ausgegangen oder der Drucker „offline" ist. Wenn nun Daten in die parallele Schnittstelle gesendet werden sollen, können diese Signalleitungen für die Übertragung der Daten „mißbraucht" werden. Auf diese Art werden einige der Schaltungen dieses Buches ihre Daten über die parallele Schnittstelle an den Computer übermitteln.
- Wenn Sie sich ein Druckerkabel genau ansehen, stellen Sie fest, daß an dem einen Ende des Kabels ein Stecker passend zur 25poligen Buchse des Computers vorhanden ist. Am anderen Ende hingegen ist ein anderer Stecker angebracht. Er wird als Centronics-Stecker bezeichnet und enthält 36 Anschlüsse. Die Spezifizierung einer Druckerschnittstelle, d. h. die Anschlüsse, Stecker

und Signalbelegungen, wird mit dem Begriff Centronics gleichgesetzt. Dort sind die Form des Steckers, die Signalbelegung und auch die Eigenschaften der Kabel genau festgehalten.

Welche Signale auf welchem Pin der 25poligen parallelen Buchse bzw. des Centronics-Steckers anliegen, beschreiben die folgenden Abbildungen:

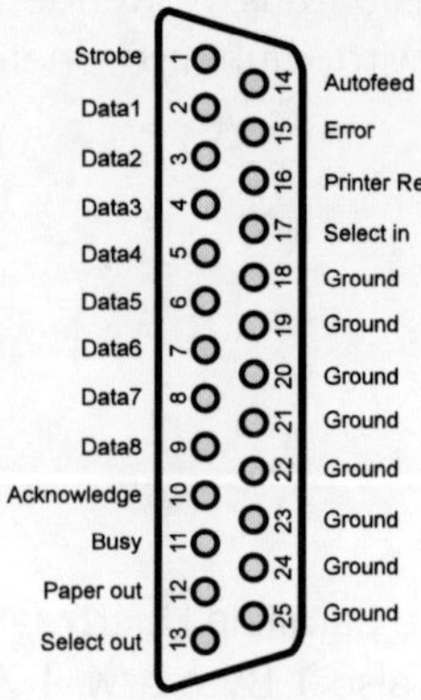

Die Buchse der parallelen Schnittstelle (weiblich)

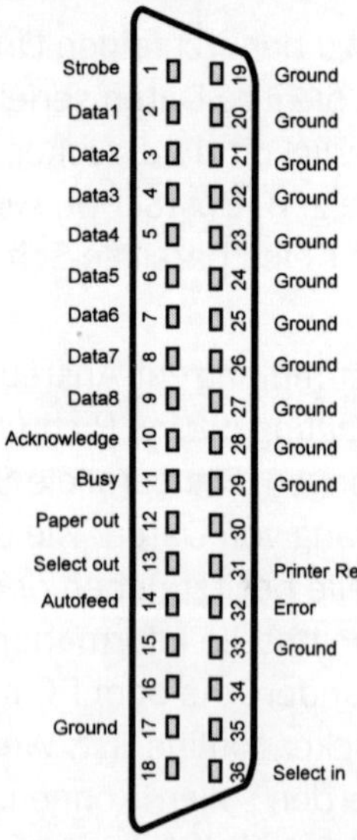

Der Centronics-Stecker des Druckerkabels

Ob nun an der parallelen Schnittstelle Signale von einem Drucker ankommen oder Signale und Daten einer Maschine bzw. einer Schaltung, ist dem PC eigentlich egal. Wichtig ist nur, daß auf der Seite des PCs ein Programm läuft, das die Signale der Schaltung erkennt und entsprechend auswertet. Zu diesem Zweck ist zu jeder Schaltung dieses Buches, die die parallele Schnittstelle benutzt, eine entsprechende Software vorhanden, die genau diese Aufgabe erfüllt.

6. Die Software für die Schaltungen

Bevor Sie zum zweiten Teil dieses Buches gelangen, in dem die zu erstellenden Schaltungen beschrieben sind, erhalten Sie hier noch wichtige Informationen zur Software.

6.1 Wozu wird die Software benötigt?

Die Schaltungen aus diesem Buch, insbesondere aus dem zweiten Teil, sind so ausgelegt, daß sie in Verbindung mit dem Computer ihre Funktion erfüllen. Dabei übernimmt die eigentliche Schaltung die elektronischen Aufgaben, die durch die richtige Zusammenstellung der verwendeten Bauteile und der entsprechenden Verdrahtung gewährleistet wird. Die Software ist dann für das Verhalten des Computers verantwortlich. Er muß so reagieren, wie es für das Funktionieren der jeweiligen Schaltung erforderlich ist. Wie das Verhalten des Computers aussieht und welche steuernden Aufgaben die Software entsprechend auszuführen hat, ist von Schaltung zu Schaltung unterschiedlich.

Eine Aufgabe der Software ist, Ihnen Eingaben zu ermöglichen, d. h., Einfluß auf das Verhalten der Schaltung zu nehmen. Sie geben über die Maus bzw. Tastatur Informationen an die Software weiter. Diese sendet die Informationen über die Schnittstellen an die Schaltungen, wobei hier eine weitere wichtige Aufgabe von der Software erledigt werden muß.

Diese Aufgabe besteht darin, die an die Schaltung zu übermittelnden Informationen so aufzubereiten, daß sie über die Schnittstellen übermittelt werden kann und die Schaltung diese Informationen entsprechend verarbeiten kann. Dazu sind innerhalb der Software Umrechnungen, Konvertierungen und andere Vorgänge auszuführen.

Eine weitere Aufgabe der Software besteht darin, die Schnittstellen des Computers so anzusprechen, daß ein Datenaustausch überhaupt vonstatten gehen kann. Dies ist unbedingt notwendig, unabhängig davon, ob eine Datenübertragung vom Computer zur Schaltung oder umgekehrt durchgeführt werden soll. Die Software erledigt allerdings noch eine weitere Aufgabe: Wird die Schaltung dazu eingesetzt, Daten zu erfassen, die dann an den Computer übermittelt werden, muß die Software diese Daten einlesen und entsprechend aufbereiten, so daß das Ergebnis z. B. auf dem Monitor für Sie sichtbar wird.

Gegebenenfalls wertet die Software die Daten aus und reagiert entsprechend. Dies kann z. B. so aussehen, daß Daten von der Schaltung ermittelt und über die Schnittstelle an die Software übertragen werden. Dort werden die Daten ausgewertet. Aufgrund der Auswertung können dann z. B. Informationen wieder an die Schaltung übermittelt werden. Auf diese Weise entsteht ein sogenannter *Regelkreis*.

Sie sehen, daß die Schaltungen ohne Software hier nicht funktionieren. Sie übernimmt einige wichtige Funktionen, ohne die die Schaltungen nicht eingesetzt werden können.

6.2 Die Programmiersprache Visual Basic

Software für den PC wird mit Hilfe sogenannter *Programmiersprachen* erstellt. Innerhalb der Programmiersprachen können vom Programmierer Befehle eingegeben werden, die den Computer wie beabsichtigt steuern. Sind alle gewünschten Funktionen programmiert, erzeugt die Programmiersprache eine eigenständige Software, die dann genau die Funktionen enthält, die zuvor programmiert wurden.

Die Software für die einzelnen Schaltungen dieses Buches sind mit der Programmiersprache *Visual Basic 4* erstellt worden. Diese Version 4 enthält sowohl eine 16-Bit-Variante für Windows 3.1x als auch eine 32-Bit-Variante für Windows 95. Um die Software auch auf älteren Rechnern einsetzen zu können, wurde sie mit der 16-Bit-Variante erstellt.

Bei der Programmierung der Software ist es notwendig, daß sogenannte *Sourcecode-Dateien* erstellt werden. In diesen Dateien befinden sich die Informationen und Befehle, die die Software letztendlich ausführen soll. Für jede Schaltung ist eine eigenständige Software programmiert worden, was dazu führt, daß auch zu jeder Software entsprechende Sourcecode-Dateien erstellt werden mußten.

In diesem Buch ist eine CD-ROM enthalten, auf der sich u. a. diese Sourcecode-Dateien finden. Es existiert auf der CD-ROM für jede Schaltung ein eigenes Unterverzeichnis. Dieses ist entsprechend der Kapitelnumerierung bezeichnet. Innerhalb der jeweiligen Unterverzeichnisse befindet sich ein weiteres Unterverzeichnis mit der Bezeichnung *Windows*. Dort sind alle Daten gespeichert, die für die Schaltung in bezug auf die Software wichtig sind. Dort ist auch ein weiteres Unterverzeichnis mit der Bezeichnung *Source* enthalten. In diesem Unterverzeichnis befinden sich die Sourcecode-Dateien für die jeweilig programmierte Software des Kapitels.

Haben Sie die Absicht, die vorgegebene Software abzuändern, um sie z. B. auf Ihre speziellen Bedürfnisse anzupassen oder den Funktionsumfang der Software zu erweitern, können Sie diese Sourcecode-Dateien als Grundlage benutzen. Sie müssen diese dann lediglich in Visual Basic 4 (16 Bit) einladen und können dann die gewünschten Änderungen vornehmen.

T

Beachten Sie, daß die meisten Sourcecode-Dateien zum Ansprechen der Schnittstellen eine spezielle DLL (Dynamic Link Library) benutzen. Diese ist ebenfalls auf der CD-ROM enthalten. Sie befindet sich im Unterverzeichnis *Windows* und trägt die Bezeichnung *Portio.dll* für die 16-Bit-Variante. Beabsichtigen Sie die Software auf die 32-Bit-Variante anzupassen, berücksichtigen Sie die Datei *Portio32.dll*. Es handelt sich hierbei um die 32-Bit-Version dieser DLL.

Wenn Sie nun befürchten, daß Sie zuerst das Programmieren erlernen müssen, um die Schaltungen einsetzen zu können, kann ich Sie beruhigen. Sie erhalten für jede Schaltung die notwendige Software fertig programmiert und voll einsatzbereit.

6.3 Wie wird die Software eingesetzt?

Auf der CD-ROM dieses Buches ist in den Unterverzeichnissen für die einzelnen Kapitel innerhalb des *Windows*-Verzeichnisses neben dem *Source*-Unterverzeichnis ein weiteres mit der Bezeichnung *Install* vorhanden. In diesem Unterverzeichnis ist die fertig programmierte und einsatzbereite Software zur jeweiligen Schaltung enthalten. Sie stellt praktisch das Ergebnis der Sourcecode-Dateien dar.

Damit die Software auf Ihrem Computer eingesetzt werden kann, muß diese zunächst installiert werden. Dies kennen Sie sicherlich aus anderen Programmen.

Die Installation wird über die Datei *Setup.exe* ausgeführt. Nachdem Sie diese Datei gestartet haben, wird das Setup-Programm alle notwendigen Schritte ausführen, um die Software auf Ihrem Computer zu installieren. Dabei können Sie gegebenenfalls Einfluß auf bestimmte Dinge nehmen, wie z. B. das Verzeichnis bestimmen, in dem die Software auf Ihren Computer eingerichtet werden soll.

Ist die Installation durchgeführt worden, können Sie die entsprechende Software über die bekannten Wege starten. Beachten Sie dabei die Hinweise und Anmerkungen in den einzelnen Unterkapiteln zur jeweiligen Schaltung.

Eine Beispielinstallation

Damit Sie die Möglichkeiten bei der Installation der Software kennenlernen, finden Sie nachfolgend eine Installation einer der auf der CD-ROM im Buch vorhandenen Software beispielhaft beschrieben. Es handelt sich dabei um die Software aus dem Kapitel 9. Da derzeit Windows 95 das aktuelle Betriebssystem ist, wird die Installation in bezug auf diese Windows-Version beschrieben. Allerdings können Sie den beschriebenen Vorgang leicht auf eine ältere Windows-Version z. B. Windows 3.11 übertragen. Wie Sie bereits erfahren haben, befindet sich die Datei zum Start der Installation in einem Unterverzeichnis. Für das Kapitel 9 ist dies der Ordner

```
D:\Kap_09\Windows\Install
```

wobei der Laufwerksbuchstabe D: eventuell von Ihnen angepaßt werden muß, da es sich hier um den Laufwerksbuchstaben des CD-ROM-Laufwerks handelt. Je nach Konfiguration und Ausstattung Ihres Computers müssen Sie entsprechend einen anderen Buchstaben berücksichtigen. Innerhalb des oben beschriebenen Ordners befinden sich alle Dateien, die für die Installation der Software notwendig sind. Unter anderem auch die Datei Setup.exe, die Sie starten müssen, um die Installation zu beginnen. Der einfachste Weg, die Setup-Datei zu starten, bietet sich Ihnen mit Hilfe des Explorers. Nach dem Start des Explorers lokalisieren Sie auf dem CD-ROM-Laufwerk den oben angesprochenen Ordner sowie die darin enthaltene Datei Setup.exe. Bei der Installation der Software eines anderen Kapitels müssen Sie entsprechend einen anderen Ordner auswählen. Durch einen Doppelklick auf die Setup-Datei wird die Installation letztendlich gestartet. Daraufhin bietet sich Ihnen folgendes Bild:

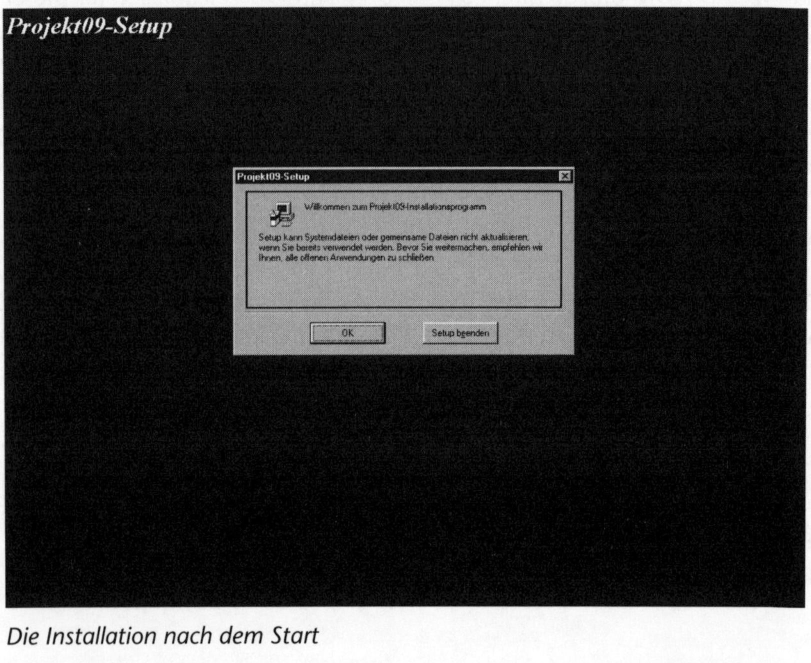

Die Installation nach dem Start

Im linken oberen Bereich des Bildschirms wird Ihnen die Projektnummer angegeben. Anhand dieser Information können Sie leicht kontrollieren, ob Sie auch die gewünschte Software installieren. Sollten Sie hier eine falsche Projektnummer vorfinden, dann haben Sie voraussichtlich die falsche Setup-Datei ausgewählt. Beenden Sie dann das Setup-Programm durch einen Klick auf die Schaltfläche *Setup beenden*. Lokalisieren Sie anschließend die richtige Installationsdatei und starten Sie sie auf dem bekannten Weg.

Haben Sie die richtige Datei ausgewählt, dann berücksichtigen Sie den Hinweis innerhalb des Fensters. Schließen Sie alle im Hintergrund ablaufenden Programme bevor Sie mit der Installation fortfahren. Haben Sie dies erledigt, dann klikken Sie auf *OK*, um die Installation fortzusetzen.

Nachdem Sie auf OK geklickt haben, wird ein neuer Dialog eingeblendet.

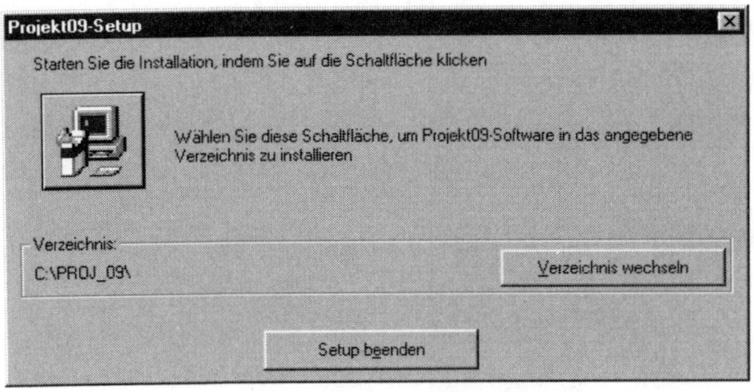

Ein Dialog mit unterschiedlichen Möglichkeiten

Auch innerhalb dieses Dialogs haben Sie noch die Möglichkeit, die Installation abzubrechen. Die entsprechende Schaltfläche kennen Sie bereit.

Aber Sie haben hier noch eine weitere wichtige Einstellungsmöglichkeit. Es handelt sich dabei um das Verzeichnis, in dem die zu installierende Software eingerichtet werden soll.

Standardmäßig wird hier bei jeder Software ein Verzeichnis auf der Hauptebene des Laufwerks C: vorgegeben. Für die Software des neunten Kapitels ist dies

```
C:\Proj_09
```

was Sie leicht anhand des Eintrags im Bereich *Verzeichnis* des Dialogs nachvollziehen können.

Da es nicht immer sinnvoll ist, jede neue Software in einen Ordner direkt auf der Root-Ebene eines Laufwerks einzurichten, können Sie diese Vorgabe abändern.

H

Bedenken Sie, daß Sie nach der Installation der gesamten Software zum Buch über zwanzig neue Ordner innerhalb der Root-Ebene Ihres C:-Laufwerks vorfinden werden, wenn Sie die Vorgaben bei den Installationen unverändert lassen.

Es ist durchaus sinnvoll, für die Software zu diesem Buch einen eigenen Ordner anzulegen, der wiederum die Unterordner der einzelnen Projekte aufnehmen kann. Dieser Ordner kann z. B. *Elektro* genannt werden.

Möchten Sie die oben angesprochene Möglichkeit wahrnehmen, dann klicken Sie in dem Dialog auf die Schaltfläche *Verzeichnis wechseln*. Ein weiterer Dialog erscheint daraufhin:

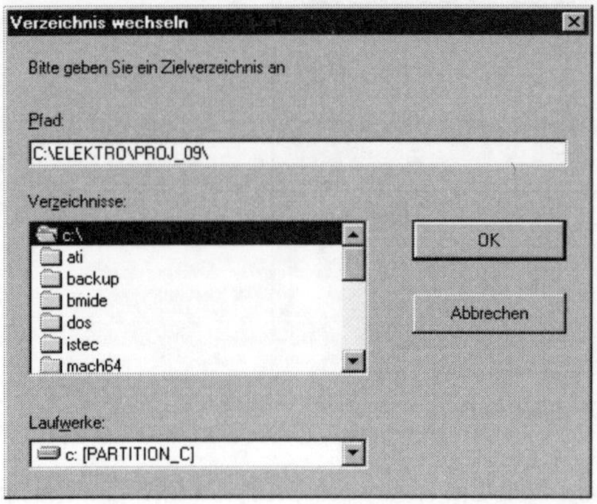

Hier können Sie ein neues Verzeichnis anlegen

Innerhalb des Dialogs können Sie in der Eingabezeile *Pfad* das Verzeichnis vorgeben, in dem die Software installiert werden soll. Geben Sie hier wie in der Abbildung zu sehen den gewünschten Pfad vor. Beachten Sie dabei, daß Sie das Unterverzeichnis für das aktuelle Projekt weiterhin in der Vorgabe enthalten haben.

Natürlich können Sie hier auch ein anderes Festplattenlaufwerk vorgeben. Berücksichtigen Sie dies ebenfalls innerhalb der schon angesprochenen Eingabezeile.

Mittels der beiden in dem Dialog vorhandenen Listenfelder können Sie leicht auf vorhandenen Laufwerke bzw. bestehende Verzeichnisse zugreifen und diese als Zielverzeichnis auswählen. Beachten Sie allerdings, daß Sie bei der Auswahl über die Listenfelder anschließend noch das Unterverzeichnis für das jeweilige Projekt ergänzen müssen, da dies dann nicht mehr vorgegeben wird.

Haben Sie einen neuen Ordner vorgegeben, dann klicken Sie auf *OK*. Die Installationssoftware richtet dann entsprechend Ihren Vorgaben einen neuen Ordner ein, wobei Sie zuvor einen Bestätigungsdialog eingeblendet bekommen.

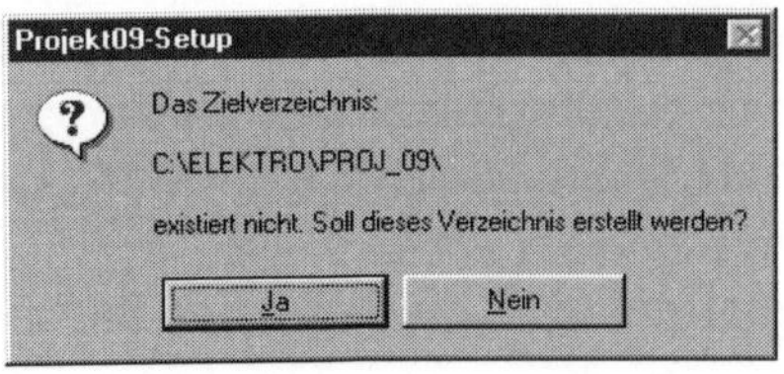

Bestätigen Sie diesen Dialog

Sobald Sie diesen Dialog bestätigt haben, wird Ihnen das neue Zielverzeichnis in dem schon bekannten Dialog der Installation vorgegeben.

Ist nun alles zu Ihrer Zufriedenheit vorgegeben, dann können Sie die Installation fortführen, indem Sie auf das Symbol im linken oberen Bereich des Dialogs klikken.

Es wird daraufhin alles veranlaßt, um die Software auf Ihrem Rechner einzurichten. Dazu gehört nicht nur das Kopieren der notwendigen Dateien, sondern auch das Einrichten der Symbole und Einträge innerhalb der Benutzeroberfläche.

Nachdem alle Arbeiten des Setup-Programms durchgeführt wurden, erscheint eine entsprechende Meldung auf dem Bildschirm.

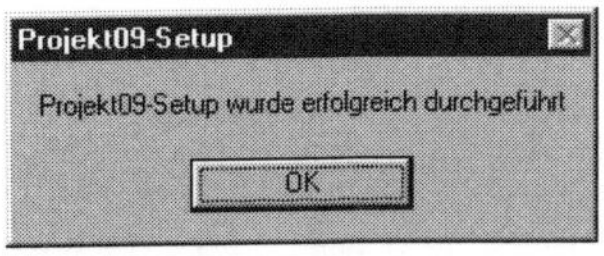

Alles wurde ordnungsgemäß durchgeführt

Klicken Sie auf *OK*, und die Installation ist abgeschlossen. Nach der Installation finden Sie innerhalb der Benutzeroberfläche einen neuen Ordner mit dem Symbol der installierten Software vor.

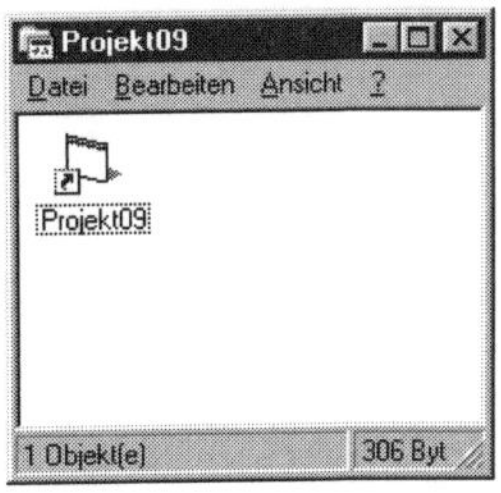

Ein neuer Ordner wurde eingerichtet

Über das Symbol innerhalb des neuen Ordners können Sie die eingerichtete Software starten. Allerdings wurde nicht nur ein neuer Ordner eingerichtet, sondern auch ein neuer Eintrag innerhalb des *Start*-Menüs von Windows 95 vorgenommen worden.

Sie finden diesen neuen Eintrag innerhalb des Ordners *Programme* der *Start*-Menüs vor. Auch hierüber können Sie die neu eingerichtete Software starten.

Damit haben Sie alle grundlegenden Informationen. Im Teil II des Buches finden Sie anschließend die Schaltungen vor.

Teil II
Die Schaltungen

Im zweiten Teil des Buches sind die Schaltungen beschrieben, die Sie nachbauen und dann in Verbindung mit Ihrem Computer einsetzen können. Jede Schaltung wird in einem eigenen Kapitel abgehandelt. Sie bekommen alle Informationen, die Sie benötigen, um die Schaltungen selbst herstellen zu können.

Die ersten Schaltungen sind sehr einfach gehalten, so daß Sie sie ohne viel Mühe aufbauen können. Auf diese Weise können sich auch die Neulinge im Bereich der Elektronik mit den Arbeiten und den erforderlichen Abläufen vertraut machen, ohne direkt mit schier unlösbaren Problemen konfrontiert zu werden.

Die Schaltungen werden dann nach und nach schwieriger, allerdings sollten auch diese Schaltungen von Ihnen bewältigt werden können, sofern Sie die davor beschriebenen Schaltungen aufgebaut haben. Zudem sollten Sie die Informationen aus dem ersten Teil des Buches berücksichtigen. Hier sind viele Hilfestellungen enthalten, die die praktische Arbeit erleichtern.

Sollten Sie nicht alle Schaltungen aufbauen oder eine andere Reihenfolge berücksichtigen wollen, kann es vorkommen, daß Sie in einem Kapitel etwas benötigen, das in einem Kapitel zuvor schon erläutert bzw. aufgebaut wurde. In einem solchen Fall lesen Sie sich das entsprechende Kapitel durch. Auch wenn Sie die Schaltung anschließend nicht aufbauen, können Ihnen die niedergeschriebenen Informationen weiterhelfen.

Die ersten drei Schaltungen sollten Sie in jedem Fall nachbauen, da Sie durch diese Schaltungen die Vorgehensweise des Buches am besten kennenlernen können. Zudem sind hier viele grundlegende Informationen enthalten, die auch auf die nachfolgenden Schaltungen bzw. deren Aufbau zutreffen. Im Kapitel zur dritten Schaltung, dem programmierbaren Lauflicht, wird außerdem eine Grundplatine erstellt, die in Verbindung mit mehreren Schaltungen eingesetzt wird.

7. Der serielle Schnittstellentester

Sie haben im ersten Teil des Buches einiges zur Funktionsweise der seriellen Schnittstelle erfahren. Wie Sie anhand der Überschrift erkennen können, befaßt sich die Schaltung dieses Kapitels mit dieser Schnittstelle.

Die Schaltung wird auf einer halbierten Lochraster-Europaplatine aufgebaut. Da die Schaltung mit nur wenigen Bauteilen erstellt werden kann, können Sie sie als ideale Einstiegsschaltung ansehen. Sie lernen mit dieser Schaltung die notwendigen Lötarbeiten und Vorgehensweisen kennen.

7.1 Die Funktion der Schaltung

Der Sinn dieser Schaltung besteht alleinig darin, Ihnen zu zeigen, daß sich die theoretischen Informationen, die Sie im ersten Teil des Buches über die serielle Schnittstelle erfahren haben, auch in der Praxis so darstellen. Sie stellen mit Hilfe dieser Schaltung fest, daß über die Schnittstelle auch tatsächlich Daten in Verbindung mit Signalen übertragen werden.

Da die Signale im Normalfall nicht zu erkennen sind, ist die Schaltung so angelegt, daß diese Signale optisch sichtbar werden. Dies geschieht über Leuchtdioden, die bei bestimmten Signalzuständen der entsprechenden Schnittstellen-Leitungen leuchten bzw. nicht leuchten.

Da bei einer Datenübertragung die Signale ihre Zustände häufig ändern, können Sie anhand der Leuchtdioden erkennen, daß dort tatsächlich Informationen ausgetauscht werden. Der Sinn dieser Schaltung ist folglich nicht, die serielle Schnittstelle auf ihre korrekte Funktion hin zu testen. Dies würde an dieser Stelle zu weit führen. Sie können allerdings mit dieser Schaltung sehr wohl testen, ob die Schaltung Daten austauscht. Somit führen Sie damit auch einen Grundtest für einige andere Schaltungen dieses Teils des Buches durch, die ebenfalls in Verbindung mit der seriellen Schnittstelle arbeiten.

Die Schaltung ist so aufgebaut, daß sie mit einer Seite an den seriellen Port Ihres Computers angesteckt werden kann und daß an der gegenüberliegenden Seite ein Gerät, z. B. ein Modem, angeschlossen werden kann, ohne daß die Funktion beeinträchtigt wird.

Die Schaltung kann sozusagen einem seriellen Endgerät und der seriellen Schnittstelle ohne Funktionseinschränkungen zwischengeschaltet werden. Dies ist möglich, da die Signal- und Datenleitungen ohne Unterbrechung durch die gesamte Schaltung geführt sind.

Da die Signale sehr schnell ihre Zustände ändern können, ist die Funktion der Schnittstelle häufig nur am Flackern der Leuchtdioden erkennbar. Einzelne Schaltungszustände sind bei einer Datenübertragung nicht wahrzunehmen.

Doch bevor Sie dies alles ausprobieren können, muß die Schaltung zuerst aufgebaut werden.

7.2 Der Aufbau der Schaltung

Wie Sie schon erfahren haben, wird die Schaltung auf einer halben Lochraster-Europaplatine aufgebaut. Die Europaplatine ist 100 Millimeter breit und 160 Millimeter hoch. Die Platine für diese Schaltung benötigt lediglich eine Höhe von 80 Millimetern. Die Platine muß folglich in der Höhe halbiert werden.

Die Platine vorbereiten

Am einfachsten können Sie die Halbierung herbeiführen, indem Sie die Platine durchsägen. Dazu müssen Sie eine feine Säge einsetzen, was dazu führt, daß das Zersägen relativ lange dauert und mit viel feinen Sägespänen verbunden ist. Dies ist innerhalb von geschlossenen Wohnräumen nicht sehr angenehm.

Einfacher und schneller können Sie das Halbieren mit einer Reißnadel durchführen. Markieren Sie die Lochreihe, an der die Halbierung durchgeführt werden soll, und zwar *nicht* auf der Seite mit den Lötaugen. Anschließend legen Sie dort ein Lineal an und reißen mit der Reißnadel entlang des Lineals, so daß die Stege zwischen den Löchern eingeritzt werden. Anschließend vertiefen Sie die Einritzung, indem Sie noch einige Male mit der Reißnadel entlang des Lineals reißen.

Sind die Stege zwischen den Löchern gut erkennbar eingeritzt, benötigen Sie eine gerade Fläche mit einem kantigen Abschluß, z. B. einen Schreibtisch. Legen Sie die Platine mit den Lötaugen nach unten so auf diese Fläche auf, daß die eine Hälfte flach aufliegt und die andere Hälfte über die Fläche hinausragt. Die eingeritzte Linie muß dabei entlang der Kante liegen. Jetzt drücken Sie mit der einen Hand auf die eine Hälfte der Platine, so daß diese fest auf der Unterlage liegt und nicht verrutscht.

Mit der anderen Hand drücken Sie nun die überstehende Hälfte der Platine nach unten, so daß diese abknickt. Gehen Sie dabei vorsichtig vor, und erhöhen Sie den Druck nach und nach. Stellen Sie sich darauf ein, daß die Platine ganz plötzlich entzweibricht. Vermeiden Sie dabei ein Abrutschen der Hand, so daß Sie sich nicht verletzen.

Ist die Platine durchtrennt, bleiben die kupfernen Lötaugen häufig intakt, sie sind lediglich abgeknickt. Um die Lötaugen zu durchtrennen, biegen Sie die beiden Platinenhälften einige Male hin und her. Die Lötaugen brechen dann nach und nach an den Knickstellen auseinander. Wenn Sie wollen, können Sie die Bruchstelle anschließend mit einer Feile entgraten, doch ist dies nicht unbedingt notwendig, da sie nicht so scharfkantig ist, daß sie schwere Verletzungen hervorrufen kann.

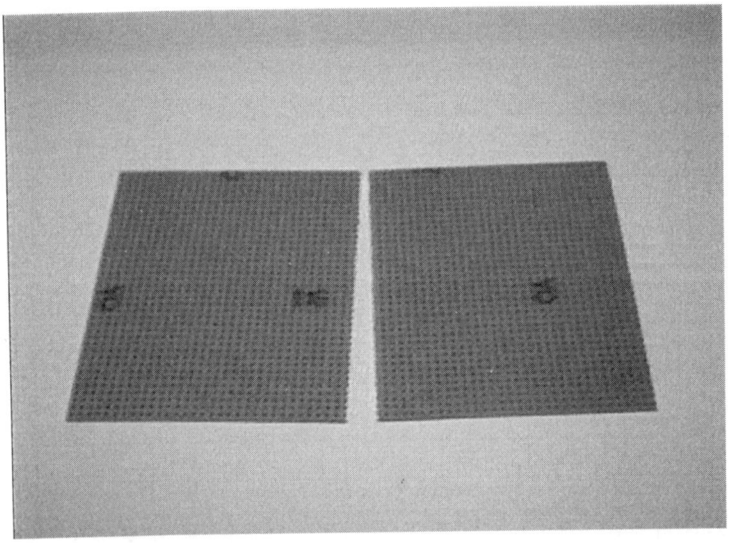

Die geteilte Platine

Die Elemente auf der Bauteilseite der Platine

Nachdem Sie die Platine halbiert haben, legen Sie eine Hälfte beiseite und verwahren sie für eine andere Schaltung auf. Die andere Hälfte benutzen Sie für diese Schaltung.

Als erstes wenden Sie sich der Bauteilseite der Platine zu. Damit ist die Seite ohne Lötaugen gemeint. Hier werden die elektronischen Bauelemente aufgesetzt. Die meisten Bauteile haben sogenannte Beinchen, die durch die Löcher der Platine gesteckt werden. Auf der Lötaugenseite werden diese Beinchen dann mit den Lötaugen verlötet und entsprechend mit kleinen Drähten untereinander verbunden.

Die Schnittstellen-Schaltung enthält solche Bauelemente, die auf diese Weise auf die Platine gesetzt werden müssen. Es handelt sich dabei um sieben Leuchtdioden bzw. um sieben Widerstände. Diese Bauelemente dürfen natürlich nicht willkürlich angeordnet und angelötet werden, da die Funktion der Schaltung dann eventuell nicht gewährleistet ist.

Damit Sie die richtige Lage der Bauteile bestimmen können, wird Ihnen in jedem Kapitel eine Zeichnung präsentiert, anhand derer Sie die Position der Bauelemente herausfinden können. Dabei werden die Lötaugen schemenhaft dargestellt, so daß Sie diese abzählen und entsprechend auf Ihre Platine umsetzen können.

Die nachfolgende Abbildung zeigt Ihnen, wo welche Bauteile zu plazieren sind.

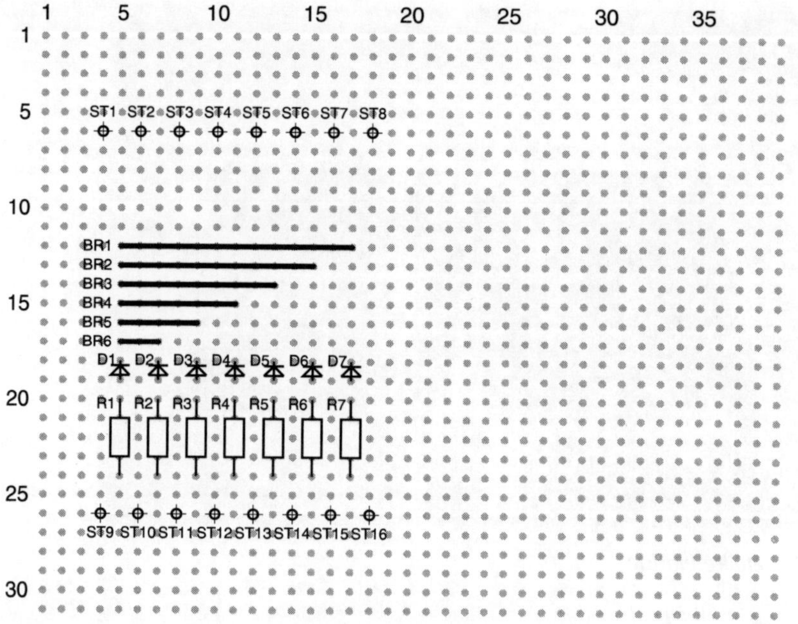

Die Bauteilseite des seriellen Schnittstellentesters

Sie sehen neben den angedeuteten Löchern Zahlen, die Ihnen die Orientierung und das Abzählen erleichtern. So können Sie genau feststellen, wo die entsprechenden Bauteile auf Ihrer Platine eingefügt werden müssen.

Die Bauteile sind durch Buchstaben-/Zahlenkombinationen gekennzeichnet. Auf diese Weise kann jedes Element eindeutig identifiziert werden. Allerdings erkennen Sie an der Kennzeichnung nicht, um welches Bauteil es sich handelt.

T

► Wie Sie an der Bauteilzeichnung sehen können, sind alle Bauteile auf eine Seite der Platine plaziert worden. Dadurch ist die andere Seite der Platine vollständig leer. Es ist daher möglich, die Platine, unter Berücksichtigung eines bestimmten Randes, noch einmal zu verkleinern, indem die leere Seite auf die gleiche Weise wie beim Halbieren der Platine angeritzt und abgeknickt wird. Dies können Sie durchführen, müssen es aber nicht.

Damit Sie auch das richtige Bauelement an der bestimmten Stelle einbauen, bekommen Sie zu jedem Bauteileplan auch eine sogenannte Stückliste. Die Stückliste enthält die Kennzeichnungen der Bauteile. Den Kennzeichnungen sind dann die entsprechenden elektronischen Bauteile zugeordnet. So können Sie sofort erkennen, welches Bauelement mit welcher Kennzeichnung gemeint ist.

Die nachfolgende Stückliste enthält die Bauteile zur obigen Bauteilezeichnung.

Die Stückliste

Kennzeichnung	Bezeichnung	Bauteilart
BR1 - BR6	Leiterbahnbrücke	Schaltdraht
R1 - R7	1 kΩ	Widerstand
D1 - D7	Leuchtdiode, 3 mm, rot	Leuchtdiode
ST1 - ST16	Pfosten	Steckverbindung

Sie finden hier die Widerstände und Leuchtdioden vor. Anhand der Kennzeichnung können Sie die Positionen der einzelnen Elemente auf der Platine lokalisieren und entsprechend aufbauen.

Die Schaltung aufbauen

Der Aufbau der Schaltungen ist je nach Komplexität mehr oder weniger einfach. Es trifft aber auf jeden Fall das Sprichwort zu: Übung macht den Meister. Bauen Sie zum ersten Mal eine Schaltung auf, werden Sie sich am Anfang mit dem Löten und anderen Dingen noch etwas schwertun. Dies gibt sich allerdings, je mehr Arbeiten Sie durchgeführt haben.

Beim Aufbau der Schaltung ist immer wieder besondere Aufmerksamkeit geboten, denn es gibt zu einzelnen Bauteilarten immer wieder Besonderheiten zu beachten. In dieser Schaltung z. B. müssen Sie die Polarität der Leuchtdioden berücksichtigen.

Da Leuchtdioden eine Anode und eine Kathode, also einen Plus- und einen Minus-Anschluß, besitzen, müssen Sie diese Bauteile entsprechend in die Schaltung einbauen. Berücksichtigen Sie dies nicht, ist die Schaltungsfunktion nicht gewährleistet. Dies kann sogar dazu führen, daß das Bauteil und eventuell auch andere Bauteile zerstört werden.

Der Bauteileplan enthält neben den Positionsangaben auch die notwendigen bauteilspezifischen Zusatzinformationen, so daß Sie die Bauelemente entsprechend richtig einbauen können. Oftmals ist es sinnvoll, Informationen aus dem ersten Teil des Buches nachzulesen. Hier werden verschiedene Bauteile vorgestellt und entsprechende Besonderheiten erläutert. In dieser Schaltung z. B. enthält die Bauteilezeichnung Informationen darüber, wo die Plus-Anschlüsse der Dioden eingebaut werden müssen.

Wenn Sie sich nun eine Leuchtdiode ansehen, werden Sie feststellen, daß dort der Plus-Anschluß nicht mit einem Plus-Zeichen gekennzeichnet ist. Bei einer Leuchtdiode wird der Plus-Anschluß anders gekennzeichnet. Sie stellen fest, daß die beiden Beinchen einer Leuchtdiode unterschiedliche Längen besitzen. Die Kennzeichnung des Plus-Anschlusses erfolgt hierüber: Bei dem längeren Beinchen handelt es sich um den Plus-Anschluß.

H

Oftmals werden gleiche Bauteile auch mit unterschiedlichen Arten von Kennzeichnungen versehen. So enthalten einige runde Leuchtdioden auch eine abgeflachte Seite. Diese kennzeichnet den Minus-Anschluß der Diode. Achten Sie deshalb sehr genau auf bestimmte Kennzeichen, und lesen Sie sich hier die Informationen des Herstellers bzw. des Vertreibers genau durch.

Bei den Widerständen spielt es z. B. keine Rolle, wie Sie die Bauteile in die Schaltung einbauen, da sie keine Polarität besitzen. Neben den angesprochenen Bauteilen finden Sie zudem noch die Bezeichnungen ST1 - ST16. Dabei handelt es sich um sogenannte *Pfosten*. Diese dienen dazu, über passende Stecker, die wiederum an Leitungen angelötet sind, Kontakt zu weiteren Bauelementen aufzunehmen. Doch dazu erhalten Sie später noch weitere Informationen.

1. Haben Sie alle notwendigen Informationen parat, können Sie die Platine aufbauen. Stecken Sie dazu das erste Bauteil an der entsprechenden Position auf die Platine, drehen Sie diese dann um und löten Sie die Beinchen an den entsprechenden Lötaugen fest.
2. Die überstehenden Beinchen schneiden Sie mit einem Seitenschneider oberhalb des Lötpunktes ab. Beachten Sie dabei, daß Sie das aufgebrachte Lötzinn nicht wieder abschneiden. Schneiden Sie das Beinchen direkt an der Stelle ab, an der kein Lötzinn mehr vorhanden ist.

3 Verfahren Sie ebenso mit den anderen Bauteilen, bis alle auf der Platine angebracht sind.

Die Bauteile auf der Platine (die Platine wurde hier noch einmal verkleinert)

7.3 Die Leiterbahnseite der Platine

Nachdem Sie alle Bauteile angebracht haben, drehen Sie die Platine um. Dort finden Sie die Lötstellen vor. Es fehlen hier natürlich noch die notwendigen Verbindungen der einzelnen Bauteile.

Die Verbindungen werden mittels kleiner Drähte hergestellt, die von einem Lötauge zum nächsten verlegt werden. Es kann auch vorkommen, daß eine Leitung an einer bestehenden Verbindung angelötet wird und dann zu einem Lötauge oder zu einer weiteren bestehenden Leitung gezogen werden muß. Die Drähte werden allerdings immer am Raster der Löcher ausgerichtet, so daß beim Verlegen der Drähte immer nur 90°-Winkel vorgegeben werden.

Auch die für die Schaltung notwendigen Leiterbahnverbindungen werden Ihnen in Zeichnungen dargestellt. Diese enthalten die zu verlegenden Drähte, wobei auch diese von der Position her genauestens eingehalten werden müssen. Auch diese Zeichnung enthält Zahlen am Rand, die die Orientierung erleichtern sollen. Beachten Sie, daß die Zählweise hier zwar ebenfalls von oben nach unten, allerdings von rechts nach links durchgeführt wird.

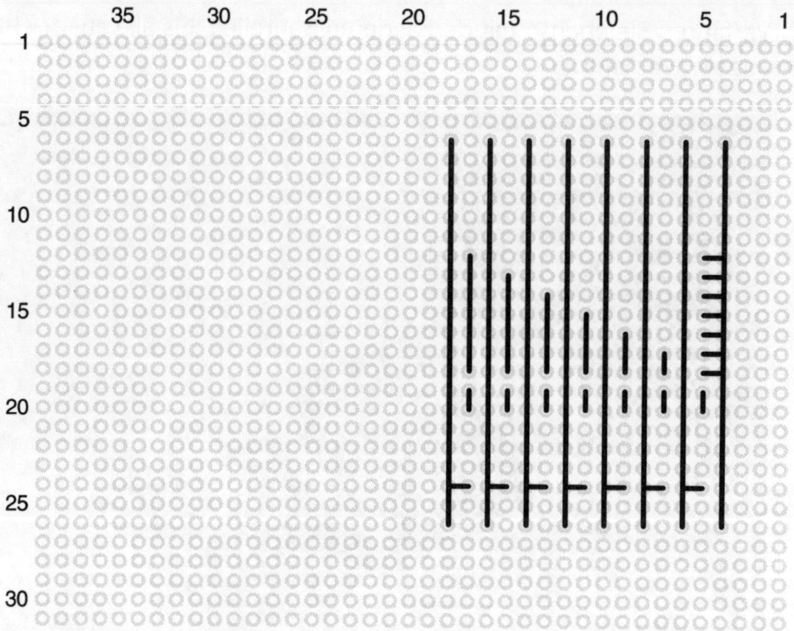

Die Leiterbahnseite der Schaltung

Ihre Aufgabe ist nun, die erforderlichen Verbindungen entsprechend den Vorgaben der Zeichnung auf die Platine zu übertragen.

1. Suchen Sie sich eine Verbindung aus, die Sie jetzt herstellen wollen. Nehmen Sie jetzt den vorbereiteten Draht (siehe Teil I des Buches), und löten Sie diesen an den entsprechenden Lötpunkt an. Verlegen Sie den Draht entsprechend der Zeichnung Stück für Stück.
2. Sie sollten den Draht immer wieder mal zur Arretierung an ein Lötauge anlöten: entweder alle fünf bis zehn Lötaugen oder sobald Sie einen Knick machen müssen. Löten Sie dann den Draht an dem Lötauge vor dem Knick fest. Dadurch ist der Draht in seiner Position fest und kann mittels einer Flachzange leicht in die gewünschte Richtung gebogen werden. Drücken Sie den Draht immer wieder mit einem Schraubendreher nach unten, während Sie einen Lötpunkt setzen, so daß der Draht flach auf der Platine aufliegt.

T

▶ Es ist ebenso möglich, daß Sie alle Lötaugen entlang des Schaltdrahtes mit diesem verlöten. Auf diese Weise wird die Leiterbahn sehr gut auf die Platine aufgebracht und arretiert. Der Nachteil ist ein hoher Lötzinnverbrauch, mehr Arbeit und die Gefahr, daß leicht ein Kurzschluß zwischen zwei parallel verlaufenden Leiterbahnen entstehen kann. Es muß hierbei sehr sorgfältig gearbeitet werden.

3. Verlegen Sie den Draht so nach und nach, bis Sie die gewünschte Verbindung hergestellt haben.
4. In der Leiterbahnzeichnung sollten Sie anschließend die hergestellte Verbindung kennzeichnen. So können Sie zum Schluß leichter kontrollieren, ob auch alle Verbindungen angebracht sind.

Die fertig verdrahtete Leiterbahnseite einer Schaltung kann dann so aussehen:

Fertig verlegte Leiterbahnen

Setzen Sie lediglich einige Lötpunkte, um die Leiterbahnen zu arretieren, dann kann eine Leiterbahnseite auch so aussehen:

Nur einige Lötpunkte sind gesetzt

In der Regel ist die Platine anschließend fertig aufgebaut. Allerdings gilt dies häufig nicht für die gesamte Schaltung.

7.4 Ergänzende Arbeiten an der Schaltung

Die Platinen werden häufig über Kabel mit Steckern oder ähnlichen Bauteilen verbunden. Diese sind auf der Platine und somit auch in den zuvor angesprochenen Zeichnungen nicht enthalten.

Um die Funktion der Schaltung zu realisieren, ist es allerdings notwendig, auch diese Arbeiten durchzuführen. Hier ist besonders darauf zu achten, daß die benötigten Bauteile für diese zusätzlichen Arbeiten nicht in der Stückliste aufgeführt sind. Bevor Sie die Bauteile für eine Schaltung einkaufen, sollten Sie deshalb zuerst das gesamte Kapitel durchlesen. So erfahren Sie, welche Bauteile Sie zusätzlich zu denen der Stückliste benötigen.

Für diese Schaltung benötigen Sie zwei 25polige Sub-D-Stecker, einen weiblichen und einen männlichen (beide ohne Gehäuse), ca. 65 Zentimeter flexiblen Schaltdraht und 16 Pfostenstecker.

Die Stecker sind notwendig, damit die Schaltung auf der einen Seite an die Schnittstelle des Computers angeschlossen werden und auf der anderen Seite die Verbindung zu einem angeschlossenen Gerät, z. B. einem Modem, hergestellt werden kann.

Führen Sie nun nachfolgende Arbeiten aus:

1. Fertigen Sie 16 ca. 4 Zentimeter lange Kabelstücke an, die Sie jeweils an beiden Enden ca. 1,5 Millimeter abisolieren. Löten Sie an jeweils einem Ende jedes Kabels einen Pfostenstecker an.
2. Nehmen Sie als nächstes den weiblichen Sub-D-Stecker und legen Sie ihn so hin, daß Sie die Rückseite sehen können. Dort sind in der Regel kleine Zahlen vorhanden, die die Anschlüsse numerieren. Die Anschlußbelegung erfahren Sie auch im ersten Teil des Buches.
3. Löten Sie nun nacheinander je eins von den vorbereiteten Kabeln an die Anschlüsse 2, 3, 4, 5, 6, 7, 8 und 20. Daß Sie die freien Enden der Kabel benutzen, versteht sich von selbst.
4. Die gleiche Arbeit verrichten Sie am männlichen Sub-D-Stecker, wobei Sie hier die gleichen Anschlüsse berücksichtigen. Beachten Sie dabei, daß bei diesem Stecker die Numerierung von rechts nach links durchgeführt wird.
5. Haben Sie die Stecker so vorbereitet, stecken Sie die Pfostenstecker auf die Pfosten der Platine. Berücksichtigen Sie die nachfolgende Zuordnung.

Weiblicher Stecker

Leitung 7	Pfosten 1
Leitung 2	Pfosten 2
Leitung 3	Pfosten 3
Leitung 4	Pfosten 4
Leitung 5	Pfosten 5
Leitung 6	Pfosten 6
Leitung 8	Pfosten 7
Leitung 20	Pfosten 8

Männlicher Stecker

Leitung 7	Pfosten 9
Leitung 2	Pfosten 10
Leitung 3	Pfosten 11
Leitung 4	Pfosten 12
Leitung 5	Pfosten 13
Leitung 6	Pfosten 14
Leitung 8	Pfosten 15
Leitung 20	Pfosten 16

6 Damit ist die Schaltung an sich fertig aufgebaut, allerdings sollten Sie noch eine zusätzliche Arbeit ausführen. Die Stecker sind derzeit noch nicht fest auf der Platine befestigt. Die Kabel bieten hier wenig Halt. Damit die Schaltung ordentlich an die Schnittstelle des Computers angesteckt werden kann, sollten Sie vier kleine Winkel anfertigen. Diese können Sie sowohl an die Stecker als auch an die Platine anschrauben. Die Stecker enthalten meist schon entsprechende Löcher; in die Platine können Sie die Löcher bohren.

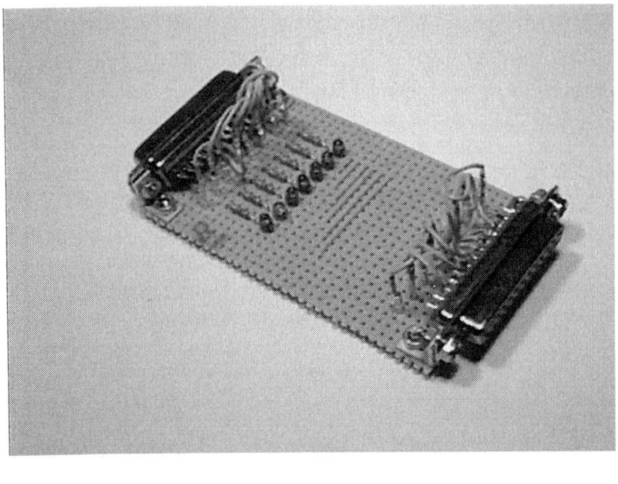

Die fertige Schaltung

7.5 Die Software der Schaltung

Zu den Schaltungen in diesem Buch sind in der Regel jeweils Softwareprogramme auf der CD im Buch zu finden. Die Programme sind jeweils in einem Unterverzeichnis, das der Kapitelnumerierung entspricht, abgespeichert.

In diesen Unterverzeichnissen sind dann wiederum Unterverzeichnisse enthalten. Eines enthält die Installationsdateien, mit denen Sie die Software auf Ihrem Computer installieren können.

Ein anderes Verzeichnis enthält die Source-Dateien der Software, so daß Sie das Programm Ihren Bedürfnissen entsprechend abändern oder erweitern können.

Keine Software zu dieser Schaltung

Da bei dieser Schaltung kaum Möglichkeiten vorhanden sind, diese über eine Software zu beeinflussen, ist entsprechend keine Software für diese Schaltung programmiert worden. Sie brauchen also nicht nach entsprechender Software auf der CD zu suchen. Dies ist jedoch ein Ausnahmefall; zu den anderen Schaltungen existiert Software.

7.6 Der Einsatz der Schaltung

Nachdem Sie die Schaltung fertig aufgebaut haben, ist sie einsatzbereit. Stecken Sie den weiblichen Stecker in die Buchse der seriellen Schnittstelle Ihres Computers.

Anschließend sollten Sie ein serielles Gerät, z. B. ein Modem, an dem anderen Ende der Schaltung anschließen. Sobald das Gerät eingeschaltet wird und Daten über die Schnittstelle ausgetauscht werden, können Sie dies anhand der flakkernden Leuchtdioden erkennen.

T

- Haben Sie kein Modem zur Hand, können Sie die Schaltung auch zwischen dem Computer und der Maus anschließen. Da auch hier Daten ausgetauscht werden, wird die Schaltung dies sichtbar machen.

8. Der parallele Schnittstellentester

Im ersten Teil des Buches haben Sie außer zur seriellen Schnittstelle auch Informationen zur parallelen Schnittstelle erhalten. Ähnlich wie das vorherige Kapitel sich mit der seriellen Schnittstelle Ihres Computers befaßt hat, wird sich dieses Kapitel mit der parallelen Schnittstelle auseinandersetzen.

Auch diese Schaltung wird auf einer halbierten Lochraster-Europaplatine aufgebaut. Sie können also die übriggebliebene Hälfte von der seriellen Schaltung benutzen.

8.1 Die Funktion der Schaltung

Auch diese Schaltung hat, wie der serielle Schnittstellentester, die Aufgabe, sichtbar zu machen, daß über den parallelen Ausgang Ihres Computers Daten und Signale ausgetauscht werden.

Sicherlich unterscheiden sich die Funktionsweisen der parallelen Schnittstelle von denen der seriellen, doch ist das grundlegende Prinzip des Datenaustauschs in Verbindung mit Signalen vergleichbar. Der größte Unterschied, der auch von einem Laien leicht nachzuvollziehen ist, besteht darin, daß bei der parallelen Datenübertragung jeweils acht Bit gleichzeitig übermittelt werden, während das bei der seriellen Schnittstelle lediglich 1-Bit-weise geschieht.

Daß die Signale ihre Zustände bei einer Datenübertragung auch bei der parallelen Schnittstelle ändern, liegt auf der Hand. Die Schaltung hat entsprechend zwei hauptsächliche Aufgaben. Zum einen sollen Sie mit der Schaltung und den darin verwendeten Leuchtdioden erkennen, daß Daten ausgetauscht werden.

Zum anderen soll Ihnen die Schaltung die Möglichkeit geben zu testen, ob die parallele Schnittstelle mit der Software zu dieser Schaltung zusammenarbeitet. Sie haben im ersten Teil des Buches erfahren, daß unterschiedliche Arten paralleler Schnittstellen bzw. verschiedene Modi existieren, in denen eine parallele Schnittstelle betrieben werden kann.

Die Schaltung ist so aufgebaut, daß sie mit einer Seite an den parallelen Stecker Ihres Computers angesteckt werden kann und daß an der gegenüberliegenden

Seite der Schaltung ein paralleles Kabel angeschlossen und daran z. B. ein Drukker betrieben werden kann, ohne daß die Funktion beeinträchtigt wird.

Die Schaltung wird also ohne Funktionseinschränkungen einem parallelen Endgerät und der parallelen Schnittstelle zwischengeschaltet. Da dies nur möglich ist, wenn alle Leitungen am Eingang der Schaltung identisch auch am Ausgang vorhanden sind, ist etwas Lötarbeit erforderlich - doch das kann man gut als Übung ansehen.

Ob Daten an der Schnittstelle anliegen bzw. diese ausgetauscht werden, kann häufig nur am Flackern der Leuchtdioden erkannt werden. Genaue Leitungszustände sind nur dann konkret erkennbar, wenn Sie die zu der Schaltung gehörende Software benutzen. Sie ermöglicht, daß Sie die parallele Schnittstelle so beeinflussen können, daß bestimmte Daten gesetzt bzw. nicht gesetzt werden.

Damit soll die Theorie beendet werden; wenden Sie sich nun der Praxis zu.

8.2 Der Aufbau der Schaltung

Wie Sie wissen, benötigen Sie für den Schaltungsaufbau eine halbierte Europaplatine. Sollten Sie die andere Hälfte der seriellen Schnittstellentester-Platine nicht mehr benutzen können, weil diese vielleicht zerbrochen ist oder Sie sie schon anderweitig verwendet haben, halbieren Sie eine weitere Europaplatine. Folgen Sie dabei den Anweisungen aus Kapitel 7.

Die Lage der Bauteile auf der Platine

Nachdem Sie die Platine vorbereitet bzw. zurechtgelegt haben, wenden Sie sich der Bauteilseite der Platine zu. Die parallele Schnittstellen-Schaltung enthält elf Leuchtdioden und entsprechend viele Widerstände. Diese müssen Sie nun auf die Platine auflöten.

Gehen Sie dabei wie beim seriellen Schnittstellentester vor. Für jedes Bauelement führen Sie die folgenden Schritte durch:

1. Suchen Sie sich aus der Zeichnung ein Bauelement aus, und stellen Sie anhand der Stückliste fest, um was für ein Bauelement es sich handelt. Legen Sie sich das entsprechende Bauelement zurecht.
2. Lokalisieren Sie die Position des Bauelements auf der Platine anhand der nachfolgenden Zeichnung.
3. Stecken Sie das Bauteil durch die entsprechenden Löcher der Platine.

4 Drehen Sie die Platine um und löten Sie das Bauteil an.

5 Schneiden Sie eventuell überstehende Drahtenden mit einem Seitenschneider ab.

Für den parallelen Schnittstellentester berücksichtigen Sie nachfolgende Zeichnung.

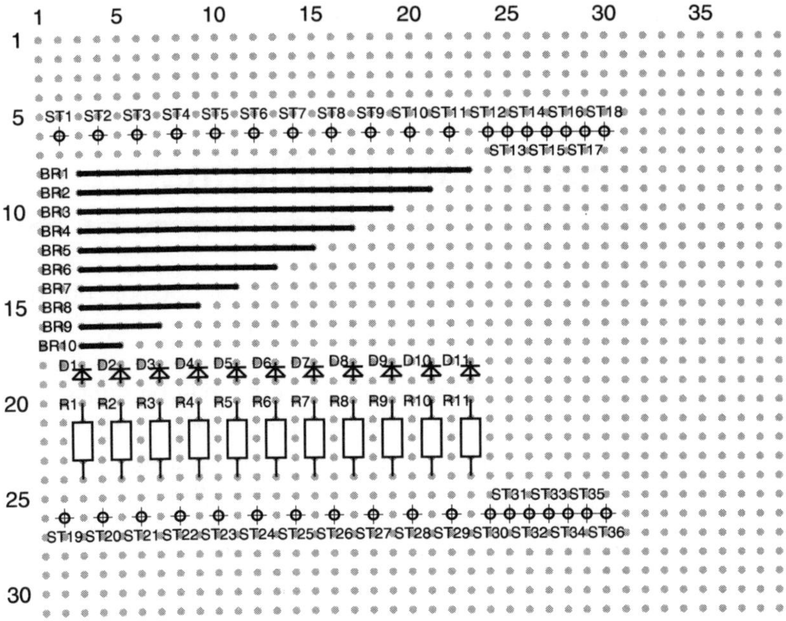

Die Lage der Bauteile auf der Bauteilseite der Platine

Orientieren Sie sich bei der Positionierung an den Zahlen am Rand der Platine.

Die nachfolgende Stückliste gibt Ihnen die Möglichkeit, die einzelnen Bauteile zu identifizieren.

Die Stückliste

Kennzeichnung	Bezeichnung	Bauteilart
BR1 - BR10	Leiterbahnbrücken	Schaltdraht
R1 - R11	1 kΩ	Widerstand
D1 - D8	3-mm-Leuchtdiode (rot)	Leuchtdiode
D9 - D11	3-mm-Leuchtdiode (gelb)	Leuchtdiode
ST1 - ST36	Pfosten	Steckverbindung

Wie beim seriellen Schnittstellentester finden Sie auch hier hauptsächlich Widerstände und Leuchtdioden vor. Allein die Anzahl ist hier unterschiedlich.

Die Schaltung aufbauen

Der Aufbau der Schaltung ist recht einfach. Beachten müssen Sie in jedem Fall die Polarität der Leuchtdioden. Wissen Sie noch, wie der Plus-Pol gekennzeichnet ist? Richtig, der längere Kontaktdraht der Leuchtdiode ist Plus.

Löten Sie jetzt nacheinander die Leuchtdioden, die Widerstände und die Pfosten auf die Platine auf. Sobald Sie die Arbeiten durchgeführt haben, drehen Sie die Platine um und wenden sich der Leiterbahnseite zu.

8.3 Die Leiterbahnseite der Platine

Zwischen den einzelnen Lötstellen fehlen wie bekannt noch die notwendigen Verbindungen der einzelnen Bauteile untereinander.

Entnehmen Sie die Wege der notwendigen Leiterbahnverbindungen der nachfolgenden Zeichnung. Es sei noch einmal darauf hingewiesen, daß die Zählweise zur Orientierung auf der Platine auf der Leiterbahnseite zwar ebenfalls von oben nach unten, allerdings von rechts nach links durchgeführt wird.

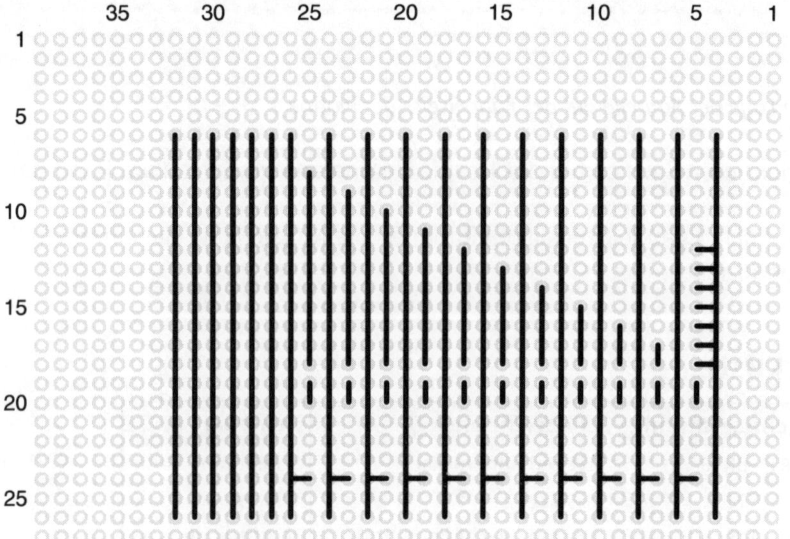

Die erforderlichen Leiterbahnen des parallelen Schnittstellentesters

Haben Sie die Leiterbahnen verlegt, müssen noch die Stecker an die Platine angebracht werden.

8.4 Ergänzende Arbeiten an der Schaltung

Wie für den seriellen Schnittstellentester benötigen Sie auch für die parallele Version zwei 25polige Sub-D-Stecker, einen weiblichen und einen männlichen (beide ohne Gehäuse), ca. 120 Zentimeter Schaltdraht und 36 Pfostenstecker. Die Stecker bilden praktisch eine Verlängerung des Ports, wobei die Schaltung dazwischengeschaltet ist. Das Anbringen der Stecker erfolgt dabei wie in Kapitel 7 beschrieben. Es gibt lediglich zwei Unterschiede zu der dortigen Schaltung. Es sind erstens mehrere Leitungen vorhanden, die Sie verbinden müssen, und zweitens sind beim parallelen Tester die Stecker (männlich und weiblich) gegenüber der seriellen Ausführung vertauscht.

T

► **Wenn Sie die Stecker des seriellen Testers um die zusätzlich vorhandenen Leitungen ergänzen, können Sie diese auch für die parallele Schaltung benutzen. Dadurch können Sie sich das Kaufen zweier zusätzlicher Stecker ersparen. Achten Sie allerdings darauf, daß die Leitungen an den Steckern lang genug sind.**

Ansonsten berücksichtigen Sie für die Schaltung die folgende Zuordnung der Leitungen:

Weiblicher Stecker

Leitung 18	Pfosten 1
Leitung 2	Pfosten 2
Leitung 3	Pfosten 3
Leitung 4	Pfosten 4
Leitung 5	Pfosten 5
Leitung 6	Pfosten 6
Leitung 7	Pfosten 7
Leitung 8	Pfosten 8
Leitung 9	Pfosten 9
Leitung 1	Pfosten 10
Leitung 10	Pfosten 11
Leitung 11	Pfosten 12
Leitung 12	Pfosten 13
Leitung 13	Pfosten 14
Leitung 14	Pfosten 15
Leitung 15	Pfosten 16
Leitung 16	Pfosten 17
Leitung 17	Pfosten 18

Männlicher Stecker

Leitung 18	Pfosten 19
Leitung 2	Pfosten 20
Leitung 3	Pfosten 21
Leitung 4	Pfosten 22
Leitung 5	Pfosten 23
Leitung 6	Pfosten 24
Leitung 7	Pfosten 25
Leitung 8	Pfosten 26
Leitung 9	Pfosten 27
Leitung 1	Pfosten 28
Leitung 10	Pfosten 29
Leitung 11	Pfosten 30
Leitung 12	Pfosten 31
Leitung 13	Pfosten 32
Leitung 14	Pfosten 33
Leitung 15	Pfosten 34
Leitung 16	Pfosten 35
Leitung 17	Pfosten 36

Haben Sie für den seriellen Tester vier kleine Winkel angefertigt, dann können Sie diese auch hier für das Anbringen der Stecker an der Platine benutzen. Bohren Sie entsprechend die Löcher in die Platine, und schrauben Sie die Stecker fest, so daß Sie die Schaltung fest an den parallelen Ausgang Ihres Computers anschließen können. Nachdem Sie alle Verbindungen hergestellt haben, sollte die Schaltung so, wie es auf der nachfolgenden Abbildung zu sehen ist, aussehen:

Der parallele Tester

8.5 Die Software der Schaltung

Die Software zu der Schaltung finden Sie im Unterverzeichnis *Kap_08/Windows* auf der CD-ROM, die dem Buch beigelegt ist. In diesem Verzeichnis finden Sie ein Unterverzeichnis mit der Bezeichnung *Install*. Darin befindet sich die installierbare Version der Software. Starten Sie, wie es bei Windows-Programmen üblich ist, die Datei *Setup.exe*, und folgen Sie den Anweisungen des Programms.

Haben Sie die Absicht, das Programm zu verändern, dann finden Sie die Sourcecode-Dateien in dem oben schon angegebenen Verzeichnis, allerdings in dem Unterverzeichnis *Source*.

Nach der Installation können Sie das Programm über das *Start*-Menü starten. In dem erscheinenden Programmfenster können Sie dann die vorhandenen Kontrollkästchen für die einzelnen Leitungen der parallelen Schnittstelle ein- bzw. ausschalten.

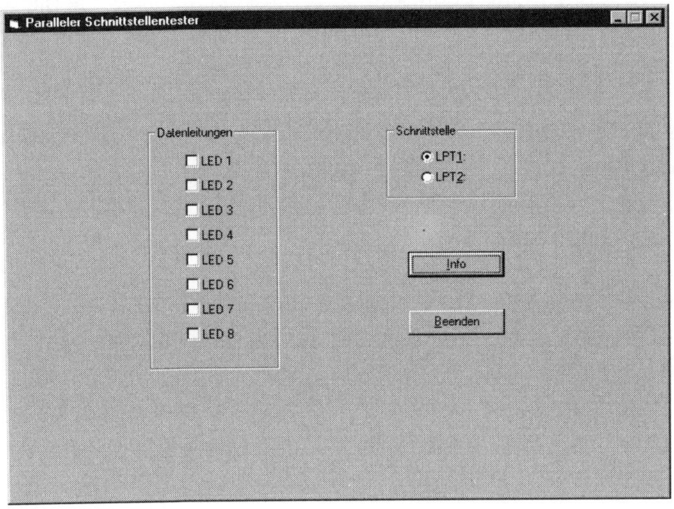

Die Software zum parallelen Schnittstellentester

Je nachdem, welches Kontrollkästchen Sie ein- bzw. ausschalten, erkennen Sie Auswirkungen an der Schaltung, die Sie an der Schnittstelle des Computers angeschlossen haben.

Über die Software können Sie zudem die Schnittstelle auswählen, falls Sie zwei in Ihrem Computer installiert haben. Zwar ist in einem Computer in der Regel nur eine parallele Schnittstelle enthalten, dennoch ist hier die Möglichkeit vorhanden, die zweite parallele Schnittstelle LPT2 anzuwählen.

8.6 Der Einsatz der Schaltung

Um die Schaltung in Betrieb zu nehmen, sind keine zusätzlichen Arbeiten mehr notwendig. Stecken Sie die Schaltung an die parallele Schnittstelle Ihres Computers und starten Sie die Software.

A

▶ **Achten Sie darauf, daß sich die Pfosten mit den darauf befindlichen Steckern nicht berühren, da ansonsten die Signale verfälscht werden und die Schnittstelle nicht funktionieren kann. Da einige der Pfosten sehr nah beisammen stehen, kann dies leicht geschehen. Falls sich zwei Pfosten berühren, sorgen Sie z. B. mit einem Stück Papier dafür, daß diese voneinander getrennt werden. Achten Sie zudem darauf, daß durch das Anstecken der Schaltung bzw. des Druckerkabels keine Pfosten aneinandergedrückt werden.**

Ändern Sie die voreingestellte Schnittstelle LPT1 in LPT2, falls Sie diese benutzen, und klicken Sie anschließend die Leitungskontrollkästchen an, um diese ein- oder auszuschalten.

Dabei ist zu beachten, daß sich die parallele Schnittstelle unterschiedlich verhalten kann, je nachdem, ob am Port ein Endgerät, z. B. ein Drucker, angeschlossen ist oder nicht. Probieren Sie verschiedene Einstellungen aus und sehen Sie nach, was sich auf der Schaltung verändert.

Über die Software können Sie die acht roten Leuchtdioden (LEDs) unabhängig voneinander ein- bzw. ausschalten. Es handelt sich dabei um die acht Datenleitungen der parallelen Schnittstelle. Bei den gelben Leuchtdioden handelt es sich um drei Signalleitungen. Diese können Sie über die Software nicht beeinflussen, jedoch ergeben sich hier Änderungen, wenn z. B. ein angeschlossener Drucker offline geschaltet wird oder kein Papier mehr im Drucker vorhanden ist.

Es wird für Sie sicherlich auch interessant sein, zu erkennen, wie sich die Signale auf dem zwischengeschalteten Tester verändern, wenn Sie mittels einer Anwendungssoftware etwas auf dem Drucker ausgeben. Beachten Sie dabei, daß Sie die Software zu dieser Schaltung zuvor beenden.

Mit Hilfe dieser Schaltung können Sie gut erkennen, daß Daten über die parallele Schnittstelle gesendet werden. Außerdem können Sie durch den Einsatz der Schaltungssoftware erkennen, ob Ihre Schnittstelle ordnungsgemäß mit der Software zusammenarbeitet.

9. Das programmierbare Lauflicht

Die ersten zwei Schaltungen des Buches, die in den beiden vorherigen Kapitel erstellt wurden, haben Ihnen gezeigt, daß der Computer über die serielle und parallele Schnittstelle reichlich Daten austauscht. Die verschiedenen Leitungszustände konnten Sie anhand der Leuchtdioden mehr oder weniger gut erkennen. Eine der beiden Schaltungen hat ihren Dienst ohne zusätzliche Software verrichtet. Ab diesem Kapitel werden alle Schaltungen in Verbindung mit Programmen, d. h. mit Software eingesetzt.

Bei der Schaltung dieses Kapitels handelt es sich um ein Lauflicht, das von der Software zu dieser Schaltung gesteuert wird. Das Lauflicht besteht aus einer Reihe von Leuchtdioden, die auf verschiedene Weise und in unterschiedlicher Reihenfolge aufleuchten und somit unterschiedliche optische Effekte liefern.

Neben der eigentlichen Funktion dieser Schaltung beinhaltet dieses Kapitel allerdings noch eine weitere Besonderheit: Es wird hier eine Grundplatine angesprochen und aufgebaut, die nicht nur in Verbindung mit dem Lauflicht zum Einsatz kommt.

Eine Reihe von Schaltungen innerhalb des zweiten Teils dieses Buches arbeitet mit dieser Grundplatine zusammen. Die Grundplatine stellt bei den Schaltungen die Basis dar, und die auf diese Grundplatine aufsteckbaren Zusatzplatinen realisieren die unterschiedlichen Funktionen.

Daß die Grundplatine eingesetzt wird, hat mehrere Gründe. Zum einen können Sie sich Arbeit ersparen, da Sie diese Platine nur einmal aufbauen müssen und nicht bei jeder Schaltung erneut. Zum anderen wird dadurch Material und damit Geld eingespart.

Aber es gibt noch weitere Gründe, warum diese Grundplatine zum Einsatz kommt. Sie hat ebenfalls die Aufgabe, die Schnittstelle des Computers zu entlasten. Dies wird dadurch erreicht, daß die Grundplatine mit einer zusätzlichen Spannung versorgt wird. So ist es möglich, Bauteile von der Menge und der Art zu verwenden, die mehr Strom benötigen, als die Schnittstelle des Computers liefern kann.

9.1 Die Funktion der Schaltung

Wie schon angesprochen, wird die eigentliche Funktion der Schaltung auf einer Zusatzplatine realisiert. Diese enthält eine Reihe von nebeneinander angebrachten Leuchtdioden. Eine auf der CD-ROM zu diesem Buch enthaltene Software steuert diese Leuchtdioden auf unterschiedliche Weise an.

Das Lauflicht kann dann innerhalb eines Hobbyraums oder in Verbindung mit einer Eisenbahnanlage eingesetzt werden.

Die Schaltung ist absichtlich recht einfach gehalten, so daß Sie durch dieses Kapitel weiter in die Materie einsteigen und sich darin zurechtfinden können.

9.2 Der Aufbau der Schaltung

Der Aufbau der Schaltung erfolgt in zwei Abschnitten: Zuerst wird die Grundplatine aufgebaut; anschließend muß dann die Zusatzplatine erstellt werden.

9.3 Die Grundplatine

Die Grundplatine wird auf einer Lochraster-Europlatine aufgebaut. Sie enthält zum einen eine Anschlußmöglichkeit für ein normales Druckerkabel, damit die Verbindung zur parallelen Schnittstelle des Computers hergestellt werden kann. Auf der anderen Seite enthält die Schaltung eine Steckerleiste, die die Zusatzschaltungen aufnehmen kann.

Hinzu kommt noch ein Anschluß für die externe Versorgungsspannung, die in Verbindung mit der auf der Schaltung enthaltenen Elektronik zusätzlichen Strom für die Aufsteckplatinen liefert. Außerdem sind elektronische Bauteile auf dieser Platine enthalten, die die Signale von der Schnittstelle an die Zusatzplatine weiterleiten.

Die nachfolgende Zeichnung zeigt Ihnen die Lage der einzelnen Bauteile auf der Platine. Löten Sie die Bauteile sorgfältig entsprechend der vorgegebenen Positionen auf die Platine.

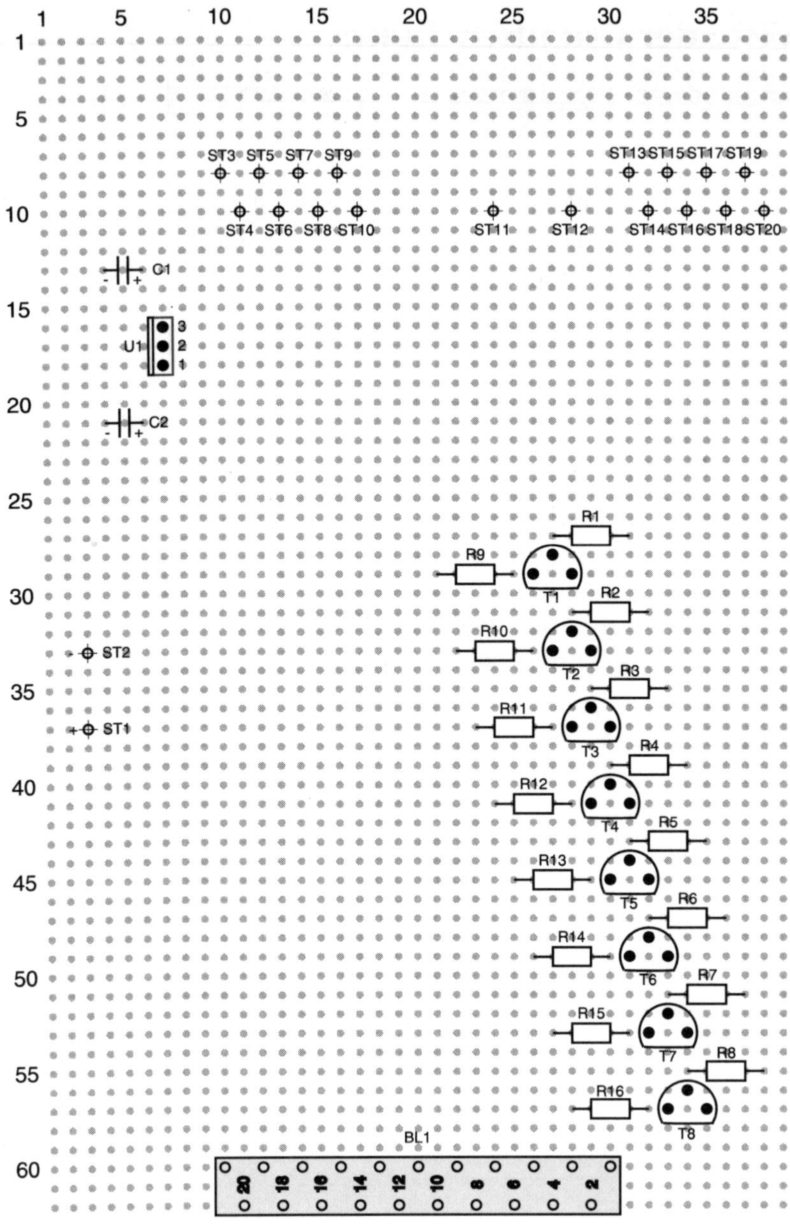

Die Lage der Bauteile auf der Grundplatine

Achten Sie beim Anbringen der Buchsenleiste darauf, daß Sie sie richtig herum aufstecken und daß sie vollständig auf der Platine aufliegt. Alle weiteren Bauteile sollten ohne Probleme verarbeitet werden können.

Damit Sie die in der Zeichnung dargestellten Bauteile auch zuordnen können, ist die hier abgedruckte Stückliste erstellt worden. Ordnen Sie den einzelnen Bauelementen vor dem Auflöten die aus der Zeichnung ersichtlichen Positionen zu.

Die Stückliste der Grundschaltung

Kennzeichnung	Bezeichnung	Bauteilart
R1 - R8	1 kΩ	Widerstand
R9 - R16	180 Ω	Widerstand
C1, C2	100 nF	Kondensator
U1	7805	Spannungsregler
T1 - T8	BC 548	Transistor
BL1	Buchsenleiste 21polig	Steckverbindung
ST1 - ST20	Pfosten	Steckverbindung

Mehr Aufwand als das Auflöten der Bauteile bedeutet das Herstellen der Bauteilverbindungen auf der Leiterbahnseite der Platine. Durch die Anzahl der Bauteile und die Verwendung einer ganzen Europlatine ist die zu verlegende Menge an Leiterbahndraht recht groß.

Sie sollten dies allerdings positiv sehen, da Sie nach der Durchführung dieser Arbeit so viel praktische Erfahrung im Auflöten von Leiterbahnen gesammelt haben, daß Ihnen diese Arbeit bei den weiteren Schaltungen keine Probleme mehr bereiten sollte.

Die Leiterbahnseite der Grundschaltung

Stellen Sie die erforderlichen Leiterbahnverbindungen so her, wie es die nachfolgende Zeichnung vorgibt.

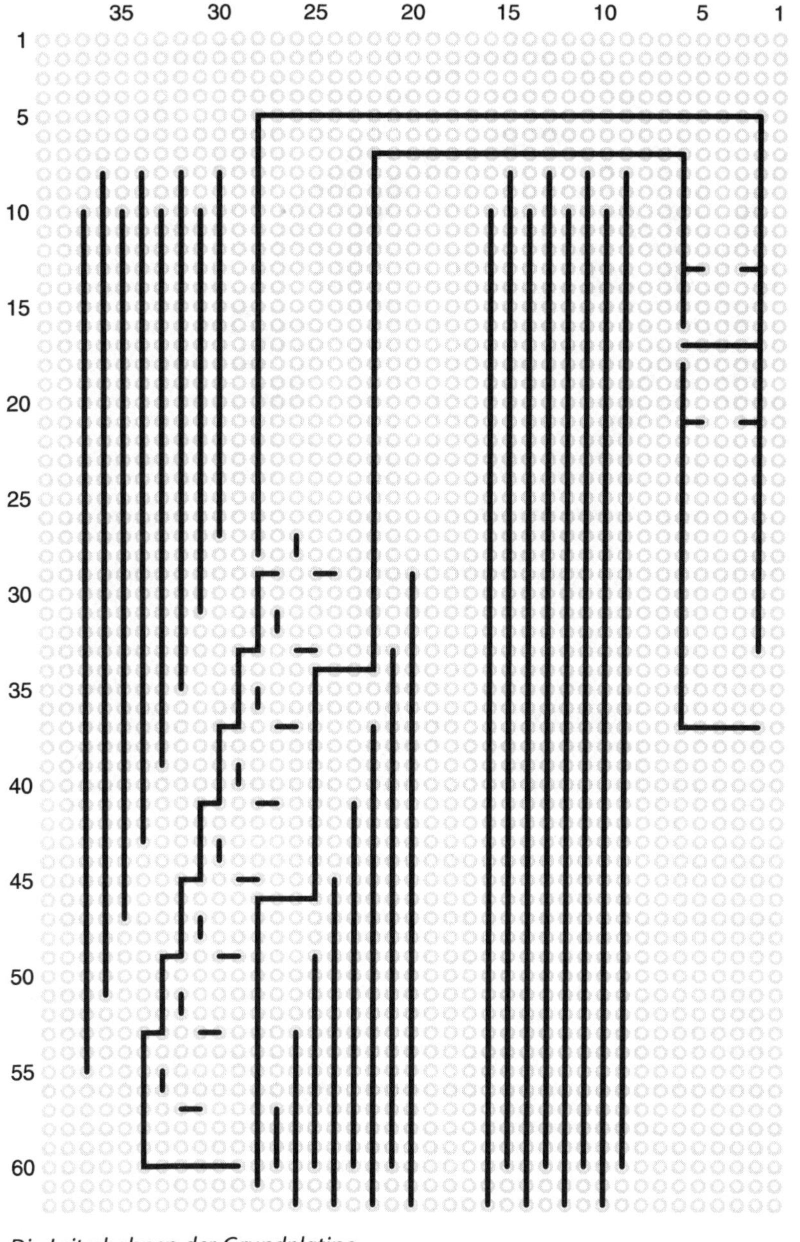

Die Leiterbahnen der Grundplatine

Bevor Sie die Grundschaltung einsetzen können, sind noch zwei zusätzliche Arbeiten zu erledigen. Als erstes sollten Sie die schon oben angesprochene Verbindung zur externen Spannungsversorgung, d. h. zum externen Netzteil, herstellen. Das Netzteil sollte den Anforderungen genügen, die im Kapitel 4 „Die verwendeten Materialien" beschrieben sind. Das Netzteil besitzt in der Regel außer der Anschlußmöglichkeit für die normale Steckdose auch ein Kabel, an dessen Ende ein Stecker oder ein Steckersortiment angebracht ist.

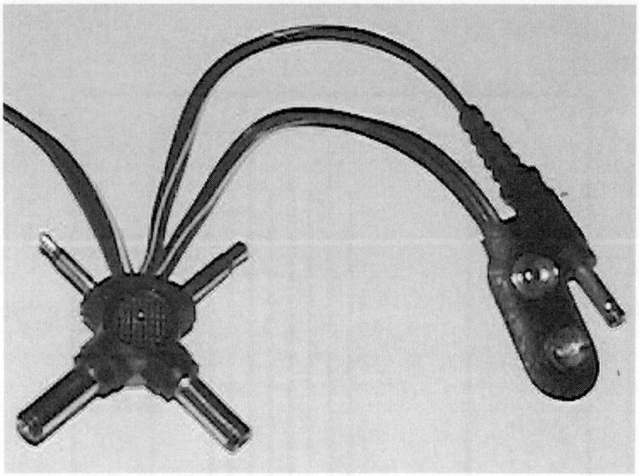

Die Stecker für die Gleichspannung am Netzteil

An diesem Ende des Kabels wird die gewünschte Gleichspannung bereitgestellt. Die Gleichspannung muß nun mit den beiden Pfosten ST1 und ST2 auf der Platine in Verbindung gebracht werden. Dies soll mit Pfostensteckern durchgeführt werden, damit die Spannungsversorgung bei Bedarf leicht wieder von der Schaltung entfernt und anderweitig eingesetzt werden kann. Eine Möglichkeit, dies zu realisieren, besteht darin, den in der obigen Abbildung dargestellten Stecker abzutrennen und an den beiden Adern des Gleichspannungskabels direkt die Pfostenstecker anzulöten. Diese Möglichkeit wird nicht jedem zusagen, da hierdurch das Netzteil nicht im Originalzustand verbleibt.

Als Alternative können Sie im Elektronikladen das Gegenstück zu dem Stecker erwerben und an diesem ein kurzes Kabelstück anlöten, an dessen Ende dann die Pfostenstecker angebracht werden. Sie können dann das *Adapterkabel* auf den Stecker aufstecken und so die Verbindung zur Platine herstellen. Bei beiden Variationen ist darauf zu achten, daß Sie jederzeit den Plus- bzw. den Minus-Stecker lokalisieren können. Markieren Sie den Plus-Stecker am besten, so daß Sie ihn leicht erkennen können.

Außerdem muß unbedingt vermieden werden, daß sich die beiden Pfostenstecker berühren und dadurch einen Kurzschluß verursachen. Zwar wird das Netzteil dies in der Regel ohne Schaden überstehen, dennoch sollte dies nicht stattfinden.

Um einen Kurzschluß zu vermeiden, ist es sinnvoll, die beiden Pfostenstecker zu isolieren. Dies können Sie z. B. mit einem Klebeband erledigen. Eine optisch schönere Lösung bietet hier der sogenannte Schrumpfschlauch. Er wird über die Stecker gesteckt und zieht sich beim Erwärmen so weit zusammen, daß er anschließend fest auf den Steckern sitzt. Welche Möglichkeit Sie wählen, bleibt Ihnen überlassen. Sobald das Netzteil entsprechend vorbereitet ist, können Sie die Verbindung zur externen Spannungsversorgung herstellen, indem Sie die Pfostenstecker auf die Pfosten stecken. Beachten Sie dabei, daß der Plus-Stecker auf ST1 und der Minus-Stecker auf ST2 aufgesteckt wird.

A

Bevor Sie eine Schaltung nicht vollständig aufgebaut und alle notwendigen Verbindungen zum Computer und anderen Bauteilen hergestellt haben, sollten Sie das Netzteil nicht in die Steckdose stecken. Zu leicht kann über die dann schon anliegende Spannung ein Schaden verursacht werden.

Neben der Verbindung zum Netzteil muß die Schaltung jetzt noch eine Verbindung zur parallelen Schnittstelle des Computers aufnehmen können. Da hier in den meisten Fällen ein Drucker angeschlossen wird, ist sehr häufig auch ein Druckerkabel vorhanden. Dies soll auch für diese und die nachfolgenden Schaltungen benutzt werden. Auf diese Weise kann die Schaltung so weit vom Computer entfernt aufgebaut und eingesetzt werden, wie das Kabel lang ist, und die Verbindung zu den Schaltungen kann schnell hergestellt bzw. gelöst werden. Ein Druckerkabel besitzt an einem Ende einen Stecker, der in die Schnittstellen-Buchse des Rechners paßt. Am anderen Ende befindet sich ein sogenannter Centronics-Stecker, der in die entsprechende Buchse des Druckers paßt. Dieser Stecker wird auch als Amphenol-Stecker bzeichnet.

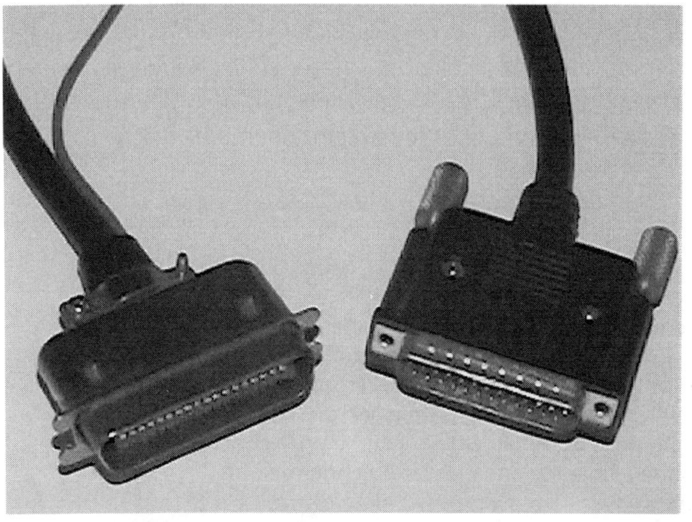

Die Stecker eines Druckerkabels

Die Schaltung soll, praktisch anstelle des Druckers, an diesen Centronics-Stecker angeschlossen werden. Dazu benötigen Sie eine entsprechende Buchse, die Sie im Fachhandel erwerben können. Diese Buchse muß auf der einen Seite auf den 36poligen Centronics-Stecker des Kabels passen und auf der anderen Seite ein Flachbandkabel aufnehmen können.

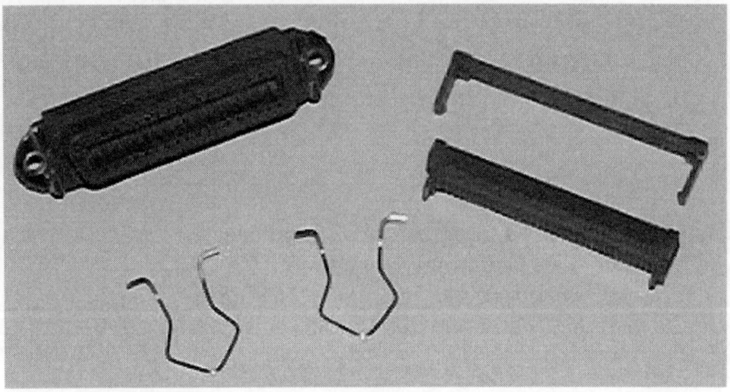

Die einzelnen Teile der Centronics-Buchse

In der Abbildung sehen Sie die benötigte Buchse. Damit ein Flachbandkabel an diese Buchse angeschlossen werden kann, ist eine sogenannte Schneid-Klemm-Ausführung erforderlich. Diese besitzt zur Aufnahme des Flachbandkabels zwei Reihen von in sich gespaltenen Stiften, in die die einzelnen Adern eingepreßt werden. Um das Flachbandkabel mit der Buchse zu verbinden, befolgen Sie die nachfolgenden Schritte:

1. Legen Sie neben der Centronics-Buchse ein ca. 40 bis 50 cm langes 36poliges Flachbandkabel bereit. Legen Sie dieses so auf die Stiftreihen der Buchse, daß jede Ader über einem Stift liegt. Ein Kabelende soll dabei ca. 1 cm über die Buchse hinausragen. Dann drücken Sie nacheinander von einer Seite zur anderen die einzelnen Leitungen in die Stiftspalten. Dabei müssen sich die Stifte durch das Isolierungsmaterial des Kabels schneiden und auf der Oberseite des Flachbandkabels zu sehen sein. Die Kupferleitungen stellen dabei eine Verbindung zu jedem einzelnen Stift her.

A

▶ Lokalisieren Sie auf der Buchse den Kontakt 1. Die Bezeichnungen der Numerierungen sind oft sehr schwer zu erkennen, sind aber vorhanden. Verwenden Sie ein Flachbandkabel, dessen erste Ader farblich markiert ist, dann stecken Sie dieses so auf die Buchse, daß die markierte Leitung mit dem Kontakt 1 verbunden wird. Ist keine Ader markiert, ändern Sie dies und machen diese Leitung kenntlich, indem Sie sie z. B. mit einem Farbstift kennzeichnen. Den Kontakt 1 können Sie auch anhand der Zeichnungen im Kapitel 5 lokalisieren.

2. Ist das Flachbandkabel aufgesteckt, wird es mit einem der Buchse beiliegenden Kunststoffbügel arretiert, so daß es nicht mehr aus den Stiftspalten herausrutschen kann. Diese stabile Ausführung des Bügels muß fest auf das Flachbandkabel drücken und dabei über eine Einrastvorrichtung fest mit der Buchse verbunden werden.
3. Ist dies geschehen, schneiden Sie den kurzen Überstand des Flachbandkabels mit einer Schere oder einem Seitenschneider direkt an der Buchse ab, so daß dort nichts mehr übersteht und stören kann.
4. Biegen Sie jetzt das aus der Buchse herausstehende Flachbandkabel direkt hinter dem Bügel vorsichtig um 180° nach oben über den Bügel nach hinten. Es muß anschließend flach auf dem Bügel aufliegen.
5. Danach stecken Sie den zweiten, etwas schmaleren Bügel, der der Buchse beiliegt, über das umgebogene Flachbandkabel auf den bereits aufgesteckten ersten Bügel. Sobald der zweite Bügel fest eingerastet ist, müssen Sie nur noch die beiden Metallbügel in die dafür vorgesehenen Öffnungen einstecken, und das Anbringen der Buchse ist abgeschlossen.

Die fertig am Flachbandkabel angeschlossene Centronics-Buchse

Das Flachbandkabel kann jetzt an das Druckerkabel angeschlossen werden. Damit es mit dem anderen Ende an die Schaltung angeschlossen werden kann, müssen hier an einigen Leitungen Pfostenstecker angelötet werden. Spreizen Sie dazu die einzelnen Adern des Flachbandkabels auf einer Länge von ca. 5 cm auseinander, so daß einzelne Adern vorhanden sind. Achten Sie dabei auf die markierte Leitung 1. Berücksichtigen Sie im folgenden die Leitungen 1, 2, 3, 5, 7, 9, 11, 13, 15, 17, 19, 21, 23, 25, 27, 28 und 36, wobei Sie bei Leitung 1 zu zählen beginnen und dann jede Leitung daneben beim Zählen um 1 erhöhen. Achten Sie folglich nicht mehr auf die Kontaktnumerierung an der Centronics-Buchse. Isolieren Sie die Enden der angesprochenen Leitungen ca. 1,5 mm ab, und löten Sie jeweils einen Pfostenstecker an.

Über die Pfostenstecker kann nun die notwendige Verbindung zur Schaltung hergestellt werden. Welche Leitung Sie auf welchen Stecker stecken müssen, entnehmen Sie der nachfolgenden Tabelle.

Leitung 1	ST3
Leitung 2	ST12
Leitung 3	ST20
Leitung 5	ST19
Leitung 7	ST18
Leitung 9	ST17
Leitung 11	ST16
Leitung 13	ST15
Leitung 15	ST14
Leitung 17	ST13
Leitung 19	ST9
Leitung 21	ST10
Leitung 23	ST8
Leitung 25	ST7
Leitung 27	ST4
Leitung 28	ST5
Leitung 36	ST6

Sobald die Leitungen aufgesteckt sind, ist die Grundschaltung einsatzbereit.

Die fertige Grundschaltung

9.4 Die Zusatzplatine

Nachdem Sie die Grundplatine aufgebaut haben, können Sie sich jetzt wieder dem Lauflicht zuwenden. Wie schon weiter oben erläutert, wird das Lauflicht auf einer Platine aufgebaut, die anschließend in die Buchsenleiste der Grundplatine eingesteckt wird.

Neben der hierfür erforderlichen Steckerleiste sind dann lediglich acht Leuchtdioden aufzulöten. Entnehmen Sie deren Position auf der Platine der nachfolgenden Zeichnung.

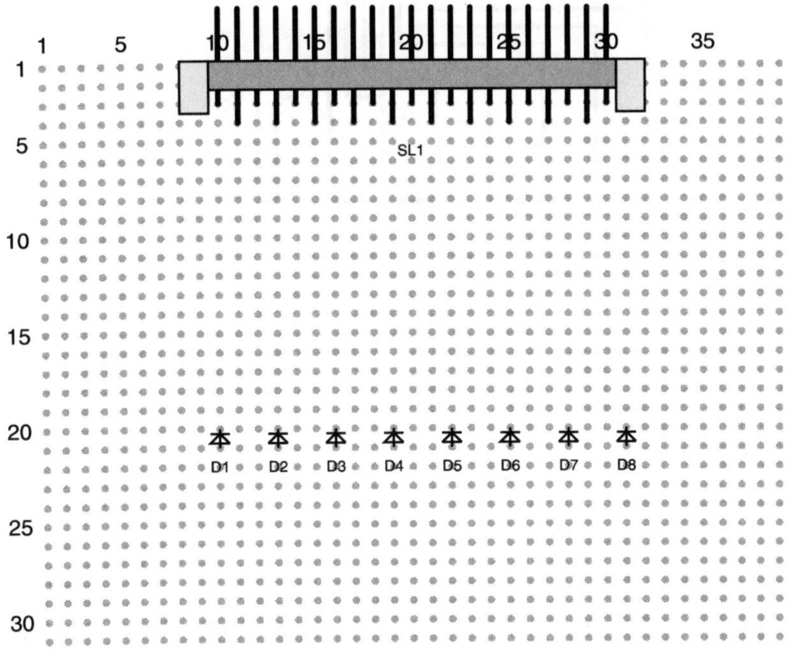

Die Bauteile auf der Zusatzschaltung

Beachten Sie beim Auflöten die Polarität der Leuchtdioden und daß die Steckerleiste gut auf der Platine aufliegt.

Der Vollständigkeit halber erhalten Sie auch hierzu die Stückliste.

Die Stückliste des Lauflichts

Kennzeichnung	Bezeichnung	Bauteilart
D1 - D8	5-mm-Leuchtdiode (rot)	Leuchtdiode
SL1	Steckerleiste 21polig	Steckverbindung

9.5 Die Leiterbahnseite der Platine

Die notwendigen Bauteilverbindungen stellen Sie auf der Leiterbahnseite der Platine her. Befolgen Sie dabei die Vorgaben der Zeichnung.

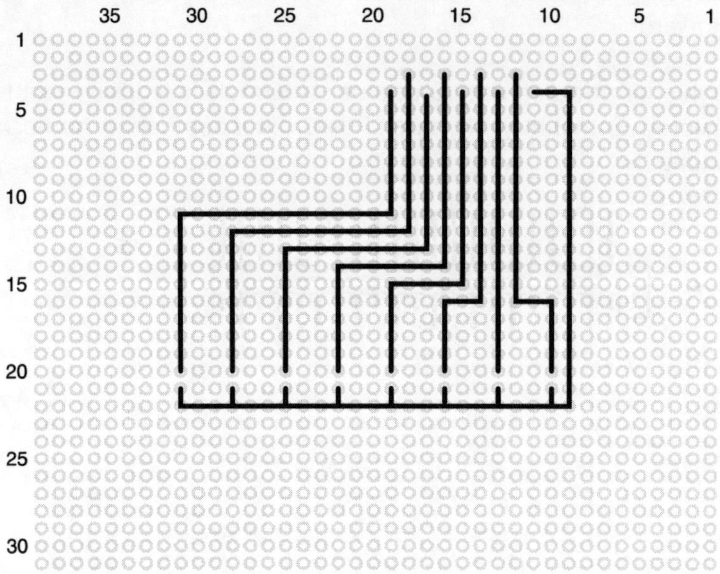

Die Leiterbahnseite des Lauflichts

Sie sehen, daβ der Aufbau der Grundschaltung sehr viel aufwendiger war als das Anfertigen der Zusatzschaltung. Dies werden Sie auch bei einigen anderen Schaltungen in diesem Teil des Buches feststellen.

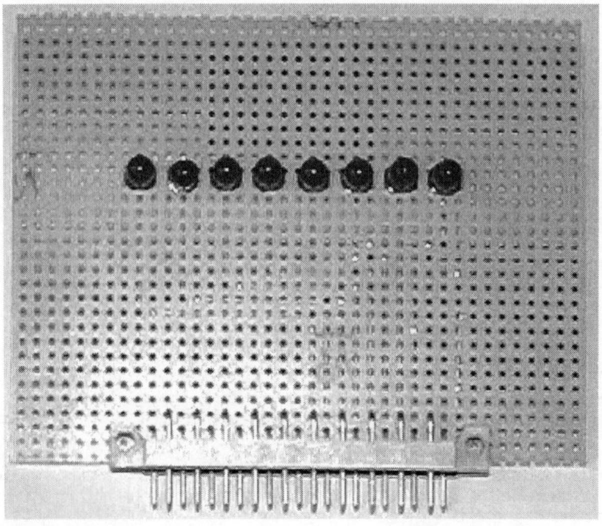

Die Zusatzplatine

9.6 Die Software der Schaltung

Die Hardware des Lauflichts haben Sie fertiggestellt. Doch wird sie ohne Software kaum sinnvoll einzusetzen sein. Erst die Software steuert die Leuchtdioden über die Grundplatine so an, daβ ein optischer Effekt erzielt wird.

Die CD-ROM, die diesem Buch beigelegt ist, enthält die entsprechende Software. In dem Verzeichnis *Kap_09/Windows/Install* finden Sie alle notwendigen Dateien, um die Software auf Ihrem Rechner zu installieren. Starten Sie dazu die Datei *Setup.exe* und folgen Sie den anschlieβenden Anweisungen bzw. beantworten Sie die Abfragen und Einstellungen.

Haben Sie die Absicht, die Software Ihren Vorstellungen entsprechend zu verändern, können Sie dies tun, indem Sie die in dem Verzeichnis *Kap_09/Windows/Source* enthaltenen Source-Dateien in Visual Basic einladen und verändern.

Nach der Installation können Sie die Software starten. Es bietet sich Ihnen folgendes Fenster.

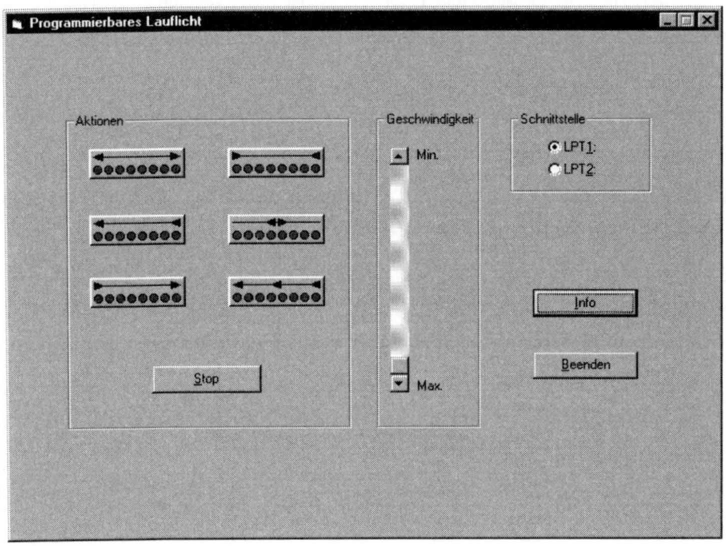

Die Software zum Lauflicht

Der Bereich *Schnittstelle* bietet Ihnen die Möglichkeit, die Schnittstelle auszuwählen, an der Sie die Schaltung betreiben.

Sie sehen zudem im Bereich *Aktionen* verschiedene Schaltflächen, die Sie anwählen können. Entsprechend der Auswahl wird sich das Lauflicht verhalten. Sobald Sie eine Schaltfläche angewählt haben, wird das Lauflicht in einer Endlosschleife reagieren. Sie können dann keine andere Aktionsschaltfläche anwählen. Erst wenn Sie mit der Schaltfläche *Stop* die derzeitige Aktion angehalten haben, können Sie eine andere Aktion anwählen.

Neben der Art, wie die Leuchtdioden ein- und ausgeschaltet werden, können Sie auch die *Geschwindigkeit* ändern, mit der die Leuchtdioden angesteuert werden sollen. Dazu verschieben Sie den Regler in dem gleichnamigen Bereich in die gewünschte Richtung.

Probieren Sie die verschiedenen Möglichkeiten aus.

Da die Programmierung sehr einfach gehalten wurde, können Sie sicherlich leicht nachvollziehen, wie die einzelnen Leuchtdioden angesteuert werden. Wenn Sie die Möglichkeit haben, versuchen Sie hier, weitere Aktionen einzubinden. Es sind noch eine Reihe von optischen Effekten vorstellbar.

9.7 Der Einsatz der Schaltung

Die Inbetriebnahme der Schaltung ist nicht mehr aufwendig, wenn Sie die bisherigen Arbeitsschritte durchgeführt haben. Folgen Sie dazu den nachfolgenden Anweisungen:

1. Stecken Sie die Lauflicht-Zusatzplatine mit der Steckerleiste in die Buchsenleiste der Grundplatine.
2. Verbinden Sie die Grundschaltung über ein Druckerkabel mit der parallelen Schnittstelle LPT1 Ihres Computers.
3. Stecken Sie die externe Versorgungsspannung auf die Grundplatine auf; kontrollieren Sie, ob das Netzteil auf 9 Volt eingestellt ist und ob die Polarität richtig gewählt ist (sofern möglich); und stecken Sie den Netzstecker des Netzteils in die Steckdose.

   Haben Sie die Software installiert, müssen Sie diese nur noch starten, und die Schaltung ist einsatzbereit.

10. Der Glühbirnenprüfer

Die Schaltung dieses Kapitels bietet Ihnen die Möglichkeit, die Glühbirnen, die Sie im Haushalt einsetzen, auf ihre Funktionstüchtigkeit hin zu prüfen. Oftmals liegen Glühbirnen lange Zeit als Ersatz in Schubladen oder Regalen, bis sie benötigt werden. Dann stellt sich häufig die Frage, ob die Glühbirnen noch in Ordnung sind oder nicht. Mit Hilfe dieser Schaltung und der entsprechenden Software auf der CD-ROM im Buch finden Sie leicht die Antwort heraus - unabhängig davon, um welche Art von Glühbirne es sich handelt.

Die Schaltung arbeitet mit der Grundschaltung zusammen, die Sie in Kapitel 9 aufgebaut haben. Entsprechend einfach ist die dort aufzusteckende Platine aufgebaut. An Platz benötigt Sie eine halbe Lochraster-Europaplatine.

10.1 Die Funktion der Schaltung

Die Funktion des Glühbirnenprüfers ist leicht nachzuvollziehen. Auf der Platine werden zwei Kontakte so angebracht, daß sie dort leicht eine Verbindung zu den beiden Kontakten einer Glühbirne herstellen können. Die Schaltung überprüft, ob der Glühfaden der Glühbirne noch intakt ist oder nicht.

Die Software zu dieser Schaltung wertet das Ergebnis aus und stellt es optisch und akustisch auf dem Bildschirm dar. Zusätzlich wird auf der Schaltung eine grüne Leuchtdiode leuchten, so daß Sie auch dort das Ergebnis der Überprüfung erkennen können.

10.2 Der Aufbau der Schaltung

Wie bereits angesprochen, benötigt die Schaltung die Grundplatine aus Kapitel 9. Auf die dort vorhandene Buchsenleiste wird diese Schaltung aufgesteckt.

Die Schaltung wird auf einer halben Lochraster-Europaplatine aufgebaut. Halbieren Sie entsprechend eine Platine, wenn Sie keine mehr vorrätig haben. Zudem benötigen Sie für die Schaltung einen ca. 7 bis 8 cm langen stabilen Draht. Er sollte einen Querschnitt von ca. 1,5 mm^2 haben.

Die Bauelemente werden wie in der nachfolgenden Zeichnung angeordnet.

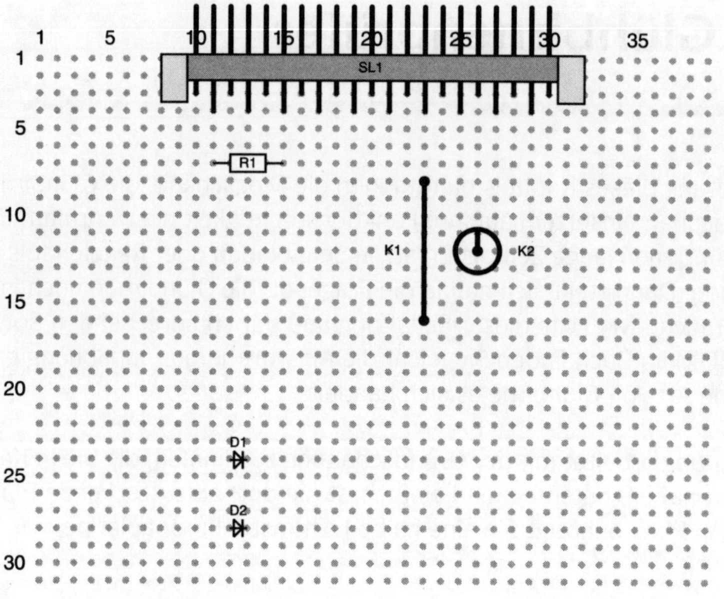

Die Bauteilseite der Schaltung

Sie sehen, daβ Sie für die Schaltung nicht viele Bauteile benötigen. Dennoch folgt hier die Stückliste.

Die Stückliste

Kennzeichnung	Bezeichnung	Bauteilart
R1	10 kΩ	Widerstand
D1	Leuchtdiode 5 mm (rot)	Leuchtdiode
D2	Leuchtdiode 5 mm (grün)	Leuchtdiode
K1, K2	Kontaktdraht	Draht 1,5 mm² Querschnitt
SL1	Stiftleiste 21polig	Steckerleiste

Die Schaltung aufbauen

Bevor Sie die Bauteile auf die Platine löten, sollten Sie zuvor die Kontaktdrähte vorbereiten.

1. Dazu nehmen Sie den Draht mit dem Querschnitt von 1,5 mm² und isolieren ihn ab, falls dies nicht schon geschehen ist. Anschlieβend schneiden Sie ein Stück von 6 Zentimetern Länge ab. Dieses Stück wird für den Kontakt K1 benutzt.
2. Biegen Sie dieses Drahtstück 2 Zentimeter von einem Ende entfernt mit einer Zange um 90° nach unten. Am anderen Ende biegen Sie ebenfalls ein Stück von gleicher Länge um 90° nach unten, so daβ ein Bügel entsteht.

3. Das übriggebliebene Stück Draht verwenden Sie für den Kontakt K2. Dieses Stück drehen Sie spiralförmig auf. Versuchen Sie dabei einen Durchmesser von ca. 0,5 Zentimetern nicht zu überschreiten. Haben Sie die Spirale erstellt, knicken Sie ein Ende des Drahtes so nach unten, daß ca. 3 bis 4 Millimeter des Drahtes in einem 90°-Winkel von der Spirale abstehen.
4. Nachdem die Vorbereitungen abgeschlossen sind, lokalisieren Sie die entsprechenden Löcher, in die die Kontakte eingefügt werden sollen. Eventuell müssen Sie diese Löcher ein wenig erweitern, z. B. mit einem 1,2 mm-Bohrer. Stecken Sie als erstes den Kontakt K2 mit dem abgewinkelten Ende in das entsprechende Loch, und verlöten Sie diesen auf der Rückseite. Anschließend stecken Sie den Bügelkontakt K1 in die beiden anderen Löcher und verlöten diesen ebenfalls.
5. Danach können Sie die restliche Bauteile auflöten. Beachten Sie dabei, daß die Steckerleiste flach auf der Platine aufliegt. Achten Sie auch auf die Polarität der Leuchtdioden.

Haben Sie die Bauteile angelötet, fehlen noch die Verbindungen auf der Leiterbahnseite.

10.3 Die Leiterbahnseite der Platine

Die Leiterbahnen auf der Rückseite der Platine verlegen Sie wie in der nachfolgenden Zeichnung dargelegt.

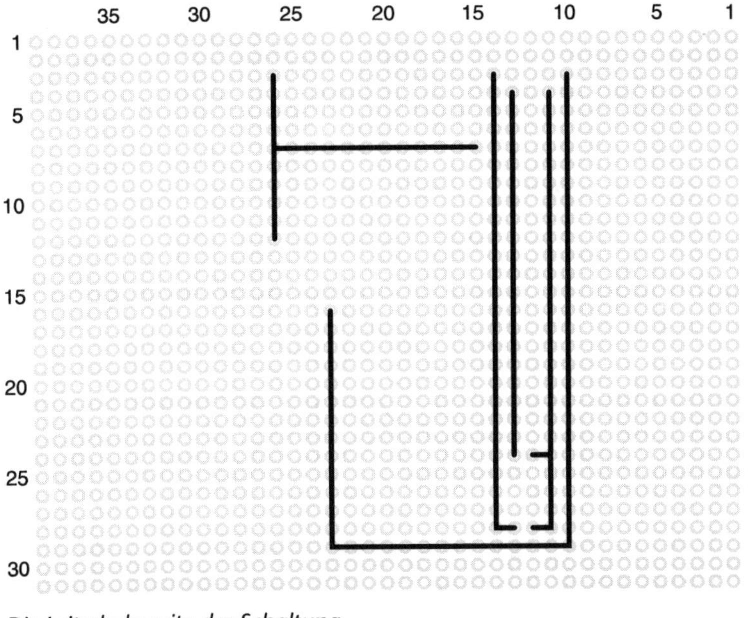

Die Leiterbahnseite der Schaltung

Bei der Verlegung der Leiterbahnen ist nichts Besonderes zu beachten. Sie sollten lediglich darauf achten, daβ die Kontakte nach dem Anlöten der Drähte nicht schiefstehen.

Ergänzende Arbeiten an der Schaltung sind nicht notwendig.

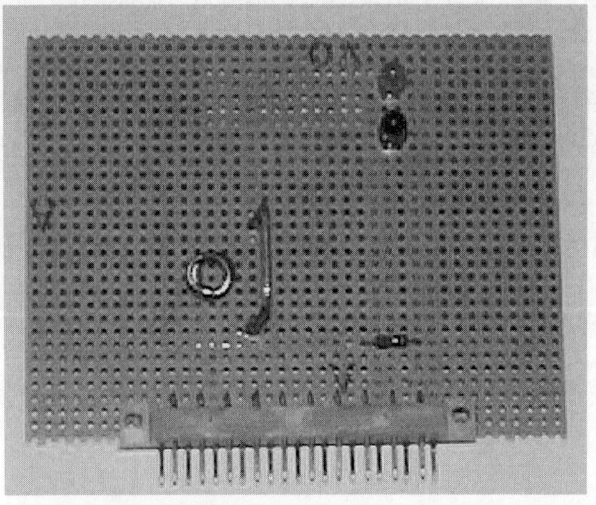

Die fertig aufgebaute Schaltung

10.4 Die Software der Schaltung

Um die Schaltung sinnvoll einsetzen zu können, benötigen Sie die Software von der CD-ROM im Buch. Sie finden sie im Verzeichnis *Kap_10/Windows* vor. Auch hier sind zwei Unterverzeichnisse enthalten.

Im Verzeichnis *Install* befinden sich die Installationsdateien. Falls Sie Änderungen an der Software vornehmen wollen, finden Sie die Originaldateien im Verzeichnis *Source* vor.

Die Installation der Software wird wie bekannt durch die Ausführung der Datei *Setup.exe* gestartet. Alles weitere kennen Sie schon.

Nach der Installation der Software können Sie diese starten. Nach dem Start des Prüfmodus bietet sich Ihnen folgendes Bild:

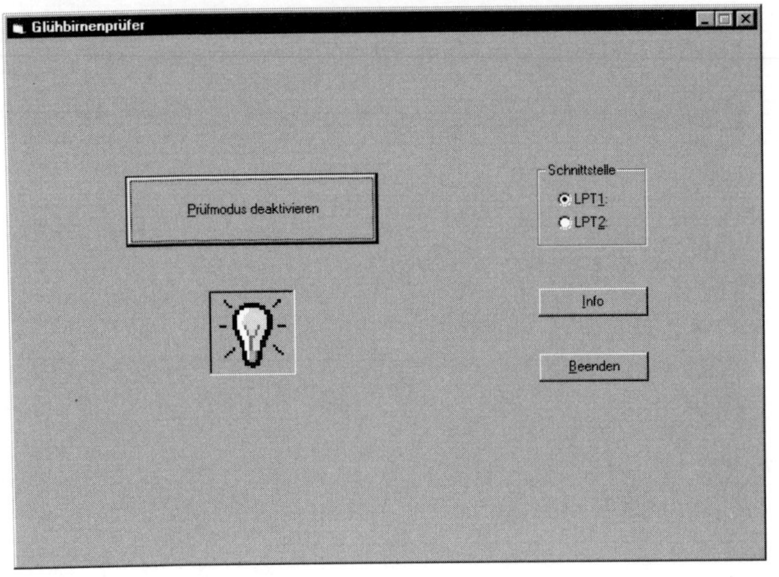

Die Software im Prüfmodus

Die Software kontrolliert nach einem Klick auf die Schaltfläche *Prüfung aktivieren* permanent den Zustand der Schaltung. Sobald Sie eine funktionstüchtige Glühbirne an die Kontakte halten, erhalten Sie eine entsprechende Ausgabe auf dem Bildschirm, d. h., das Symbol der Glühbirne verwandelt sich in eine leuchtende Glühbirne. Zudem wird ein akustisches Signal ausgegeben. Auf der Schaltung wird entsprechend die grüne Leuchtdiode aufleuchten.

Ist die zu testende Glühbirne defekt, wird kein Signal ausgegeben. Auf der Schaltung leuchtet weiterhin die rote Leuchtdiode, die Ihnen anzeigt, daß die Schaltung im Prüfmodus arbeitet.

10.5 Der Einsatz der Schaltung

Sie setzen die Schaltung wie nachfolgend beschrieben ein.

1. Stecken Sie die Schaltung auf die Grundschaltung aus Kapitel 9. Schließen Sie diese anschließend an die parallele Schnittstelle des Computers an. Versorgen Sie die Schaltung über das Netzteil mit Spannung.
2. Starten Sie jetzt die Software und klicken Sie auf die Schaltfläche *Prüfmodus aktivieren*.
3. Prüfen Sie die Funktion der Schaltung, indem Sie mit einem Schraubendreher eine Verbindung zwischen den beiden Kontakten auf der Platine herstellen. Die Software sollte ein entsprechendes optisches und akustisches Signal ausgeben. Die Schaltung ist daraufhin einsatzbereit.

4. Um eine Glühbirne zu testen, halten Sie diese so an die beiden Kontakte der Schaltung, daß eine Verbindung zu den beiden Kontakten der Glühbirne hergestellt wird.

11. Der elektronische Durchgangsprüfer

Ähnlich wie die Schaltung in Kapitel 10 arbeitet auch die Schaltung in diesem Kapitel. Auch sie arbeitet mit der Grundplatine aus Kapitel 9 zusammen.

Die Funktion dieser Schaltung ist aus der Überschrift des Kapitels leicht abzuleiten. In verschiedenen Bereichen des Haushalts bzw. des Hobbybereichs werden immer wieder Kabel verlegt. Oftmals stellt sich dann die Frage, welches Kabelende auf der einen Seite einem bestimmten Kabelende auf der anderen Seite entspricht. Sind die Kabel farblich oder durch Muster gekennzeichnet, ist das Lokalisieren eines Kabels nicht sehr schwierig. Anders ist es jedoch, wenn eine solche Kennzeichnung nicht vorhanden ist.

Die Schaltung soll Ihnen bei der Lokalisierung von Kabeln helfen. Zudem können Sie mit dieser Schaltung feststellen, ob eine elektrische Verbindung zwischen zwei Punkten vorhanden ist.

11.1 Die Funktion der Schaltung

Die Schaltung arbeitet nach einem sehr einfachen Prinzip. Auf der Platine sind zwei Pfostenstecker angebracht. An diese können Sie je ein Kabel anbringen, an dessen Ende Sie z. B. Meßspitzen oder Anschlußklemmen anschließen können. Diese verbinden Sie dann mit den zu kontrollierenden Meßpunkten.

Sobald Sie die Schaltung an Ihren Computer angeschlossen und die zur Schaltung gehörende Software gestartet haben, wird kontrolliert, ob zwischen den beiden Meßpunkten eine elektrische Verbindung besteht. Ist dies der Fall, erhalten Sie über die Software eine optische und akustische Meldung. Besteht keine Verbindung, reagiert das Programm nicht.

A

► **Der Durchgangsprüfer kann nicht innerhalb einer elektronischen Schaltung als Meßgerät eingesetzt werden. Dafür müssen Sie auf entsprechend geeignete Geräte, wie z. B. ein Spannungsmeßgerät, zurückgreifen. Den Durchgangsprüfer dürfen Sie auch nur dann einsetzen, wenn die zu messenden Leitungen keinen Strom führen.**

11.2 Der Aufbau der Schaltung

Bei der Schaltung handelt es sich um eine aufsteckbare Zusatzplatine für die Grundplatine aus Kapitel 9. Sie benötigen zum Aufbau der Schaltung eine halbierte Lochraster-Europaplatine. Außerdem benötigen Sie zwei flexible Kabel, um den Kontakt zu den beiden Meßpunkten herstellen zu können. Die Länge des Kabels richtet sich nach der Entfernung der beiden Meßpunkte vom Computer.

Der Aufbau der Schaltung erfolgt so, wie es in der nachfolgenden Zeichnung zu sehen ist.

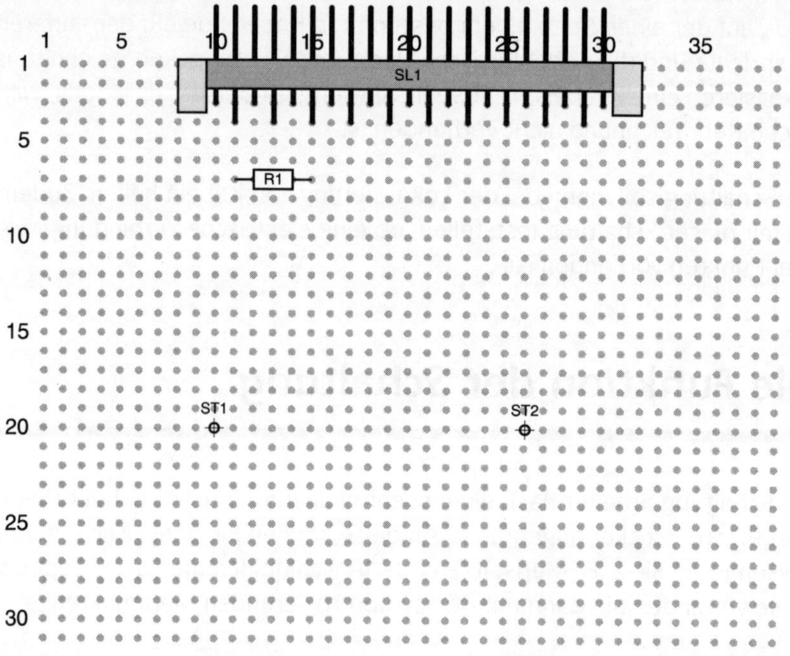

Der Aufbau der Schaltung

Auch hier erhalten Sie nachfolgend die Stückliste der benötigten Bauteile.

Die Stückliste

Kennzeichnung	Bezeichnung	Bauteilart
R1	10 kΩ	Widerstand
ST1, ST2	Pfosten	Steckverbindung
SL1	Pfosten-Steckerleiste 21polig	Steckerleiste

Die Schaltung aufbauen

Sie sehen, daß die Schaltung nur aus wenigen Bauteilen besteht. Entsprechend einfach ist auch der Aufbau. Plazieren Sie die Bauteile entsprechend der obigen Abbildung. Besondere Maßnahmen sind hier nicht vorzunehmen.

Die Bauteile verbinden Sie wie im nachfolgenden Unterkapitel dargelegt.

11.3 Die Leiterbahnseite der Platine

Die Schaltung besteht nur aus wenigen Bauteilen, so daß auch auf der Rückseite der Platine nur wenige Leiterbahnen verlegt werden müssen. Entnehmen Sie die erforderlichen Verbindungen der nachfolgenden Abbildung.

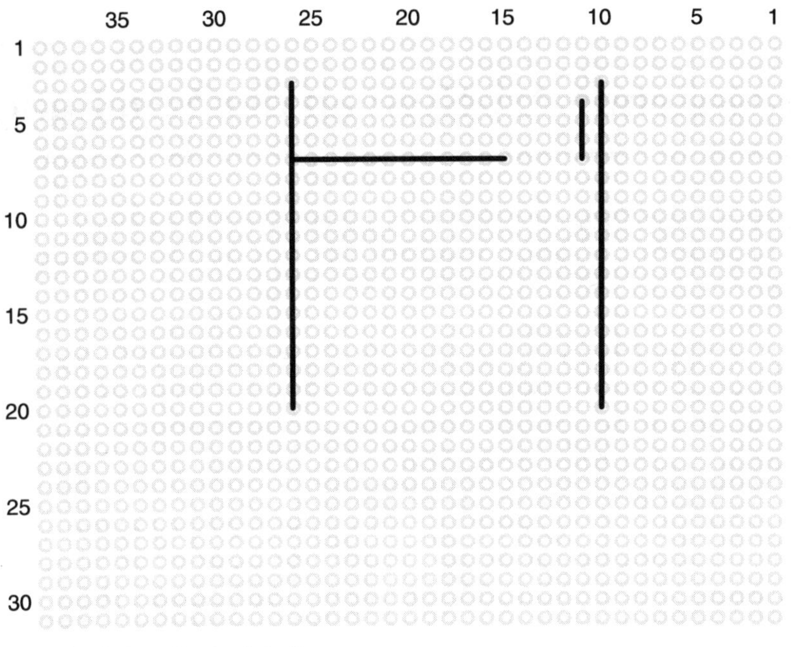

Die Leiterbahnseite der Schaltung

Beim Auflöten der Leiterbahnen müssen Sie keine Besonderheiten beachten.

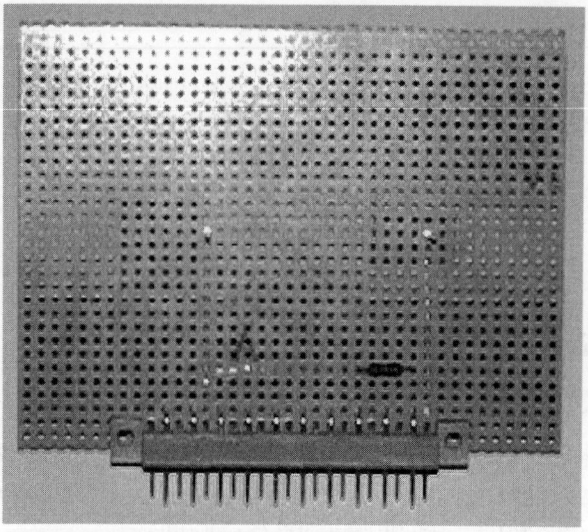

Die fertig aufgebaute Schaltung

11.4 Ergänzende Arbeiten an der Schaltung

Nachdem Sie die Schaltung aufgebaut haben, können Sie sie in die Steckerleiste der Grundschaltung stecken. Was dann noch fehlt, sind die Meßkabel der Schaltung.

Wie schon weiter oben angesprochen, benötigen Sie für die Meßkabel keine speziellen Kabel. Es reicht hierfür ein Klingeldraht aus, der sehr preiswert zu erstehen ist. Da über die Meßkabel keine großen Ströme fließen, ist es auch nicht erforderlich, daß sie einen großen Querschnitt haben.

Sie sollten jedoch eines beachten. Da die Kabel, wenn sie häufiger eingesetzt werden, sehr oft gebogen werden und damit die Kabel leichter an einer Position verbleiben, sollte das Kabel aus sogenannter *Litze* bestehen. Dabei handelt es sich um einen Draht, der nicht aus einer einzigen massiven Kupferleitung, sondern aus vielen, sehr dünnen Kupferadern besteht. Dadurch ist das Kabel sehr viel flexibler und bricht nicht so schnell.

Haben Sie die Meßkabel besorgt, müssen diese noch ein wenig bearbeitet werden. Doch auch diese Arbeiten halten sich bei dieser Schaltung in Grenzen.

1. Sie müssen an jeweils einem Ende der beiden Meßkabel einen Pfostenstekker anlöten. Nur dann können Sie die Meßkabel ordnungsgemäß mit der Schaltung verbinden. Dazu entfernen Sie ca. 2 bis 3 mm der Isolierung an den jeweiligen Enden der Meßkabel. Anschließend löten Sie dort die Pfostenstecker an. Danach stecken Sie die Kabel auf die beiden Pfosten der

Schaltung. Da Sie hier keine Polarität beachten müssen, können Sie die Kabel beliebig aufstecken.

2 An den beiden anderen Enden der Meßkabel ist es sinnvoll, etwas anzubringen, das die Verbindung zu den Meßpunkten herstellt. Zwar können Sie die beiden Enden z. B. abisolieren und dann die dort austretenden Adern auf die Meßpunkte legen und somit die Verbindung realisieren. Dies ist jedoch sehr unschön und auch wenig effektiv, da das Kabel immer wieder verrutschen kann, speziell, wenn die beiden Meßpunkte weiter auseinanderliegen.

Ein gute Lösung bieten hier sogenannte *Krokoklemmen*. Diese können an die beiden freien Enden der Meßkabel angebracht werden. Diese Klemmen quetschen Sie an einem abisolierten Stück Kabel zusammen bzw. löten es dort an. Eine Kombination von beidem ist hier das Beste.

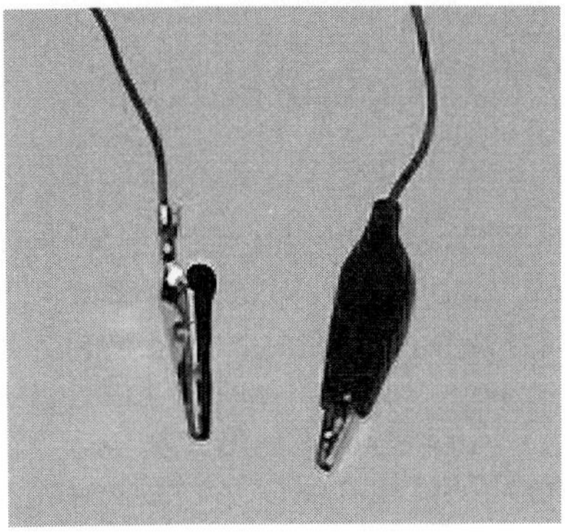

Meßleitungen mit Krokoklemmen

Sobald die Krokoklemmen angebracht sind, können diese an den Meßpunkten ähnlich wie eine Wäscheklammer angeklemmt werden.

11.5 Die Software der Schaltung

Auch zu dieser Schaltung finden Sie eine Software auf der CD-ROM im Buch. Im Verzeichnis *Kap_11/Windows* befinden sich die beiden Unterverzeichnisse mit dem installierbaren Programm bzw. mit den Source-Dateien für Visual Basic.

Die Installation starten Sie mit *Setup.exe*. Die weiteren Abläufe kennen Sie schon.

Sobald Sie die Software installiert haben, können Sie sie starten.

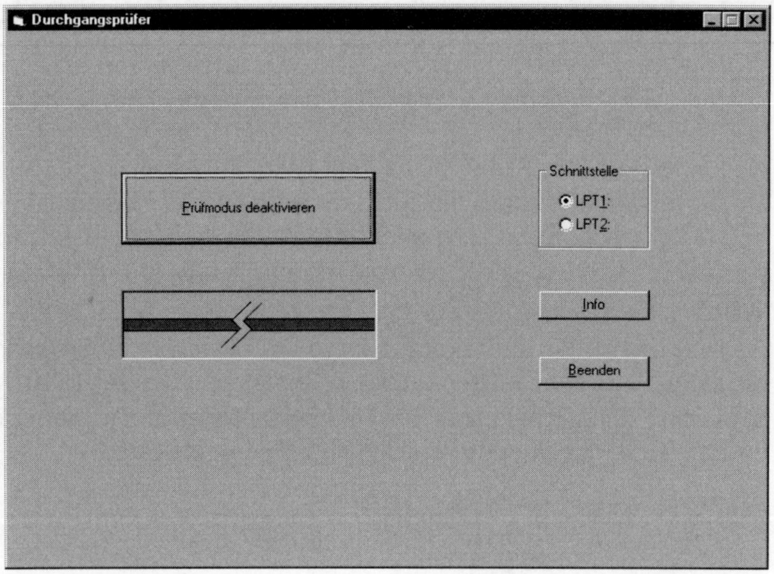

Die Software im Prüfmodus

Die Software übernimmt nach dem Start nicht automatisch die Prüffunktion. Erst wenn Sie die Schaltfläche *Prüfmodus aktivieren* anklicken, kontrolliert sie permanent den Zustand zwischen den beiden Meßkabeln. Sobald dort eine elektrische Verbindung zwischen den beiden Kabeln existiert, wird dies optisch angezeigt. Zudem wird ein akustisches Signal ausgegeben, so daß Sie das Ergebnis Ihrer Messung auch erkennen können, ohne auf den Monitor schauen zu müssen.

Entfernen Sie die Kabel von den Meßpunkten, geht die Software wieder in den Prüfzustand. Sobald Sie ein weiteres Mal auf die Schaltfläche klicken, die nun *Prüfmodus deaktivieren* heißt, wird die Kontrollfunktion der Software wieder ausgeschaltet.

Ob die Software in Verbindung mit der Schaltung ordnungsgemäß funktioniert, können Sie leicht testen, indem Sie die beiden Enden der Meßkabel aneinanderhalten. Daraufhin muß die Software sofort das optische bzw. akustische Signal ausgeben.

Sollten Sie die Schaltung an einer zweiten parallelen Schnittstelle (LPT2) betreiben, müssen Sie dies der Software durch die Aktivierung der entsprechenden Option mitteilen.

11.6 Der Einsatz der Schaltung

Haben Sie die Schaltung aufgebaut und die Software installiert, dann nehmen Sie die Schaltung wie nachfolgend beschrieben in Betrieb.

1. Stecken Sie als erstes die Schaltung auf die Grundschaltung aus Kapitel 9. Verbinden Sie diese anschließend mit der parallelen Schnittstelle des Computers. Versorgen Sie die Schaltung über das externe Netzteil mit Spannung.
2. Anschließend starten Sie die Software.
3. Ob die Schaltung ordnungsgemäß funktioniert, testen Sie anschließend, indem Sie die beiden Kabelenden aneinanderhalten. Das Ergebnis ist daraufhin zu sehen bzw. zu hören.
4. Wenn Sie nun eine Verbindung testen wollen, stecken Sie ein Kabelende an einen der Meßpunkte. Anschließend halten Sie das andere Kabel an den anderen Meßpunkt. Sollte eine elektrische Verbindung zwischen den beiden Meßpunkten vorhanden sein, erscheinen die angesprochenen Signale.

A

▶ Führen Sie niemals Messungen an Leitungen durch, die unter Spannung stehen, z. B. zwischen den beiden Kontakten einer Steckdose. Zum einen könnte dies zu Gesundheitsschäden führen, wenn Sie mit diesen Leitungen in Berührung kommen. Zum anderen kann dadurch auch die Schaltung zerstört werden.

12. Der elektronische Würfel

Sie kennen Würfel sicherlich von vielen Gesellschaftsspielen. Die Schaltung dieses Kapitels setzt die Funktion eines Würfels elektronisch um. In Verbindung mit einer Software können Sie einen Würfel simulieren, wobei Sie das Ergebnis mittels Leuchtdioden auf der Schaltung ausgegeben bekommen.

Die Schaltung wird auf einer halben Lochraster-Europaplatine aufgebaut und benötigt die Grundschaltung aus Kapitel 9. Es werden für die Schaltung keine besonderen Bauelemente benötigt.

12.1 Die Funktion der Schaltung

Die Schaltung funktioniert recht einfach. Sie drücken nach dem Start der Software mit der Maus auf eine Schaltfläche, so daß der „Wurf" des Würfels ausgelöst wird. Das Ergebnis des Wurfs wird dann über die Schaltung ausgegeben.

Die Leuchtdioden sind auf der Schaltung so angeordnet wie bei einem richtigen Würfel, so daß Sie das Ergebnis des Wurfs leicht ablesen können.

12.2 Der Aufbau der Schaltung

Legen Sie für den Aufbau eine halbierte Lochraster-Europaplatine bereit. Sie benötigen außerdem noch sieben Leuchtdioden und eine 21polige Stiftleiste.

Die Bauteile löten Sie wie auf dem nachfolgenden Bauteillageplan vorgegeben auf die Platine auf.

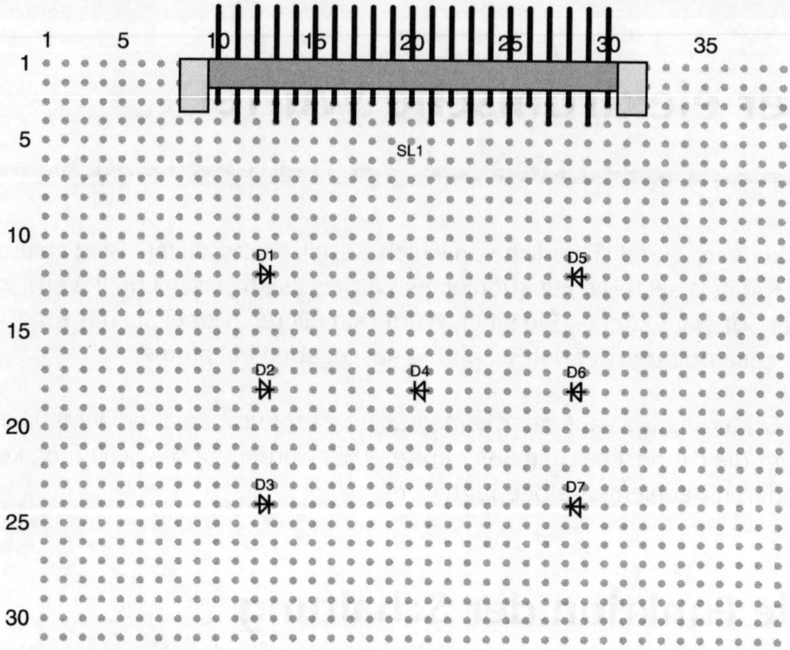

Die Lage der Bauteile auf der Platine

Der Aufbau der Schaltung ist schnell erledigt, wobei Sie bei den Leuchtdioden auf die Polarität achten müssen; sie hat bei den einzelnen Leuchtdioden nicht immer die gleiche Richtung. Nachfolgend erhalten Sie der Vollständigkeit halber noch die Stückliste zur Schaltung.

Die Stückliste

Kennzeichnung	Bezeichnung	Bauteilart
LED1 - LED7	Leuchtdiode 5 mm, grün	Leuchtdiode
SL1	Stiftleiste 21polig	Steckerleiste

12.3 Die Leiterbahnseite der Platine

Auch diese Schaltung benötigt nur wenige Verbindungen auf der Leiterbahnseite der Platine. Stellen Sie entsprechend der nachfolgenden Zeichnung die notwendigen Verbindungen her.

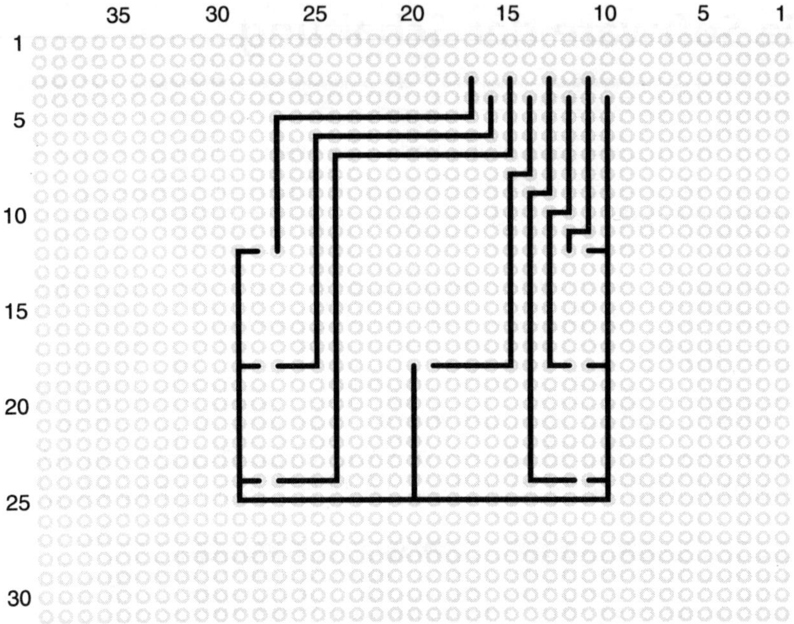

Die Leiterbahnen der Schaltung

Haben Sie alle Bauelemente und die Leiterbahnen aufgelötet, hat die fertige Schaltung nachfolgendes Aussehen.

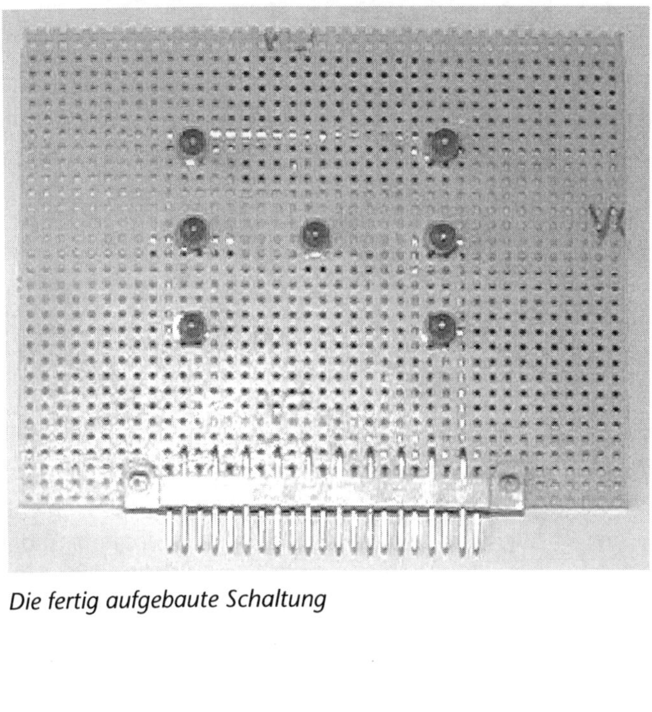

Die fertig aufgebaute Schaltung

12.4 Die Software der Schaltung

Die Software zu dieser Schaltung finden Sie, wie schon von den vorherigen Kapiteln gewohnt, in einem eigenen Ordner vor. Dieser ist entsprechend dem Kapitel mit *Kap_12* bezeichnet.

Auch hier finden Sie innerhalb des Unterordners *Windows* die beiden Ordner *Install* und *Source* vor. Die darin enthaltenen Dateien müssen hier nicht besonders erläutert werden.

Die Installation erfolgt auch hier über die Datei *Setup.exe*. Nach der Installation können Sie die Software starten. Das nach dem Start erscheinende Fenster enthält nicht viele Elemente, so daß die Funktionen leicht nachzuvollziehen sind.

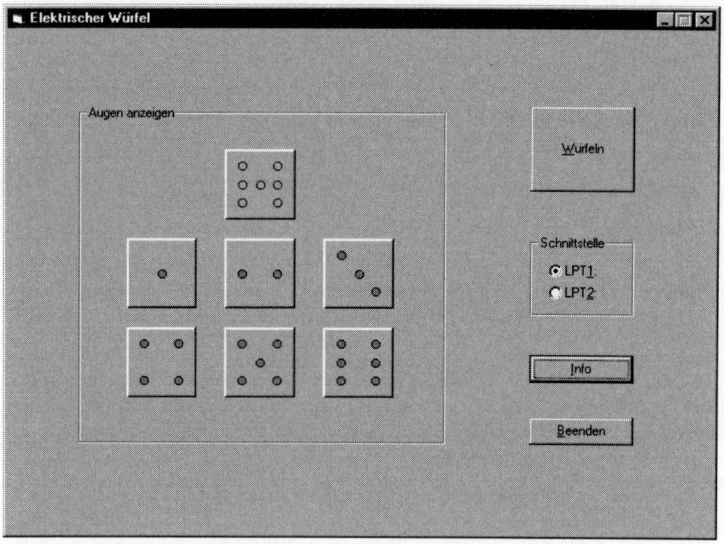

Die Software im Einsatz

Im rechten Bereich des Fensters sehen Sie die Möglichkeit, die Schnittstelle zu bestimmen, an der die Schaltung angeschlossen ist.

Um einen Wurf des Würfels durchzuführen, klicken Sie auf die Schaltfläche *Würfeln*. Die Software berechnet daraufhin das Ergebnis des Wurfs. Eine entsprechende Ausgabe erfolgt dann über die Schaltung, so daß Sie anhand der erleuchteten Leuchtdioden das Ergebnis ablesen können. Bei der Ausgabe werden während der Berechnung, also des Würfelns, zuerst alle Leuchtdioden ein- und anschließend ausgeschaltet. Erst danach folgt die Anzeige der „gewürfelten" Augen.

Möchten Sie eine bestimmte Augenzahl auf dem Würfel darstellen, können Sie dies mit den Schaltflächen innerhalb des Bereichs *Augen anzeigen* erreichen. Je nachdem, welche Schaltfläche Sie hier anklicken, wird die entsprechende Information an die Schaltung übertragen und sofort dargestellt.

12.5 Der Einsatz der Schaltung

Um den Würfel in Betrieb zu nehmen, sind nur wenige Schritte erforderlich.

1. Stecken Sie die Würfel-Schaltung auf die Grundschaltung und versorgen Sie diese mit der notwendigen Betriebsspannung. Achten Sie dabei auf die Polarität der Versorgungsspannung.
2. Schließen Sie die Schaltung mit einem Druckerkabel an die parallele Schnittstelle Ihres Computers an.
3. Starten Sie anschließend die Software. Der elektronische Würfel ist daraufhin einsatzbereit.
4. Klicken Sie auf die Schaltfläche *Würfeln*, um einen Wurf durchzuführen. Das Ergebnis wird Ihnen über die Schaltung ausgegeben.

13. Das elektronische Thermometer

Die in diesem Kapitel angesprochene Schaltung behandelt das Thema *Temperaturmessung*. Über einen Temperatursensor soll die Schaltung die aktuelle Temperatur an dem Ort messen, an dem sich der Sensor befindet. Über die zu erstellende Schaltung wird der Wert an die auf dem Computer laufende Software übermittelt, welche den Wert der Temperatur darstellt.

Auf diese Weise können Sie mit der Schaltung z. B. die Zimmertemperatur oder die Außentemperatur messen. Da die Software jeweils sowohl den höchsten als auch den niedrigsten gemessenen Wert speichert, können Sie die Maximalwerte über einen bestimmten Zeitraum erkennen.

Die Schaltung wird auf einer halben Europa-Lochrasterplatine aufgebaut und wird an der parallelen Schnittstelle Ihres Computers angeschlossen.

13.1 Die Funktion der Schaltung

Die Temperatur wird in dieser Schaltung über einen temperaturempfindlichen Widerstand gemessen. Damit der Sensor an beliebigen Stellen plaziert werden kann, wird er nicht direkt auf die Platine gelötet, sondern über ein Kabel mit der Schaltung verbunden.

Der Wert des Temperatursensors wird in der Schaltung mittels eines *A/D-Wandlers* in eine Zahl umgewandelt, die dann über die parallele Schnittstelle an den Computer übermittelt wird. Die Software wertet diese Zahl aus und ermittelt die entsprechende Temperatur.

Ein A/D-Wandler ist ein Bauelement, das ein analoges Signal in einen digitalen Wert umwandelt. Deshalb auch die Bezeichnung A(nalog)/D(igital)-Wandler.

Damit die Schaltung ihre Funktion ordnungsgemäß erledigen kann, ist eine externe Spannungsversorgung notwendig. Es muß daher das schon bekannte Netzteil auch in Verbindung mit dieser Schaltung eingesetzt werden.

13.2 Der Aufbau der Schaltung

Die Schaltung enthält nicht viele Bauteile und kann somit leicht auf einer halben Europa-Lochrasterplatine aufgebaut werden. Zudem benötigen Sie ein flexibles zweiadriges Kabel, um den Temperatursensor dorthin verlegen zu können, wo Sie die Temperatur messen wollen. Auch diese Schaltung benötigt die Verbindung zum Druckerkabel. Es ist also erforderlich, daβ Sie das Flachbandkabel mit dem bekannten Centronics-Stecker für diese Schaltung bereitlegen. Haben Sie die halbe Europa-Lochrasterplatine angefertigt, löten Sie die Bauteile entsprechend der nachfolgenden Zeichnung auf diese auf.

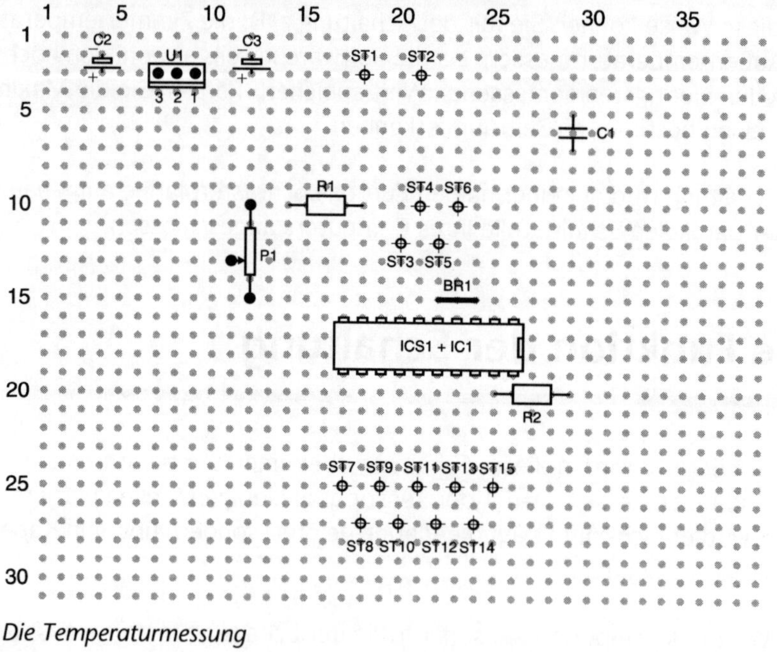

Die Temperaturmessung

Die nachfolgende Stückliste gibt Ihnen an, um welche Bauteile es sich im einzelnen handelt.

Die Stückliste

Kennzeichnung	Bezeichnung	Bauteilart
BR1	Leiterbahnbrücke	Schaltdraht
R1	6,2 kΩ	Widerstand
R2	10 kΩ	Widerstand
P1	2 kΩ	Spindel-Potentiometer
C1	150 pF	Kondensator
C2,3	22 µF	Kondensator (Elko)

IC1	ADC0804	A/D-Wandler
ICS1	20poliger IC-Sockel	IC-Sockel
U1	7805	Spannungsregler
ST1 - ST15	Pfosten	Steckverbindung

Die Schaltung aufbauen

Beachten Sie, daß das verwendete Potentiometer mittels eines Spindelantriebs eingestellt werden kann. Dies ist wichtig, da Sie ein „normales" Potentiometer nicht exakt genug einstellen können.

Beim Aufbau der Schaltung sind keine Besonderheiten zu beachten. Alle Bauteile können ohne Probleme entsprechend der Schaltungszeichnung aufgelötet werden.

13.3 Die Leiterbahnseite der Platine

Die erforderlichen Verbindungen der einzelnen Bauteile entnehmen Sie dem nachfolgenden Leiterbahnplan.

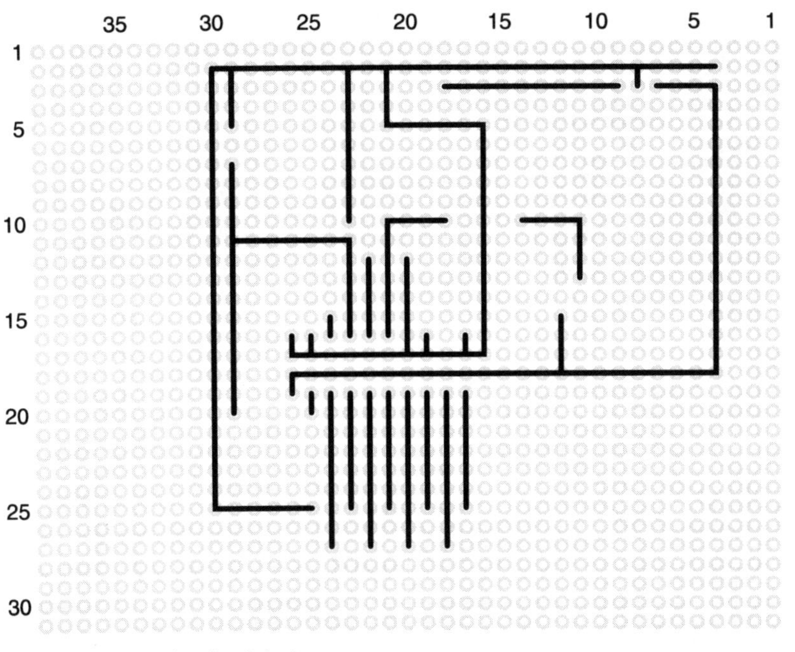

Die Leiterbahnseite der Schaltung

Da auf der Platine gebräuchliche Bauteile benutzt werden, ist bei der Erstellung der Verbindungen die normale Vorgehensweise zu berücksichtigen.

13.4 Ergänzende Arbeiten an der Schaltung

Haben Sie die Platine entsprechend den Vorgaben aufgebaut, sind noch einige zusätzliche Arbeiten notwendig, damit die Schaltung funktioniert. Als erstes muß die Schaltung mit einer zusätzlichen Spannung versorgt werden. Hierfür benutzen Sie das in den vorherigen Schaltungen angesprochene Netzteil. Über das vorhandene Adapterkabel können Sie die Schaltung mit einer 9-V-Zusatzspannung versorgen.

1. Stecken Sie für die zusätzliche Spannungsversorgung die beiden Pfostenstecker auf die Pfosten ST1 und ST2. Beachten Sie, daß die Plus-Leitung auf ST1 und die Masse-Leitung auf ST2 aufgesteckt wird. Die 9 Volt werden mit Hilfe des auf der Platine vorhandenen Spannungsreglers auf die erforderlichen 5 Volt reduziert. Haben Sie die Verbindung hergestellt, stecken Sie das Netzteil noch nicht in die Steckdose, da noch weitere Vorbereitungen erforderlich sind.

   Als nächstes müssen Sie die notwendigen Verbindungen von der Schaltung zum Centronics-Stecker herstellen.

2. Damit der Computer die Werte von der Schaltung übernehmen kann, ist es erforderlich, daß das Flachbandkabel des Centronics-Steckers mit den Pfosten der Schaltung verbunden wird. Welche Leitung des Kabels mit welchem Pfosten verbunden wird, entnehmen Sie der nachfolgenden Tabelle.

ST7	Leitung 21
ST8	Leitung 19
ST9	Leitung 23
ST10	Leitung 25
ST11	Leitung 28
ST12	Leitung 1
ST13	Leitung 26
ST14	Leitung 36
ST15	Leitung 2

Bevor Sie sich dem Temperatursensor zuwenden, schließen Sie zwischen den Pfosten ST5 und ST6 einen einfachen Taster an. Bei dem Taster muß es sich um einen Schließer handeln, d. h., wenn Sie den Taster drücken, muß der Kontakt geschlossen werden. Dieser Taster ist erforderlich, damit die Schaltung einen Startimpuls bekommt.

Um den Taster anzuschließen, legen Sie ein Stück zweiadrige Litze von ca. 10 cm Länge bereit und löten an einem Ende an beiden Leitungen einen Pfostenstecker an. Am anderen Ende verbinden Sie die beiden Leitungen mit den Schließkontakten des Tasters. Abschließend müssen Sie lediglich die beiden Pfostenstecker auf die Pfosten ST5 und ST6 aufstecken. Die Polarität spielt hier keine Rolle. Zu guter Letzt muß noch der Temperatursensor vom Typ KTY 10-6 mit der Schaltung verbunden werden. Dazu führen Sie die nachfolgenden Schritte aus.

1. Legen Sie ein zweiadriges Kabel (normale Litze) in der Länge zurecht, die Sie benötigen, um eine Verbindung von dem Platz des Sensors bis hin zur Schaltung herzustellen. Möchten Sie z. B. die Außentemperatur vor Ihrem Fenster messen, benötigen Sie ein Kabel, das von dort bis zu Ihrem Computer reicht.
2. An dem einen Ende des Kabels löten Sie jeweils einen Pfostenstecker an und stecken diese auf die Pfosten ST3 und ST4 der Schaltung. Welches Kabel Sie auf welchen Pfosten stecken, spielt hierbei keine Rolle, da keine Polarität vorhanden ist.
3. An dem anderen Ende des Kabels löten Sie ebenfalls jeweils einen Pfostenstecker an. Diese dienen dazu, den Temperaturwiderstand aufzunehmen. Warum dies über die Stecker erfolgt, soll hier kurz angesprochen und weiter unten bei der Inbetriebnahme der Schaltung ausführlich behandelt werden. Über die Stecker wird eine Verbindung geschaffen, die bei Bedarf gelöst werden kann. Eine lösbare Verbindung ist hier erforderlich, da die Schaltung bei der Inbetriebnahme einmal eingestellt werden muß, um anschließend genaue Temperaturangaben zu erhalten.
4. Haben Sie die Stecker angelötet, stecken Sie jeweils ein Beinchen des Temperaturwiderstands in einen Stecker. Auch hier ist die Reihenfolge unerheblich. Sorgen Sie dafür, daß die beiden Beinchen nicht aneinandergeraten. Dies können Sie leicht dadurch erreichen, daß Sie die Stecker mit einem Klebeband umwickeln.

Nachdem Sie die oben aufgeführten Arbeiten erledigt haben, ist die Schaltung für den ersten Einsatz gerüstet.

Die einsatzbereite Schaltung

13.5 Die Software der Schaltung

Bevor die Schaltung, wie schon angesprochen, eingestellt werden kann, ist es erforderlich, die zugehörige Software zu installieren. Die Software befindet sich auf der CD im Buch im Verzeichnis *Kap_13/Windows*. Auch hierzu finden Sie die Source-Dateien in dem entsprechenden Unterverzeichnis.

Installieren Sie die Software über das Setup-Programm und starten Sie die Software anschließend.

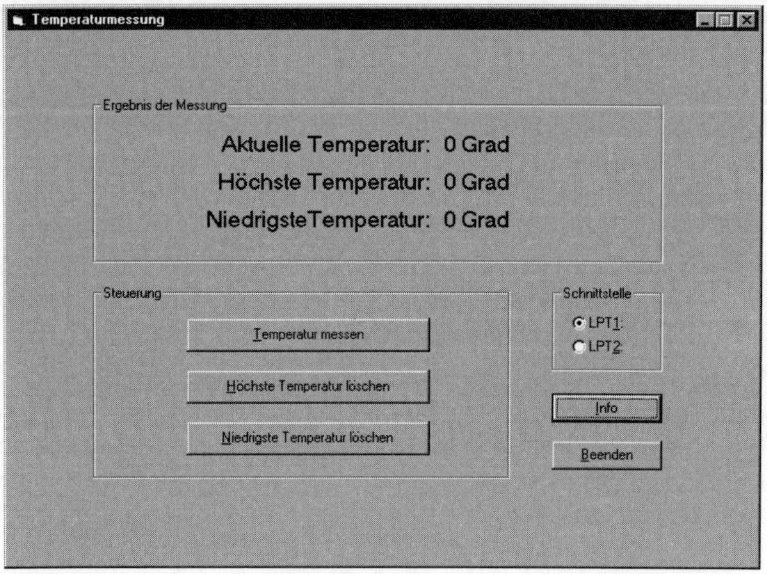

Die Software für die Temperaturmessung

Damit Sie die aktuellen Werte der Messung auf dem Bildschirm ausgegeben bekommen, klicken Sie auf die Schaltfläche *Temperatur messen*. Anschließend liest die Software dann in kurzen, regelmäßigen Intervallen den jeweils aktuellen Wert ein. Dieser wird dann ausgegeben, so daß Sie immer die aktuelle Temperatur am Sensor erhalten.

Zudem merkt sich die Software den jeweils höchsten sowie niedrigsten gemessenen Wert. Diese werden ebenfalls ausgegeben, sind allerdings über die Reset-Schaltflächen wieder auf Null zurückzustellen, so daß Sie jederzeit die erneuten Maximalwerte ermitteln können.

Da die Schaltung noch nicht eingestellt ist, wird der Wert nach dem ersten Start nicht korrekt sein. Sie müssen die Schaltung erst abgleichen, wie es in der Fachsprache heißt.

13.6 Der Einsatz der Schaltung

Die erforderlichen Arbeiten für den Einsatz der Schaltung haben Sie durchgeführt. Gehen Sie wie nachfolgend beschrieben vor, um die Schaltung in Betrieb zu nehmen.

1. Stecken Sie das Druckerkabel in den Centronics-Stecker, so daß die Verbindung zum Computer hergestellt ist.
2. Verbinden Sie die Zusatzspannung mit der Schaltung, sollte diese noch nicht bestehen, und schalten Sie das Netzteil an.
3. Stellen Sie sicher, daß der Sensor über das Kabel mit der Schaltung verbunden ist.
4. Drücken Sie den Taster, so daß die Schaltung den Startimpuls erhält.
5. Starten Sie die Software.
6. Um die Schaltung abzugleichen, müssen Sie nun folgendes durchführen. Ziehen Sie den Sensor aus den Steckern des Kabels heraus, und stecken Sie dort anstelle des Sensors einen 2-kΩ-Widerstand ein. Anschließend schauen Sie sich den aktuellen Temperaturwert auf dem Monitor an. Liegt dieser bei ungefähr 25° Celsius, ist die Schaltung richtig eingestellt. Dies dürfte allerdings nur sehr selten der Fall sein.
   Sind die 25° nicht vorhanden, drehen Sie mit einem kleinen Schraubendreher die Spindel des Potentiometers in eine beliebige Richtung. Nähert sich der Wert den 25°, drehen Sie so lange weiter in diese Richtung, bis der Wert ungefähr erreicht ist. Entfernen Sie sich von dem Wert, drehen Sie die Spindel in die andere Richtung, solange, bis der Wert ungefähr erreicht ist.
7. Ist der Wert eingestellt, entfernen Sie den Widerstand und setzen wieder den Temperatursensor ein. Die Schaltung ist damit abgeglichen. Da der Temperatursensor bei 25° Celsius einen Widerstandswert von 2 kΩ hat, sind die nun übertragenen Werte richtig.

Sie können nun den Sensor dort anbringen, wo Sie die Temperatur messen wollen.

H

▶ Da die Schaltung mittels preiswerter Bauelemente realisiert wurde, sind die Meßergebnisse immer mit Vorsicht zu genießen. So hat der A/D-Wandler eine sehr geringe Auflösung. Daraus resultiert, daß die Ergebniswerte nicht sehr exakt werden. Es kommt hinzu, daß bei einem Meßbereich von ca. -50° bis ca. +150° große Meßsprünge durchzuführen sind. Die Schaltung ist nicht in der Lage, einzelne Gradsprünge zu messen. Der Unterschied zwischen zwei Meßwerten beträgt hier mindestens 3,3°. Feine Messungen können Sie hier also nicht vornehmen. Berücksichtigen Sie dies immer, wenn Sie Messungen durchführen.

14. Die elektronische Waage

Die Schaltung dieses Kapitels befaßt sich, wie Sie aus der Überschrift entnehmen können, mit dem Wiegen. Dabei wird mittels eines druckempfindlichen elektronischen Bauteils, in Verbindung mit den anderen Schaltungselementen, das Gewicht eines Gegenstands innerhalb eines gewissen Gewichtsbereichs ermittelt. Der von der Schaltung ermittelte Wert wird dann an den Computer übertragen, wo eine Software die übertragenen Daten auswertet und Ihnen das entsprechende Gewicht anzeigt. Die gesamte Schaltung kann auf einer halben Europa-Lochrasterplatine erstellt werden. Diese ist so konzipiert, daß die Datenübermittlung an den Computer über die parallele Schnittstelle erfolgt.

14.1 Die Funktion der Schaltung

Das zu messende Gewicht wird in dieser Schaltung über einen druckempfindlichen Widerstand ermittelt. Da der Drucksensor nicht direkt auf die Platine gelötet, sondern über ein Kabel mit der Schaltung verbunden wird, steht Ihnen die Möglichkeit offen, die Gewichtsmessung flexibel und nicht ortsgebunden vorzunehmen. Innerhalb der Schaltung wird der von dem Drucksensor ermittelte analoge Wert mittels eines A/D-Wandlers in eine für den Computer verständliche Zahl umgewandelt, die dann über die parallele Schnittstelle an diesen übertragen wird. Die Software wertet diese Zahl aus und errechnet daraus das entsprechende Gewicht. Die Funktionsweise eines A/D-Wandlers wurde bereits in Kapitel 13 angesprochen, so daß Sie dort nachlesen können, falls Sie noch Fragen bezüglich dieses Bauteils haben. Die Schaltung arbeitet in Verbindung mit einer externen Spannungsversorgung. Halten Sie nach dem Aufbau der Platine das schon bekannte Netzteil bereit.

14.2 Der Aufbau der Schaltung

Die Funktion der Schaltung kann mit wenigen Bauteilen realisiert und somit auf einer halben Europa-Lochrasterplatine untergebracht werden. Damit Sie den Ort der Gewichtsmessung variieren können, benötigen Sie ein flexibles zweiadriges Kabel, an dem der Drucksensor angebracht wird.

Wie die Schaltung aus Kapitel 13 benötigt auch diese Schaltung das Flachbandkabel mit dem Centronics-Stecker, denn auch diese Schaltung wird ihre Daten über die parallele Schnittstelle an den Computer übertragen. Legen Sie das Kabel für diesen Einsatz bereit. Entnehmen Sie die Lage der Bauteile der nachfolgende Zeichnung, und löten Sie sie auf die halbierte Platine.

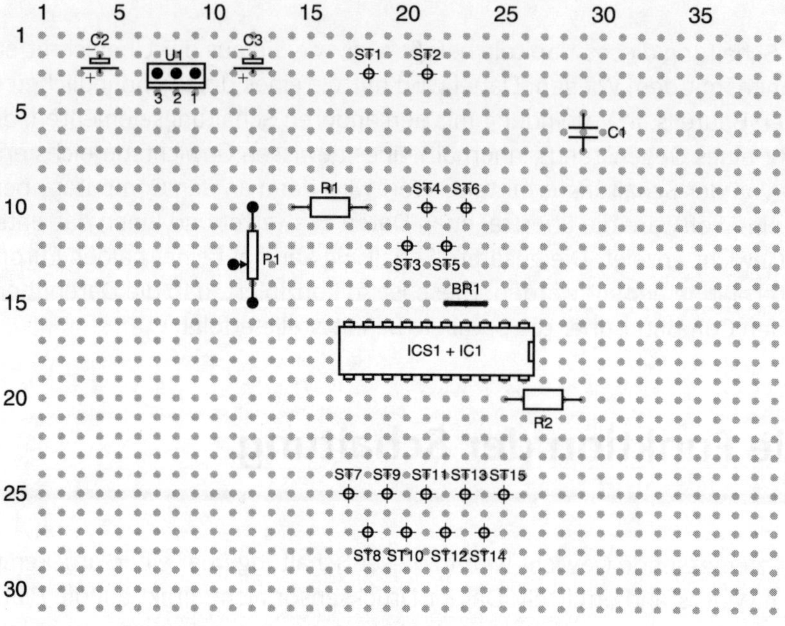

Die Gewichtsmessung

Anhand der Stückliste können Sie feststellen, um welche Bauteile es sich in der abgedruckten Zeichnung handelt.

Die Stückliste

Kennzeichnung	Bezeichnung	Bauteilart
BR1	Leiterbahnbrücke	Schaltdraht
R1	100 kΩ	Widerstand
R2	10 kΩ	Widerstand
P1	47 kΩ	Spindel-Potentiometer
C1	150 pF	Kondensator
C2,3	22 µF	Kondensator (Elko)
IC1	ADC0804	A/D-Wandler
ICS1	20poliger IC-Sockel	IC-Sockel
U1	7805	Spannungsregler
ST1 - ST15	Pfosten	Steckverbindung
externer Anschluß	FSR 151	Drucksensor

Die Schaltung aufbauen

Bei dem in dieser Schaltung verwendeten Potentiometer handelt es sich wieder um eines mit einem Spindelantrieb. Nur durch diese Art der Einstellmöglichkeit ist gewährleistet, daß der erforderliche Abgleich genauestens vorgenommen werden kann.

14.3 Die Leiterbahnseite der Platine

Durch das Aufbringen der Leiterbahnen auf der Rückseite der Platine wird diese fertiggestellt. Entnehmen Sie die Wege der Leiterbahnen der nachfolgenden Abbildung.

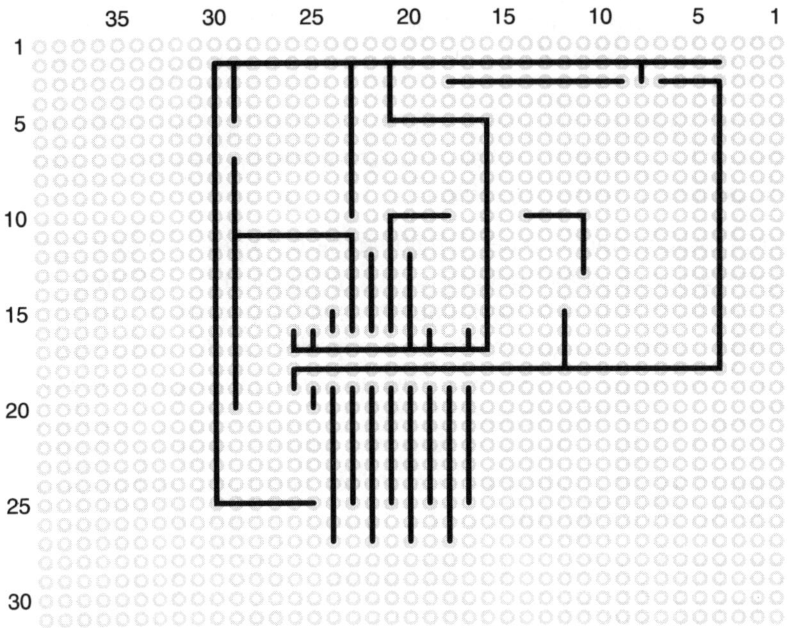

Die Leiterbahnseite der elektronischen Waage

Löten Sie die Leiterbahnen vorsichtig auf. Da in dieser Schaltung keine ungewöhnlichen Bauteile verwendet werden, sollten die Lötarbeiten keine Schwierigkeiten hervorrufen.

14.4 Ergänzende Arbeiten an der Schaltung

Die fertig aufgebaute Platine kann ihre Arbeit nicht ohne den Drucksensor verrichten. Deshalb wird dieser nun mit der Schaltung verbunden.

Doch bevor dies geschieht, muß die Schaltung mit einer zusätzlichen Spannung versorgt werden. Hierfür benutzen Sie das in den vorherigen Schaltungen angesprochene Netzteil. Benutzen Sie das bekannte Adapterkabel, um die Schaltung mit einer 9-V-Zusatzspannung zu versorgen.

Die zusätzliche Spannungsversorgung wird an die beiden Pfosten ST1 und ST2 angelegt. Stecken Sie die Plus-Leitung auf ST1 und die Masse-Leitung auf ST2. Haben Sie diese Arbeit erledigt, kann die Schaltung mit der externen Versorgungsspannung versorgt werden. Doch dies ist jetzt noch nicht notwendig, da noch weitere Vorbereitungen erforderlich sind. Warten Sie mit dem Einstecken des Netzsteckers noch ab.

Neben der Zusatzspannung müssen Sie auch das Flachbandkabel mit dem Centronics-Stecker an die Schaltungsplatine anschließen. Sie müssen dabei die nachfolgenden Vorgaben beachten:

Es wird für die Verbindung der Schaltung mit der parallelen Schnittstelle des Computers das gleiche Kabel verwendet wie in Kapitel 13. Sollten Sie diese Schaltung noch nicht aufgebaut haben, lesen Sie dort nach, wie Sie das Verbindungskabel erstellen müssen. Es ist wichtig, daß Sie das Kabel exakt nach den Vorgaben anfertigen, da ansonsten die einzelnen Leitungen nicht mit den richtigen Pfosten verbunden werden.

Entnehmen Sie die Zuordnung der einzelnen Leitungen des Kabels zu den Pfosten der nachfolgenden Tabelle.

ST7	Leitung 21
ST8	Leitung 19
ST9	Leitung 23
ST10	Leitung 25
ST11	Leitung 28
ST12	Leitung 1
ST13	Leitung 26
ST14	Leitung 36
ST15	Leitung 2

Auch bei dieser Schaltung müssen Sie wie bei der Schaltung aus Kapitel 13 einen Taster an die Pfosten ST5 und ST6 anbringen. Wiederum liefert dieser Taster das Startsignal für die Schaltung. Entnehmen Sie die Arbeitsschritte für den Aufbau des Kabels aus Kapitel 13. Auch das Anschließen erfolgt auf die gleiche Art und Weise.

Haben Sie die bisherigen Arbeiten durchgeführt, fehlt noch der Drucksensor. Ohne dieses Bauelement ist die Schaltung nicht in der Lage, Gewichte zu messen.

Bei dem Drucksensor handelt es sich um ein Bauteil mit der Bezeichnung FSR 151. Es hat das Aussehen eines flachgedrückten Löffels.

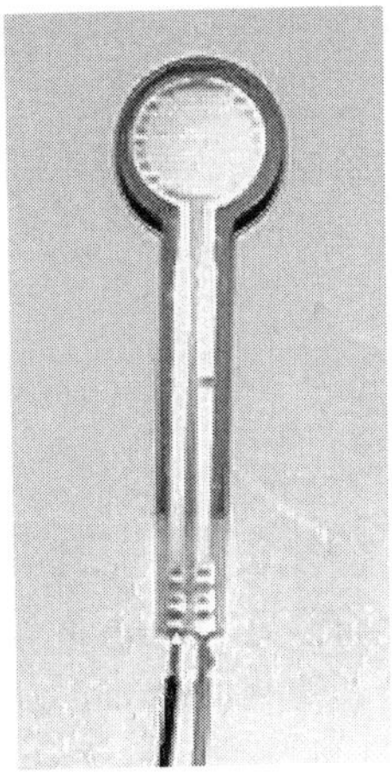

Der Drucksensor FSR 151

Das tellerförmige Ende stellt den druckempfindlichen Bereich des Bauteils dar. Dort wird das zu messende Gewicht aufgebracht. Am anderen Ende befinden sich zwei kleine Stifte, an die die Meßleitung angelötet wird.

Folgen Sie den nachfolgenden Anweisungen, um den Drucksensor mit der Schaltung zu verbinden.

1. Sie benötigen als erstes ein zweiadriges Kabel (normale Litze) mit einer Länge, die es Ihnen ermöglicht, eine Verbindung von der Meßstelle bis zur Schaltung herzustellen.
2. Das Kabel ist mit wenigen Arbeitsschritten für den Einsatz vorzubereiten. An einem Ende des Kabels löten Sie jeweils einen Pfostenstecker an und stecken diese auf die Pfosten ST3 und ST4 der Schaltung. Sie können hier die Zuordnung frei wählen, da der Sensor keine Polarität besitzt.
3. Das andere Ende des Kabels isolieren Sie so ab, daß Sie dort einen Widerstand bzw. den Drucksensor anlöten können. Löten Sie aber weder den einen noch den anderen dort an.

Nachdem Sie die oben aufgeführten Arbeiten erledigt haben, ist die Schaltung so weit vorbereitet, daß die erste Inbetriebnahme und der Abgleich erfolgen können.

Die einsatzbereite Schaltung

Weitere Vorbereitungen

Sie haben die Schaltung bis hierhin so weit fertiggestellt, daß diese ihre Aufgabe erledigen kann. Es fehlt allerdings noch etwas, um eine Gewichtsmessung vernünftig vornehmen zu können.

Sie haben erfahren, daß der Drucksensor einen runden Bereich enthält, auf den das zu messende Gewicht aufgelegt werden muß. Dieser Bereich hat einen Durchmesser von ca. 18,5 mm. Nun können Sie sich vorstellen, daß dort der zu messende Gegenstand nur schwer aufgelegt werden kann. Sie müssen sich also zuvor eine Vorrichtung bauen, die es Ihnen einerseits ermöglicht, einen beliebigen Gegenstand gut auflegen zu können und andererseits das Gewicht auf den angesprochenen Bereich des Drucksensors überträgt.

Es sollte wenn möglich eine Art Teller sein, auf dem Sie die zu messenden Gegenstände ablegen können und auf dessen Unterseite ein Zylinder von ca. 2 cm Durchmesser mit einer geringen Höhe angebracht ist.

Beachten Sie bei der Erstellung des „Tellers", daß dieser eine Führung erhält, so daß er nicht immer umkippt, sobald Sie etwas nicht genau in die Mitte der Ablagefläche legen.

Des weiteren sollten Sie beachten, daß der Teller nicht zu schwer ist, da Ihnen lediglich ein Gesamtmeßbereich von 10 g bis 10 kg zur Verfügung steht. Wiegt der Teller bereits 5 kg, können Sie nur noch ein Gewicht bis zu 5 kg messen.

14.5 Die Software der Schaltung

Wie Sie bereits erfahren haben, wird das Meßergebnis der Schaltung über eine Software auf dem Computer ausgewertet. Diese Software befindet sich auf der CD-ROM im Buch im Verzeichnis *Kap_14/Windows/Install*. Die Installation führen Sie über die Datei *Setup.exe* wie gewohnt durch. Die Source-Dateien zu der Software finden Sie in einem entsprechenden Unterverzeichnis.

Installieren Sie die Software und starten Sie sie anschließend.

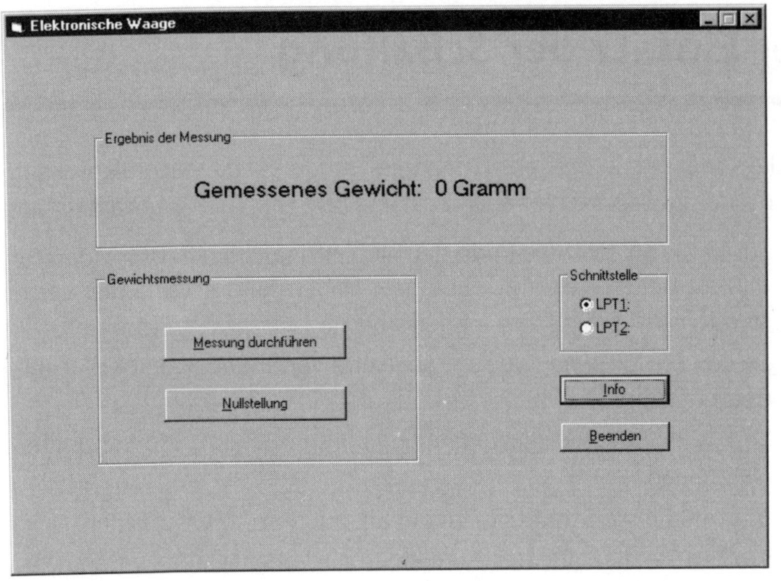

Das Programm zum Wiegen

Die Software besitzt einige Schaltflächen und Optionen, die Ihnen für den Einsatz zur Verfügung stehen. Die bekannte Option für die von Ihnen verwendete Schnittstelle LPT1 bzw. LPT2 werden Sie schon kennen. Aktivieren Sie hier die entsprechende Option, damit die Software auch die richtige Schnittstelle berücksichtigt.

Die Schaltfläche *Nullstellung* dient Ihnen zum Berücksichtigen des oben angesprochenen Meßtellers. Sobald Sie den Abgleich der Schaltung wie weiter unten angegeben durchgeführt haben, können Sie mittels dieser Schaltfläche das Gewicht des Meßtellers praktisch ausschalten. Dazu legen Sie den Meßteller auf den Drucksensor und klicken die Schaltfläche an. Die Software registriert dann das Gewicht des Meßtellers und berücksichtigt dieses bei den anschließenden Messungen nicht mehr. Sie bekommen dann entsprechend auch die Gewichtsangabe des zu messenden Objekts mitgeteilt, ohne daß das Gewicht des Meßtellers in dieser Angabe enthalten ist.

Über die Schaltfläche *Messung durchführen* können Sie eine einmalige Übertragung des Meßwertes der Schaltung in die Software bewirken. Sie legen also den zu messenden Gegenstand auf die Meßvorrichtung und klicken diese Schaltfläche an. Das Gewicht wird Ihnen daraufhin angezeigt. Die Anzeige bleibt dann bestehen und verändert sich auch nicht, wenn Sie das zu messende Gewicht wieder entfernen bzw. etwas hinzulegen.

Da die Schaltung bislang noch nicht eingestellt ist, wird der Wert nach dem ersten Start nicht korrekt sein. Sie müssen die Schaltung wie angesprochen erst abgleichen. Wie Sie dies durchführen, erfahren Sie im nächsten Unterkapitel.

14.6 Der Einsatz der Schaltung

Um die Schaltung in Betrieb zu nehmen, gehen Sie die nachfolgend aufgeführten Schritte durch. Es wird hier auch beschrieben, wie Sie die Schaltung abgleichen.

1. Löten Sie an das freie Ende der Meßleitung einen 2-MΩ-Widerstand an, so daß die beiden Leitungen über den Widerstand miteinander verbunden sind.
2. Stellen Sie mit dem Druckerkabel eine Verbindung von der Schaltung zum Computer her.
3. Verbinden Sie die Zusatzspannung mit der Schaltung und schalten Sie das Netzteil an.
4. Starten Sie die Schaltung, indem Sie auf den Taster drücken.
5. Starten Sie die Software. Stellen Sie die Schnittstellenoption richtig ein und klicken Sie auf die Schaltfläche *Messung durchführen*. Es wird Ihnen daraufhin ein Wert angezeigt.
6. Gleichen Sie die Schaltung ab, indem Sie nun an dem Spindelpotentiometer die kleine Schraube nach links bzw. nach rechts drehen. Nachdem Sie ein weiteres Mal auf die Schaltfläche geklickt haben, wird der angezeigte Wert innerhalb der Software entsprechend variieren.

   Stellen Sie das Potentiometer so ein, daß die Software einen Wert von ungefähr 10 kg anzeigt. Damit ist die Schaltung abgeglichen.
7. Ist der Wert eingestellt, entfernen Sie den Widerstand und löten an dessen Stelle den Drucksensor an die Meßleitung an. Die Schaltung ist dann einsatzbereit.
8. Legen Sie nun den Meßteller auf den Drucksensor und klicken Sie die Schaltfläche *Nullstellung* an. Damit hat die Software den Meßteller registriert, und Sie können mit den Gewichtsmessungen beginnen.

Sollten Sie feststellen, daß die Messungen nicht ganz korrekt sind, können Sie den Abgleich mittels eines exakten Gewichts durchführen. Dazu legen Sie das Gewicht auf den Drucksensor (ohne Meßteller) und drehen an dem Potentiometer, bis das entsprechende Gewicht von der Software angezeigt wird.

Die Schaltung kann allerdings keine Präzisionsmessung durchführen, da hier lediglich mit „normalen“ Bauelementen, die relativ hohe Toleranzwerte besitzen, gearbeitet wird. Für absolut korrekte Messungen müßten hier höherwertige Bauteile verwendet und ein komplizierterer und aufwendigerer Schaltungsaufbau eingesetzt werden, was letztendlich den Arbeits- und den finanziellen Aufwand enorm in die Höhe treiben würde.

H

- **Beachten Sie, daß bei den Messungen keine feinen Gewichtsunterschiede meßbar sind, da die Auflösung der Meßschaltung nicht sehr groß ist. Beachten Sie weiterhin, daß die Messungen in einigen Bereichen recht großen Toleranzen unterliegen, speziell in den Bereichen der Extremwerte von nahezu 10 kg bzw. in den sehr kleinen Bereichen von unter 1 kg.**

15. Die geregelte Lichtsteuerung

Mit der Schaltung aus diesem Kapitel können Sie auf Helligkeit reagieren. Sie überwacht die vorhandene Lichtmenge und stellt Ihnen die Möglichkeit zur Verfügung, über einen vorhandenen Kontakt entsprechend zu reagieren. So können Sie z. B. bei Erreichen einer bestimmten Dunkelheit eine Lampe einschalten lassen.

In Verbindung mit der parallelen Schnittstelle kann die Schaltung auf einer halben Europa-Lochrasterplatine aufgebaut werden. Legen Sie diese entsprechend bereit.

15.1 Die Funktion der Schaltung

Die Schaltung mißt die Lichtmenge mit Hilfe eines helligkeitsempfindlichen Widerstands, eines sogenannten *Fotowiderstands*. Um den Ort der Messung flexibel zu halten, wird der Fotowiderstand über ein zweiadriges Kabel mit der Schaltung verbunden.

Der entsprechend dem Lichteinfall vom Fotowiderstand erzeugte Widerstandswert wird innerhalb der Schaltung ausgewertet und über eine Eingangsleitung der parallelen Schnittstelle an den Computer übertragen. Dort wird dieser Wert von der Software übernommen.

Entsprechend den Möglichkeiten der Software, die Sie später noch erfahren werden, können Sie ein Relais auf der Schaltungsplatine steuern. Die Schließer- bzw. Öffnerkontakte des Relais werden über eine Anschlußklemme auf der Platine für Sie zugänglich gemacht, so daß Sie dort z. B. die Kabel einer Lampe anschließen können.

Für die Schaltung benötigen Sie das Netzteil für die externe Versorgungsspannung. Legen Sie es für den Einsatz bereit.

15.2 Der Aufbau der Schaltung

Das Erstellen der Schaltung ist grundsätzlich recht einfach, doch auch hier sind einige zusätzliche Arbeiten notwendig. Dies betrifft insbesondere den Fotowiderstand.

Auch diese Schaltung benötigt das schon aus den vorherigen Schaltungen bekannte Flachbandkabel mit dem Centronics-Stecker, um die Daten über die parallele Schnittstelle an den Computer zu übertragen. Das Kabel sollten Sie deshalb auch für diese Schaltung einsatzbereit halten.

Bevor Sie die zusätzlichen Arbeiten in Angriff nehmen, müssen Sie die Platine der Schaltung aufbauen. Die hierauf enthaltenen Bauteile und ihre Lage entnehmen Sie der nachfolgenden Zeichnung.

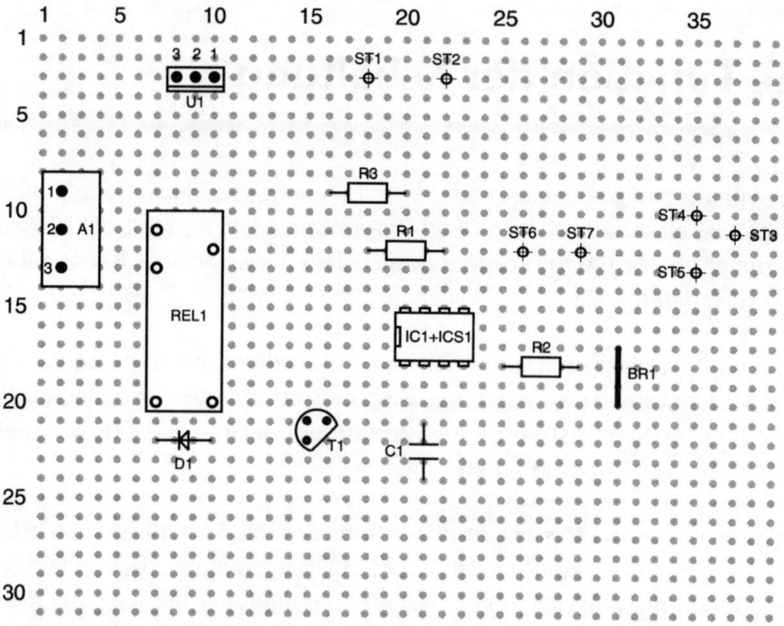

Die Bauteile für die Lichtsteuerung

Die nachfolgende Stückliste zeigt Ihnen auf, um welche Bauteile es sich im einzelnen handelt. Ordnen Sie diese der Zeichnung zu und verwenden Sie sie beim Löten.

Die Stückliste

Kennzeichnung	Bezeichnung	Bauteilart
BR1	Leiterbahnbrücke	Schaltdraht
R1, R2	1 kΩ	Widerstand
R3	2,2 kΩ	Widerstand
T1	BC546B	Transistor
C1	0,47 µF	Kondensator
D1	1N4001	Diode
IC1	NE555	Timer-IC
ICS1	8poliger IC-Sockel	IC-Sockel
U1	7805	Spannungsregler
REL1	5-V-Leistungsrelais 1 x UM	Kartenrelais
A1	3polige Anschlußklemme	Anschlußklemme
ST1 - ST7	Pfosten	Steckverbindung

Die Schaltung aufbauen

Zum Aufbau der Schaltung bzw. zu bestimmten Bauteilen ist einiges zu erläutern. Beim Auflöten der Diode beachten Sie unbedingt die Polarität.

1 Beim IC achten Sie darauf, daß Sie es richtig herum in die Fassung einstekken bzw. die Fassung entsprechend der Zeichnungsvorgabe richtig herum auflöten.

Das *Kartenrelais* ist hier nicht näher bezeichnet, da es eine Reihe von Kartenrelais gibt, die von den verschiedensten Herstellern gebaut werden, allerdings mehr oder weniger die gleiche Bauweise und die gleichen Leistungswerte besitzen.

2 Das Relais muß mit einer Spannung von 5 V bis 6 V arbeiten, einen Wechselkontakt besitzen und für die Printmontage auf einer Lochrasterplatine ausgelegt sein. Der Spulenwiderstand des Relais sollte ca. 55 **Ω** betragen.

Die Kontakte sind in der Regel genormt, so daß hier keine Probleme auftreten sollten. Je nachdem, was Sie mit der Schaltung steuern wollen, müssen Sie die Leistungswerte des Relais beachten. Es sollte eine Spannung von mindestens 220 Volt verarbeiten können. Außerdem müssen Sie den angegebenen maximalen Schaltstrom des Relais berücksichtigen. Er darf nicht überschritten werden, da ansonsten das Relais zerstört werden kann.

3 Die verwendete *Anschlußklemme* muß für die Leiterplattenmontage ausgelegt sein. Nur diese Anschlußklemmen können Sie ordentlich mittels der vorhandenen Stifte auf die Platine auflöten. Ansonsten ist Ihnen die Funktionsweise der Klemmen bestimmt von Lüsterklemmen bekannt. Auch hier

können Sie einen Kontaktdraht in eine Öffnung einführen und mit einer kleinen Schraube festklemmen. Beachten Sie dabei, daß die Klemmen 1 und 2 einen Schließerkontakt darstellen, die Klemmen 1 und 3 einen Öffner-Kontakt.

Haben Sie die Bauteile auf die Platine aufgelötet, wenden Sie sich der Leiterbahnseite zu.

15.3 Die Leiterbahnseite der Platine

Die Bauteile der Platine müssen durch nachfolgend dargestellte Leiterbahnen miteinander verbunden werden.

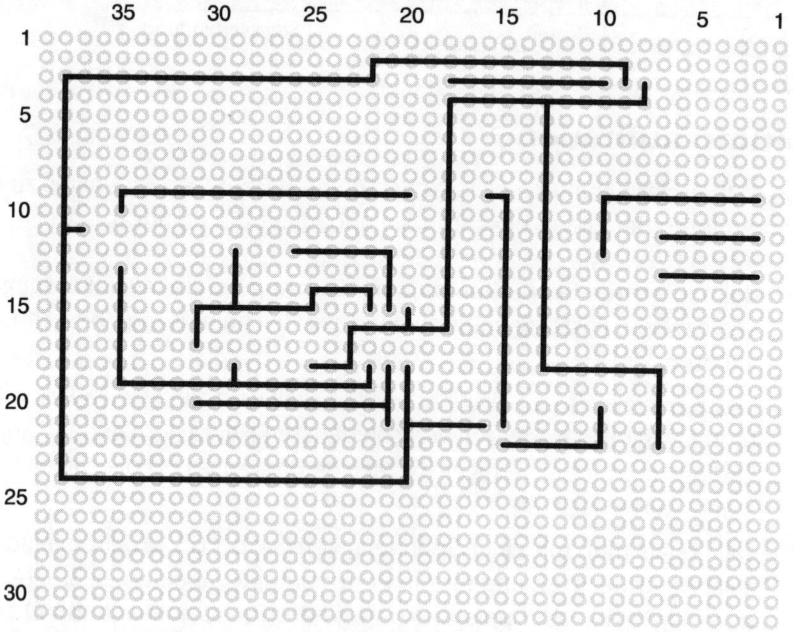

Die Leiterbahnverbindungen der Lichtsteuerung

Sind die Leiterbahnen auf die Platine aufgebracht worden, müssen Sie noch einige Arbeiten durchführen, um die Schaltung in Betrieb nehmen zu können.

15.4 Ergänzende Arbeiten an der Schaltung

Wie bekannt, wird für die Lichtmessung ein Fotowiderstand eingesetzt. Es handelt sich dabei um ein Bauteil mit der Bezeichnung M9960. Aufgrund der auf dem Bauteil auftreffenden Lichtmenge verändert dieser seinen Widerstandswert, der dann für die Messung herangezogen werden kann.

Der Fotowiderstand ist auf der Platine nicht enthalten. Er soll, ähnlich wie in der Schaltung aus Kapitel 14, über ein Kabel mit der Schaltung verbunden werden. Dadurch können Sie den Ort der Lichtmessung unabhängig von der Schaltung bestimmen.

1. Wie ein normaler Widerstand besitzt auch der Fotowiderstand zwei Kontakte. Diese bestehen in der Regel aus zwei langen Drähten, die an dem eigentlichen Sensor angebracht sind. Schneiden Sie die Drähte auf eine Länge von je ca. 2 cm ab.
2. Anschließend nehmen Sie ein zweiadriges Kabel und isolieren die Kabelenden je ca. 2 mm ab. Danach löten Sie die Adern eines Kabelendes an die Kontakte des Fotowiderstands. Die Polarität spielt hierbei keine Rolle. Achten Sie jedoch darauf, daß die Kontakte des Fotowiderstands sich nicht berühren können. Isolieren Sie die Kontakte eventuell mit einem Klebeband ab.
3. Das andere Ende des Kabels versehen Sie mit den bekannten Pfostensteckern. Diese werden dann auf die Pfosten ST6 und ST7 gesteckt. Auch hier ist keine Polarität zu berücksichtigen.
4. Die von der Schaltung benötigte zusätzliche Spannungsversorgung wird an die beiden Pfosten ST1 und ST2 angelegt. Hier ist allerdings die Polarität zu beachten. Die Plus-Leitung stecken Sie auf den Pfosten ST1, die Masse-Leitung auf den Pfosten ST2.

Wie schon weiter oben im Text angesprochen, muß auch für diese Schaltung das Flachbandkabel mit dem Centronics-Stecker eingesetzt werden. Damit die Daten ordnungsgemäß zwischen der Schaltung und dem Computer, sprich der Software, ausgetauscht werden können, sind folgende Verbindungen notwendig.

ST3	Leitung 2
ST4	Leitung 3
ST5	Leitung 19

Haben Sie den Fotowiderstand, die externe Versorgungsspannung und das Kabel für die Schnittstelle an die Schaltung angebracht, ist diese einsatzbereit.

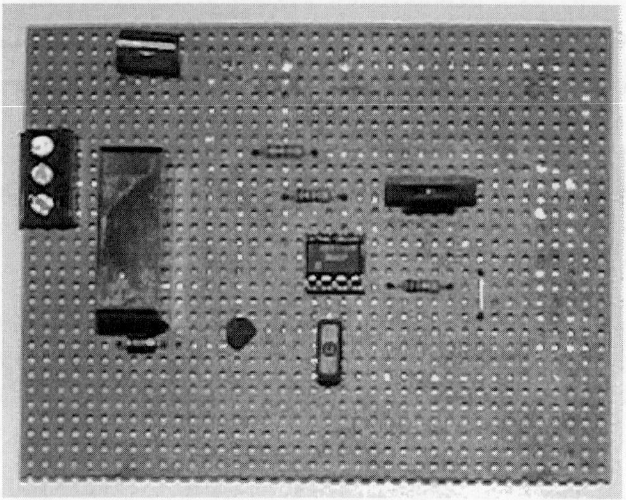

Die fertige Platine der Lichtmessung

15.5 Die Software der Schaltung

Die Schaltung arbeitet in Verbindung mit einer Software, die Sie auf der CD-ROM im Buch im Verzeichnis *Kap_15/Windows/Install* vorfinden. Diese können Sie über das Programm *Setup* installieren. Auch hier befindet sich in dem oben angesprochenen *Windows*-Verzeichnis der CD-ROM ein Unterverzeichnis *Source*, das die Source-Dateien zu der Software enthält. Sollten Sie die Software Ihren Wünschen entsprechend abändern wollen, benutzen Sie diese Dateien. Nachdem Sie die Software installiert und gestartet haben, bietet sich Ihnen folgendes Bild.

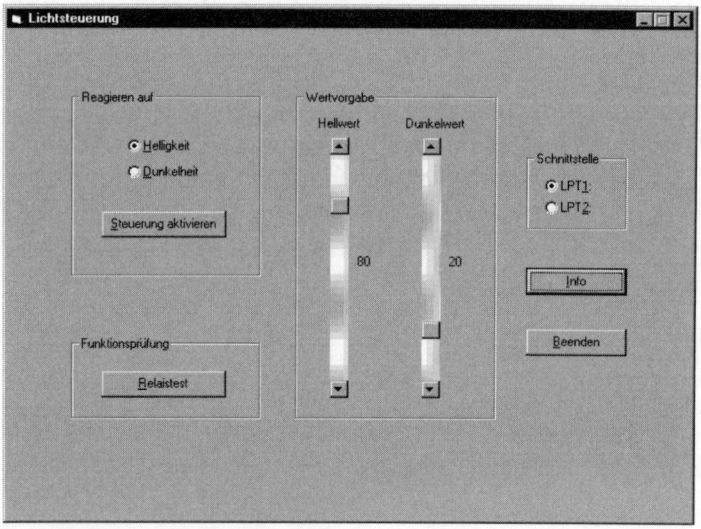

Das Lichtsteuerungs-Programm

Sie erkennen neben einigen noch nicht bekannten Möglichkeiten innerhalb der Software die bereits bekannte Option für die von Ihnen verwendete Schnittstelle LPT1 bzw. LPT2. Stellen Sie die Option so ein, daß hier die von Ihnen verwendete parallele Schnittstelle berücksichtigt wird.

Bevor Sie sich den Einstellmöglichkeiten zuwenden, beachten Sie die Schaltfläche *Relaistest*. Sobald Sie diese Schaltfläche anklicken, wird das Relais auf seine Funktion hin getestet. Das bedeutet, daß das Relais über die Software aktiviert und nach einer Zeitspanne von ca. 2 Sekunden wieder deaktiviert wird.

So können Sie unabhängig vom Lichteinfall und der ordnungsgemäßen Funktion der Lichtmessung die Funktion des Relais bzw. die Auswirkung des über das Relais Gesteuerten kontrollieren.

Eine weitere wichtige Einstellmöglichkeit für die Einsatzweise der Schaltung stellen die Optionen *Helligkeit* und *Dunkelheit* im Bereich *Reagieren auf* dar. Je nachdem, welche der beiden Optionen Sie aktivieren, reagiert die Software auf das Vorhandensein einer einstellbaren Helligkeit bzw. einer einstellbaren Dunkelheit. Von der hier vorgenommenen Einstellung ist es abhängig, ob das Relais bei Helligkeit oder bei Dunkelheit aktiviert wird.

Möchten Sie, daß bei Erreichen einer bestimmten Dunkelheit ein Licht eingeschaltet wird, sollten Sie die Option *Dunkelheit* aktivieren. Soll hingegen ein elektrisches Rollo beim Erreichen einer bestimmten Helligkeit ausgefahren werden, empfiehlt es sich, die Option *Helligkeit* zu aktivieren.

Über die Schieberegler *Hellwert* und *Dunkelwert* können Sie festlegen, bei Erreichen welchen Wertes die Schaltung reagieren soll. Da es bei diesen Einstellungen nicht möglich ist, mit genauen Lux-Angaben zu arbeiten (Lux ist die Einheit für die Lichtstärke), wird hier lediglich der Schieberegler bereitgestellt. Das Einstellen der gewünschten Werte muß hier über Ausprobieren geschehen.

Dazu nehmen Sie die Schaltung wie im nachfolgenden Unterkapitel beschrieben in Betrieb und warten, bis sich eine bestimmte Helligkeit bzw. Dunkelheit am Fotowiderstand eingestellt hat. Ändern Sie dann die Position des Schiebereglers so, daß das Relais aktiviert wird. Den Wert können Sie anschließend notieren und für wiederkehrende Einsätze verwenden.

Das Sammeln von Erfahrungswerten für den Einsatz der Schaltung gehört hier dazu. Nur so können Sie den gewünschten Einsatz und somit das richtige Reagieren der Schaltung vorgeben.

15.6 Der Einsatz der Schaltung

Das Inbetriebnehmen der Schaltung ist relativ einfach. Die einzelnen Schritte werden Sie teilweise schon kennen, beachten Sie allerdings unbedingt den Hinweis am Ende des Kapitels.

1. Stecken Sie als erstes das Kabel des Fotowiderstands auf die entsprechenden Pfosten der Schaltung und positionieren Sie den Sensor an der gewünschten Meßstelle.
2. Stellen Sie dann eine Verbindung von der Schaltung zum Computer her. Benutzen Sie dazu das normale Druckerkabel.
3. Legen Sie die externe Versorgungsspannung an die Schaltung an und stekken Sie das Netzkabel des Netzteils in die Steckdose.
4. Nach dem Start der Software stellen Sie die Schnittstellenoption richtig ein. Klicken Sie dann auf die Schaltfläche *Relaistest*, um die Funktion des Relais zu testen.
5. Wählen Sie die entsprechende Option, je nachdem, ob die Schaltung auf Helligkeit oder Dunkelheit reagieren soll.
6. Warten Sie, bis eine bestimmte Helligkeit bzw. Dunkelheit erreicht ist, bzw. sorgen Sie durch Abdecken bzw. Anleuchten des Sensors dafür, daß der gewünschte Lichtzustand vorhanden ist, und stellen Sie die Schieberegler der entsprechenden Option so ein, daß die gewünschte Reaktion eintritt. Hier ist sehr viel Ausprobieren notwendig; nehmen Sie sich die notwendige Zeit dafür.

Haben Sie die Einstellungen vorgenommen und die Schaltung reagiert beim Erreichen einer bestimmte Helligkeit bzw. Dunkelheit, können Sie die Schaltung auch praktisch zu Steuerungszwecken einsetzen. Dazu ist allerdings noch etwas sehr Wichtiges zu sagen. Lesen Sie sich die nachfolgenden Absätze deshalb gründlich durch.

Achtung bei der Schaltungssteuerung

Über die auf der Platine vorhandenen Klemmen können Sie die gewünschte Steuerung z. B. einer Lichtquelle oder ähnlicher elektrischer Geräte steuern. Dies wird dadurch erreicht, daß der Schließer- bzw. Öffner-Kontakt über die Klemmen eingesetzt wird. Konkret bedeutet dies, daß an den Klemmen der zu steuernde Stromkreis, z. B. einer Lichtquelle, geschlossen bzw. unterbrochen wird und dadurch das beabsichtigte Ergebnis, z. B. Licht geht an bzw. aus, erzielt wird. Dies ist an sich nicht problematisch. Doch unter bestimmten Umständen müssen Sie hier besondere Vorsicht walten lassen.

Damit Sie die Wichtigkeit der nachfolgenden Absätze besser verstehen, nehmen Sie die Schaltung in die Hand und betrachten das Relais und die Klemmen, insbesondere die Leitungsverbindungen dieser beiden Bauteile auf der Rückseite der Platine. Sie sehen, daß die Kontakte des Relais über frei liegende, verlötete Drahtleitungen mit den Klemmen verbunden sind. Dieser Umstand erfordert besondere Vorsicht.

Solange Sie über die Schaltung z. B. einen 12-Volt-Stromkreis einer Modellbahnbeleuchtung steuern, stellt der Schaltungsaufbau keine Gefahr dar. Anders sieht es dagegen bei einer Steuerung eines 220-Volt-Stromkreises aus. Möchten Sie über die Schaltung eine 220-Volt-Lampe einschalten, können Sie dies nicht so ohne weiteres durchführen, denn es besteht die Möglichkeit, daß Sie unbeabsichtigt mit den frei liegenden Leitungen der Platine in Berührung kommen. Dies kann gesundheitliche Schäden zur Folge haben.

Auch wenn Sie nicht direkt mit den Leitungen in Berührung kommen, kann ein Stromfluß über die Ablage, auf der die Schaltung liegt, zustandekommen. Dies darf auf keinen Fall geschehen. Beachten Sie deshalb in jedem Fall den nachfolgenden Hinweis.

A

- Sollten Sie beabsichtigen, über die Klemmen der Schaltung eine hohe Spannung zu steuern, suchen Sie einen versierten Elektronikhandel auf, und lassen Sie sich ein nicht leitendes Gehäuse um die Schaltung anbringen. Dadurch werden Sie vor einem direkten Kontakt mit den Leiterbahnen geschützt. Dies müssen Sie bei der Steuerung von Wechselspannungen auch bei niedrigeren Spannungswerten berücksichtigen.

16. Die exakte Dosieranlage

Unter einer Dosieranlage können Sie sich vielleicht nicht viel vorstellen. Deshalb soll hier kurz erläutert werden, was damit gemeint ist. Die durch diese Schaltung realisierte Dosieranlage soll es Ihnen ermöglichen, eine bestimmte Menge Flüssigkeit kontrolliert durch einen *Durchflußmesser* fließen zu lassen. Über ein Relais kann zusätzlich z. B. eine Pumpe gesteuert werden, so daß eine genau dosierte Abgabe einer bestimmten Menge an Flüssigkeit durchgeführt werden kann.

Ein denkbarer Einsatzbereich wäre beispielsweise ein Blumenkasten, der mit einer bestimmten Menge Wasser versorgt werden soll, oder der Wasserwechsel eines Aquariums; hier könnte zuerst eine genau vorgegebene Wassermenge abgepumpt und danach durch die gleiche Menge frischen Wassers ersetzt werden.

Der Datenaustausch wird über die Grundplatine des Kapitels 9 über die parallele Schnittstelle abgewickelt. Ebenso wird die Versorgungsspannung über die Grundplatine gewährleistet. Legen Sie diese also bereit.

Zudem benötigen Sie für den Aufbau der Schaltung eine halbierte Europa-Lochrasterplatine.

16.1 Die Funktion der Schaltung

Der Aufbau und somit auch die Funktionsweise der Schaltung ist relativ einfach gehalten. Jedoch ist der Einsatz der Schaltung in Verbindung mit der Software nicht ganz so simpel, da die Software hier viel leisten muß. Doch dazu erfahren Sie später mehr.

Die Schaltung an sich bietet Ihnen eine Anschlußmöglichkeit für einen Durchflußmesser, der Impulse abgibt, sobald Flüssigkeit durch ihn geleitet wird. Diese Impulse werden von der Software erfaßt und verarbeitet.

Ein Relais, gesteuert von der Software, bietet Ihnen die Möglichkeit, über einen Schließer-Kontakt weitere Steuerungsvorgänge vorzunehmen.

Die Funktion der Schaltung wird Ihnen verständlicher, wenn Sie die Erläuterung zu der zugehörigen Software weiter hinten in diesem Kapitel lesen.

16.2 Der Aufbau der Schaltung

Die Schaltung besteht aus Ihnen bekannten Bauteilen, so daß Sie den Aufbau leicht durchführen können. Haben Sie die Schaltung erst einmal nach folgenden Vorgaben aufgebaut, kann deren Einsatz schnell vonstatten gehen.

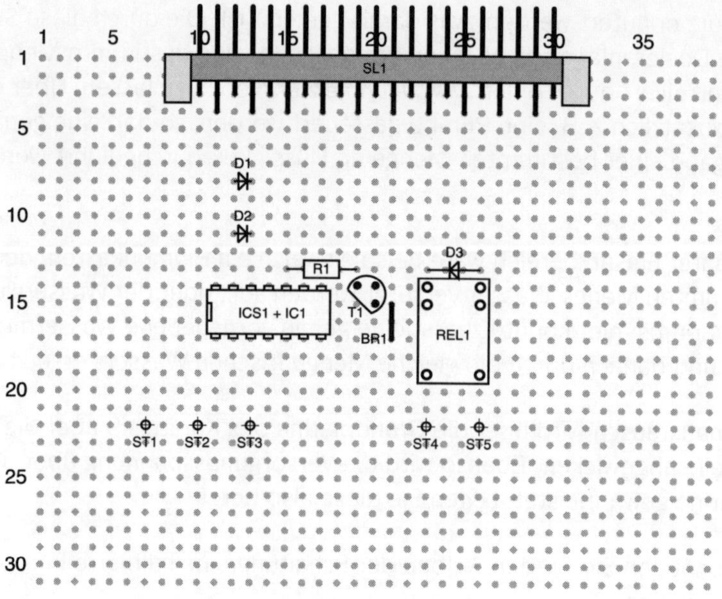

Die Bauteillage auf der Platine

Benutzen Sie die folgende Stückliste, um die einzelnen Bauelemente zu identifizieren.

Die Stückliste

Kennzeichnung	Bezeichnung	Bauteilart
BR1	Leiterbahnbrücke	Schaltdraht
ST1 - ST5	Pfostenstecker	Steckverbindung
R1	2,2 kΩ	Widerstand
T1	BC546	Transistor
D1	Leuchtdiode 5 mm (rot)	Leuchtdiode
D2	Leuchtdiode 5 mm (grün)	Leuchtdiode
D3	1N4007	Diode
IC1	SN7404	Inverter
ICS1	14poliger IC-Sockel	IC-Sockel
REL1	Kleinrelais 5 V, 1polig UM	Relais
SL1	Stiftleiste	Steckverbindung

Beim Aufbau der Schaltung ist darauf zu achten, daß die Transistoren und die Dioden nicht verdreht und damit falsch gepolt eingebaut werden. Auch das IC bzw. der IC-Sockel muß korrekt herum eingelötet werden.

16.3 Die Leiterbahnseite der Platine

Die Schaltung wird mit den nachfolgend dargestellten Leiterbahnen verdrahtet.

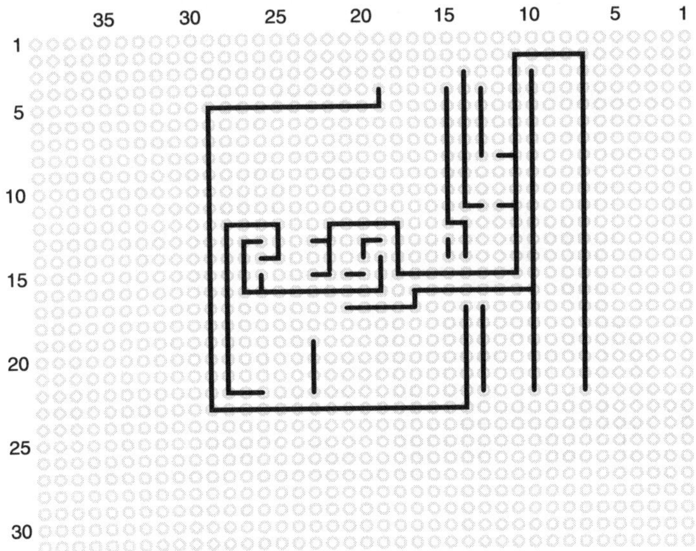

Diese Leiterbahnen verbinden die Bauteile

Haben Sie die Schaltung aufgebaut, sieht sie folgendermaßen aus:

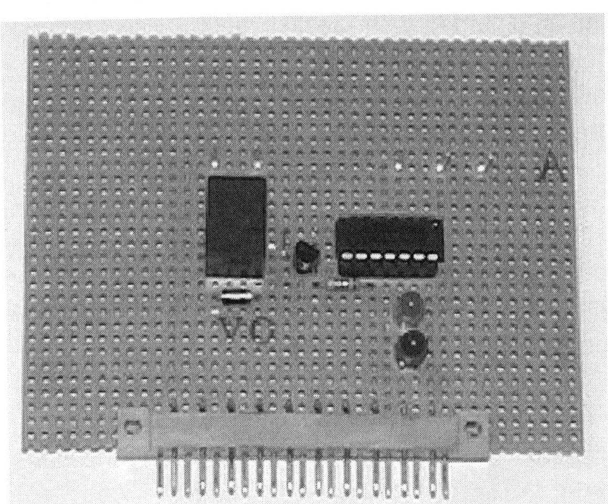

Die fertige Dosieranlage

Eine zusätzliche Arbeit muß noch durchgeführt werden, damit die Schaltung ihre Aufgabe verrichten kann.

16.4 Ergänzende Arbeiten an der Schaltung

Wie schon weiter oben erwähnt, benötigt die Schaltung einen sogenannten *Durchflußmesser* als Sensor. Dieser ist im Elektronikfachhandel zu beziehen. Es gibt dort unterschiedliche Ausführungen, die teilweise sehr teuer sind.

Die Firma Conrad electronic bietet einen recht preiswerten Durchflußmesser an, der nachfolgend abgebildet ist.

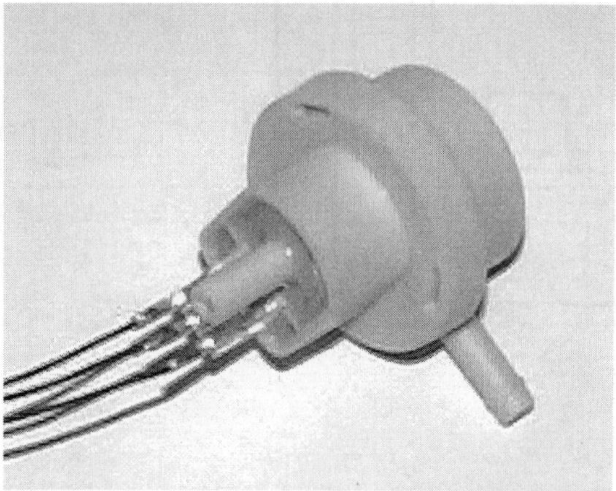

Der Durchflußmesser

Dieser Durchflußmesser muß über zwei Stecker mit einer Spannung versorgt werden und liefert dann an einem dritten Stecker die Impulse, sobald Flüssigkeit durch ihn hindurchgeleitet wird. Entsprechend ist die Schaltung ausgelegt. So liefert der Pfosten ST1 eine Spannung von 5 Volt und der Pfosten ST2 die dazugehörige Masse. Die Impulse müssen an den Pfosten ST3 geleitet werden.

Löten Sie sich ein entsprechendes Kabel mit den Pfostensteckern, so daß Sie die korrekte Verbindung von der Schaltung zum Durchflußmesser herstellen können. Das abgebildete Bauteil benötigt, wenn Sie von vorne auf die Kontaktstifte des Bauteils sehen, am rechten Stift Plus und am mittleren Stift Masse. Die Impulse werden dann am linken Stift abgegeben.

Sollten Sie einen anderen Durchflußmesser einsetzen wollen, achten Sie darauf, daß er entsprechende Impulse liefern kann, so daß die Schaltung in der Lage ist, diese auszuwerten.

Haben Sie den Sensor an die Schaltung angeschlossen, ist diese fertig vorbereitet. Es bleibt nun Ihnen überlassen, wie Sie den Durchflußmesser über kleine Schläuche in das System einbinden, dessen Flüssigkeitshaushalt Sie beeinflussen wollen.

Achten Sie dabei unbedingt darauf, daß Sie nur mit so viel Druck innerhalb der Schläuche arbeiten, daß es der Durchflußmesser verkraften kann. Zudem achten Sie darauf, daß Sie nur mit den Flüssigkeiten arbeiten, die den Sensor nicht beschädigen. Die entsprechenden Informationen entnehmen Sie dem Bauteil.

16.5 Die Software der Schaltung

Die Software zur Dosieranlage übernimmt eine wichtige Aufgabe. Vor deren Einsatz muß diese allerdings erst installiert werden. Die entsprechenden Dateien sind auf der CD-ROM im Buch im Verzeichnis *Kap_16/Windows/Install* abgelegt. Das bekannte *Setup*-Programm führt Sie durch die Installation.

Die Sourcecode-Dateien zur Software befinden sich im Unterverzeichnis *Source*. Hier ist es denkbar, daß Sie die Software so abändern, daß die Schaltung nicht als Dosieranlage fungiert, sondern als Flüssigkeitsmengenmessung eingesetzt werden kann.

Starten Sie die vorgegebene Software, erhalten Sie folgendes Fenster:

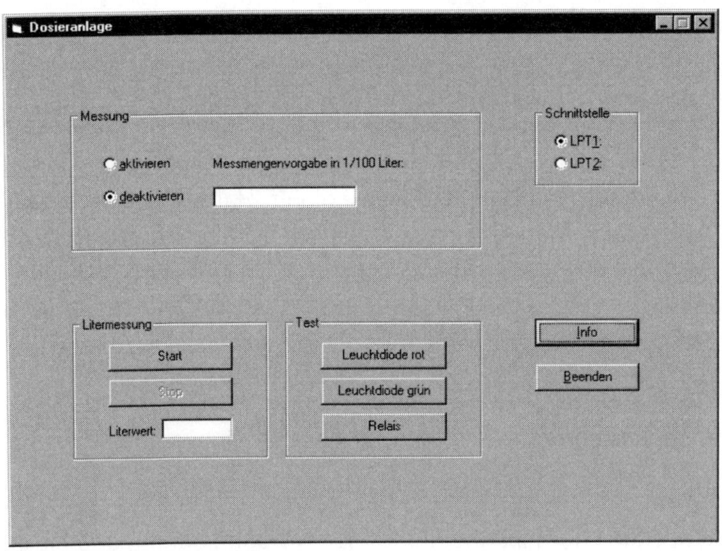

Das Fenster der Dosieranlage

Da die Schaltung über die parallele Schnittstelle angesteuert wird, ist die Option für LPT1 bzw. LPT2 auch hier vorhanden. Stellen Sie entsprechend die Schnittstelle ein, an der Sie die Dosieranlage betreiben.

Der Bereich *Test* stellt Ihnen drei Schaltflächen für den Funktionstest zur Verfügung. Sie können hier testen, ob die Leuchtdioden und das Relais ordnungsgemäß arbeiten. Sobald Sie auf eine der Schaltflächen klicken, wird das entsprechende Bauelement für ca. 1 Sekunde aktiviert. Danach wird es automatisch wieder deaktiviert.

Haben Sie die Tests erfolgreich durchgeführt, müssen Sie als erstes eine *Litermessung* durchführen. Hierüber wird die Schaltung an Ihren Durchflußmesser angepaßt. Bevor Sie einen Liter Flüssigkeit durch den Durchflußmesser fließen lassen, klicken Sie auf *Start*. Dann lassen Sie die Flüssigkeit durchlaufen, und abschließend klicken Sie auf *Stop*. Anschließend wird Ihnen in der Eingabezeile *Literwert* eine Zahl ausgegeben. Diese ist der Indikator für die Schaltung. Sie sollten sich die Zahl merken, um sie nach einem erneuten Start der Software dort eingeben zu können. Sie müssen den Litertest dann nicht noch einmal durchführen. Achten Sie allerdings darauf, daß Sie keine unsinnige Eingabe vornehmen. Die Software führt hier keine Plausibilitätskontrolle durch.

Haben Sie die Litermessung durchgeführt, können Sie die *Meßmengenvorgabe* eintragen. Diese geben Sie ebenfalls als ganze Zahl in 1/100 Liter an. Tragen Sie dort z. B. die Zahl 50 ein, soll ein halber Liter Flüssigkeit gemessen werden.

Haben Sie die zu messende Menge vorgegeben, klicken Sie die Option *aktivieren* an. Dadurch geschieht folgendes: Die rote Leuchtdiode erlischt, und die grüne Leuchtdiode leuchtet auf. Gleichzeitig zieht das Relais an und schließt den Kontakt ST4/ST5. Diesen können Sie benutzen, um z. B. eine Pumpe zu aktivieren, die nun eine Flüssigkeit durch den Durchflußmesser pumpt.

Die Software kontrolliert nun permanent die Impulse und damit die Menge an Flüssigkeit, die durch den Durchflußmesser läuft. Hat die Software registriert, daß die vorgegebene Menge durchgelaufen ist, schaltet sie das Relais und damit auch die eventuell angeschlossene Pumpe aus. Auch die Leuchtdioden wechseln ihre Zustände. Die Schaltung befindet sich anschließend wieder in der Ausgangsposition, bereit für eine neue Messung.

Möchten Sie einen einmal aktivierten Meßvorgang unterbrechen, klicken Sie auf die Option *deaktivieren*. Die Schaltung bricht den Meßvorgang dann unverzüglich ab.

Achten Sie auch bei der Eingabe der Mengenvorgabe darauf, daß Sie einen sinnvollen Wert eingeben. Auch hier erfolgt keine Plausibilitätskontrolle. Unsinnige Eingaben können dazu führen, daß keine vernünftige Messung durchgeführt werden kann.

16.6 Der Einsatz der Schaltung

Um die Schaltung in Betrieb nehmen zu können, sind die bekannten Arbeiten durchzuführen. Sie werden nachfolgend aufgeführt.

1. Stecken Sie die Platine in die Grundplatine aus Kapitel 9.
2. Stellen Sie sicher, daß die Zusatzspannung an der Grundplatine anliegt und das Netzteil in die Steckdose gesteckt wurde.
3. Verbinden Sie das Flachbandkabel mit der parallelen Schnittstelle des Computers.
4. Verbinden Sie den Ausgangskontakt des Relais mit dem gewünschten zu steuernden Bauelement, falls Sie dies möchten.
5. Plazieren Sie den Durchflußmesser, so daß die zu messende Flüssigkeit durch ihn hindurchfließen kann.
6. Starten Sie die Software, und stellen Sie als erstes die Option für die verwendete Schnittstelle korrekt ein.
7. Kontrollieren Sie die Funktion des Relais und der Leuchtdioden durch einen Klick auf die entsprechenden Schaltflächen.
8. Führen Sie die Litermessung durch, bzw. geben Sie in die Eingabezeile einen bereits ermittelten Wert ein.
9. Geben Sie die Meßmengenvorgabe ein. Achten Sie darauf, daß die Menge in hundertstel Liter angegeben wird.

   Klicken Sie auf *aktivieren,* um den Meßvorgang zu starten.

Haben Sie die Schaltung erfolgreich in Betrieb genommen, können Sie anschließend immer wieder bestimmte Flüssigkeitsmengen über die Schaltung kontrolliert abgeben.

16.6 Der Betrieb der Schaltung

17. Die programmierbare LED-Matrix

Die in diesem Kapitel zu erstellende Schaltung beschäftigt sich mit der Darstellung von frei definierbaren Zeichen mittels einer Leuchtdioden-Matrix. Die Matrix besteht aus 35 Leuchtdioden, die in fünf Spalten und sieben Zeilen angeordnet sind. Nun müssen Sie keine Angst haben, daß Sie 35 Leuchtdioden einlöten und verdrahten müssen - die Matrix gibt es als eine Einheit zu kaufen. Doch dazu später mehr.

Auch diese Schaltung wird als Zusatzplatine in Verbindung mit der in Kapitel 9 erstellten Grundplatine aufgebaut. Es reicht für den Aufbau wiederum eine halbierte Europa-Lochrasterplatine.

17.1 Die Funktion der Schaltung

Die Funktion der Schaltung ist leicht verständlich. Über die zur Schaltung gehörende Software können Sie die einzelnen Leuchtdioden unabhängig voneinander per Mausklick ein- oder ausschalten. Die von Ihnen durchgeführten Aktionen werden dann automatisch an die Schaltung übertragen, so daß dort immer das angezeigt wird, was Sie in der Software einstellen.

Auf diese Weise ist es Ihnen möglich, über das Aktivieren vereinzelter Leuchtdioden Zeichen, Symbole, Buchstaben usw. frei zu definieren, so daß sie anschließend auf der Matrix ausgegeben werden.

17.2 Der Aufbau der Schaltung

Die Zusatzschaltung an sich besteht lediglich aus der Leuchtdiodenmatrix und zwei IC-Bausteinen, die die von der Software kommenden Signale so umsetzen, daß genau die LEDs aufleuchten, die Sie zuvor bestimmt haben. Daß hier eine Art von *Dekodierung* erfolgen muß, ist leicht verständlich, da die parallele Schnittstelle lediglich acht Datenleitungen besitzt, über die 35 Leuchtdioden nicht direkt angesteuert werden können.

Der nachfolgende Lageplan gibt Ihnen die Anordnung der Bauteile vor.

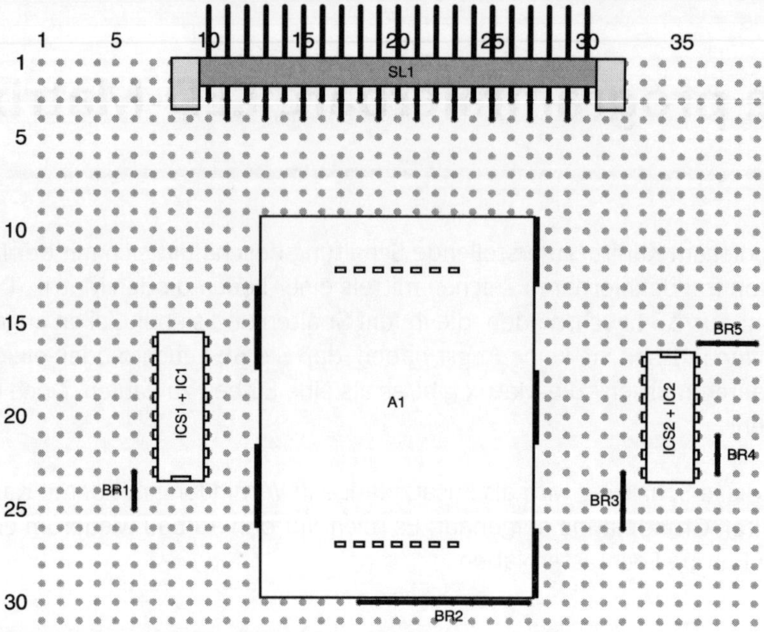

Die Anordnung der Bauteile

Beachten Sie beim Aufbau die Markierung der IC-Bausteine, so daß Sie sie nicht falsch herum einlöten bzw. anschließend falsch herum in die IC-Sockel einstekken. Sie erkennen auf der Zeichnung, daß die Leiterbahnbrücke BR2 sehr nah an dem LED-Baustein eingelötet werden muß. Bevor Sie die LED-Matrix bzw. die Brücke einlöten, sollten Sie beide Bauelemente zuerst auf die Platine stecken. Erst wenn beide Bauelemente genügend Platz haben, sollten Sie diese festlöten. Andernfalls kann es geschehen, daß die Brücke nur schwer in die entsprechenden Löcher eingesteckt werden kann, da diese dann durch die Matrix verdeckt werden.

Die Stückliste der programmierbaren LED-Matrix

Kennzeichnung	Bezeichnung	Bauteilart
BR1 - BR5	Leiterbahnbrücken	Schaltdraht
IC1	SN7442	BCD zu Dezimal-Dekoder
IC2	SN7404	Inverter
ICS1	IC-Sockel 16polig	IC-Sockel
ICS2	IC-Sockel 14polig	IC-Sockel
A1	TA20-11HWA 5x7-Leuchtdiodenmatrix (gemeinsame Anode)	Leuchtdiodenmatrix
SL1	Stiftleiste 21polig	Steckverbindung

Bei den ICs handelt es sich um handelsübliche Logikbausteine, die preiswert zu kaufen sind. Bei der Leuchtdiodenmatrix handelt es sich um eine Ausführung mit *gemeinsamer Anode*. Darauf sollten Sie beim Kauf unbedingt achten, da ansonsten die einzelnen Leuchtdioden nicht aufleuchten, da sie dann mit den falschen Signalen angesteuert werden.

17.3 Die Leiterbahnseite der Platine

Damit die Funktion der Schaltung gewährleistet ist, müssen eine Reihe von Leiterbahnen verlegt werden. Befolgen Sie dazu die aufgezeigten Leiterbahnen in der nachfolgenden Zeichnung.

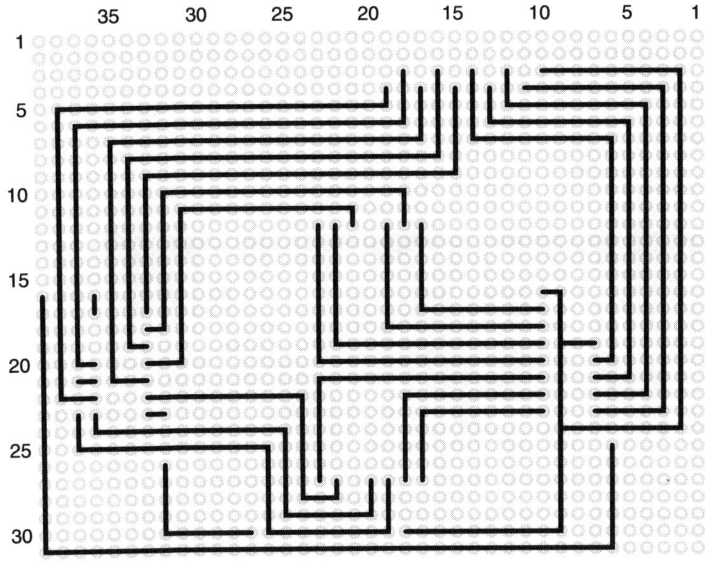

Die Leiterbahnen der LED-Matrix

Haben Sie die Leiterbahnen verlegt, ist die Zusatzplatine für die Grundschaltung fertig vorbereitet. Die vollständig aufgebaute Schaltung sieht dann folgendermaßen aus:

Die einsatzbereite LED-Matrix

17.4 Die Software der Schaltung

Wie schon am Anfang des Kapitels beschrieben, übernimmt die Software zu dieser Schaltung eine wichtige Aufgabe. Über sie können Sie die Leuchtdioden der Matrix steuern.

Berücksichtigen Sie für die Installation der Software das Installationsprogramm auf der CD-ROM. Sie finden es im Verzeichnis *Kap_17/Windows/Install*. Starten Sie das *Setup*-Programm und folgen Sie wie bekannt den anschließenden Anweisungen.

Wie gewohnt, finden Sie im Verzeichnis *Kap_17/Windows/Source* die Visual Basic-Source-Dateien.

Nachdem die Installation abgeschlossen ist, können Sie die Software starten. Es bietet sich daraufhin folgendes Bild.

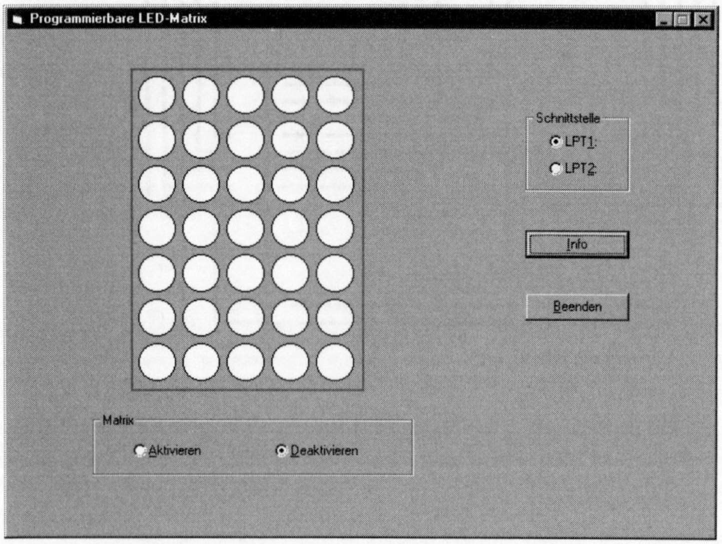

Über diese Software wird die LED-Matrix gesteuert

Neben den bekannten Elementen zur Festlegung der benutzten Schnittstelle, der Software-Information und dem Beenden der Software finden Sie zwei weitere Bereiche vor.

Der obere Bereich stellt die LED-Matrix dar, so wie Sie sie in der Schaltung vorfinden. Die einzelnen Kreise geben die entsprechenden LEDs wieder, die durch einfaches Anklicken ein- bzw. anschließend wieder ausgeschaltet werden können. Dies kann zu jeder Zeit geschehen, unabhängig davon, ob die Matrix aktiviert oder deaktiviert ist.

Das Ein- und Ausschalten der LED-Matrix wird durch die beiden Optionsschaltflächen im Bereich *Matrix* realisiert. Ist die Matrix deaktiviert, können Sie die LEDs wie gewünscht ein-/ausschalten. Diese werden erst dann angezeigt, wenn Sie auf *Aktivieren* klicken. Ansonsten werden alle Ein-/Ausschaltvorgänge direkt übernommen und an die Schaltung weitergeleitet.

17.5 Der Einsatz der Schaltung

Um die Schaltung einsetzen zu können, sind einige Schritte durchzuführen, die Sie schon kennen.

1. Stecken Sie die LED-Matrix-Zusatzplatine mit der Stiftleiste in die Buchsenleiste der Grundplatine.
2. Schließen Sie zwischen der Grundschaltung und der parallelen Schnittstelle des Computers das Druckerkabel an.
3. Legen Sie an die Grundplatine die externe Versorgungsspannung an. Beachten Sie die 9-Volt-Einstellung des Netzteils und die eingestellte Polarität. Stecken Sie anschließend den Netzstecker des Netzteils in die Steckdose.
4. Starten Sie die zu der Schaltung installierte Software.
5. Aktivieren Sie die Option der von Ihnen eingesetzten Schnittstelle LPT1 oder LPT2.
6. Klicken Sie die gewünschten Leuchtdioden innerhalb der dargestellten Matrix an. Eine versehentlich falsch aktivierte LED können Sie durch nochmaliges Anklicken wieder ausschalten.
7. Klicken Sie auf die Option *Aktivieren* im Bereich *Matrix*, um die Leuchtdioden auf der Schaltung aufleuchten zu lassen.

18. Der Lottozahlengenerator

Sie kennen sicherlich die Lottozahlen, die Woche für Woche gezogen werden. Sollten Sie Lottospieler sein, dann stehen Sie vielleicht des öfteren vor dem Problem, daβ Sie sich wieder und wieder für bestimmte Zahlen entscheiden müssen.

Die Schaltung aus diesem Kapitel soll Sie bei dieser Aufgabe unterstützen. In Zusammenarbeit mit der Grundplatine aus Kapitel 9 und der entsprechenden Software werden Ihnen über eine Anzeige Zahlen vorgegeben. Diese können Sie auf Ihren Lottoschein übernehmen oder nicht. Eine Gewinngarantie kann hier allerdings nicht gegeben werden.

Da die Schaltung als Zusatzplatine konzipiert ist, reicht für den Aufbau eine halbe Europaplatine aus.

18.1 Die Funktion der Schaltung

Die Aufgabe der Schaltung besteht in der Hauptsache darin, die von der Software ermittelten Zahlen auf einer zweistelligen Sieben-Segment-Anzeige auszugeben. Die Zahlen können dann eingesehen und übernommen werden.

H

Die Anzeige können Sie auch anderweitig einsetzen. Dazu müssen Sie allerdings die Software verändern und entsprechend Ihren Bedürfnissen gestalten. Beachten Sie die weiteren Informationen zum Einsatz dieser Schaltung am Ende dieses Kapitels.

18.2 Der Aufbau der Schaltung

Damit die Zahlen dargestellt werden können, sind neben den beiden Sieben-Segment-Anzeigen zwei Decoder-Bausteine erforderlich. Diese sorgen dafür, daβ die vom Computer gelieferten Daten in für die Anzeige-Bausteine richtige Signale umgewandelt werden.

Die für die Decoder-Bausteine zu übermittelnden Daten werden über die Grundplatine übertragen. Legen Sie diese also für den Einsatz bereit.

Die für die Schaltung notwendigen Bauelemente sollen folgende Positionen einnehmen.

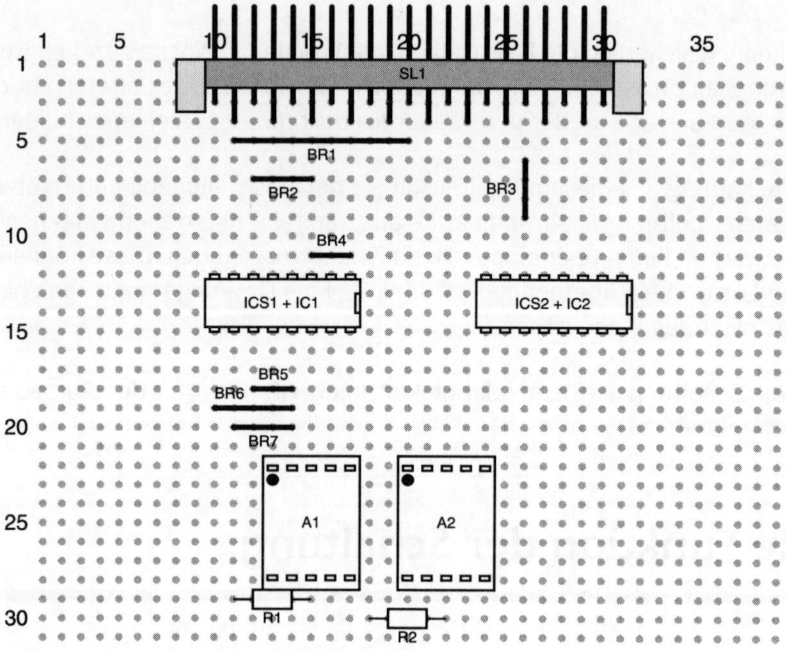

Die Lage der Bauteile auf der Zusatzplatine

Wenn Sie die Bauteile auf die Platine löten, achten Sie bei den Sieben-Segment-Anzeigen darauf, daß Sie diese nicht falsch herum aufstecken. Berücksichtigen Sie die Lage des Dezimalpunktes auf der Anzeige.

Ansonsten müssen Sie wie bereits bei den anderen Schaltungen auch auf die Einkerbung der Decoder-ICs bzw. der IC-Sockel achten.

Die Stückliste des Lottozahlengenerators

Kennzeichnung	Bezeichnung	Bauteilart
BR1 - BR7	Leiterbahnbrücken	Schaltdraht
R1 - R2	220 Ω	Widerstand
IC1, IC2	SN 7448	BCD zu 7-Segment-Dekoder/Anzeigentreiber
ICS1, ICS2	IC-Sockel 16polig	IC-Sockel
A1, A2	SC52-11GWA	7-Segment-Anzeige (gemeinsame Kathode)
SL1	Stiftleiste 21polig	Steckverbindung

Sie können anhand der Stückliste erkennen, daß nicht viele Bauteile benötigt werden. Die Grundplatine hält auch für diese Schaltung einen Großteil der notwendigen Funktionen bereit.

Das in der Stückliste aufgeführte Modell der Sieben-Segment-Anzeige ist unter der angegebenen Bezeichnung bei Conrad electronic zu erwerben. Es gibt allerdings baugleiche Modelle anderer Hersteller. Wenn Sie sich diese Sieben-Segment-Anzeigen besorgen, achten Sie darauf, daß sie die passenden Anschlüsse besitzen. Sie müssen zum einen eine gemeinsame Kathode haben, und die Beinchen der Bausteine müssen der Position in der Bauteilezeichnung entsprechen.

18.3 Die Leiterbahnseite der Platine

Da bei der Schaltung zum einen die Anzeigebausteine mit den IC-Anschlüssen und zum anderen die nötigen Datenleitungen mit den IC-Eingängen verbunden werden müssen, sind bei dieser Schaltung eine Reihe von Leiterbahnverbindungen aufzulöten. Welche dies im einzelnen sind, erfahren Sie nachfolgend.

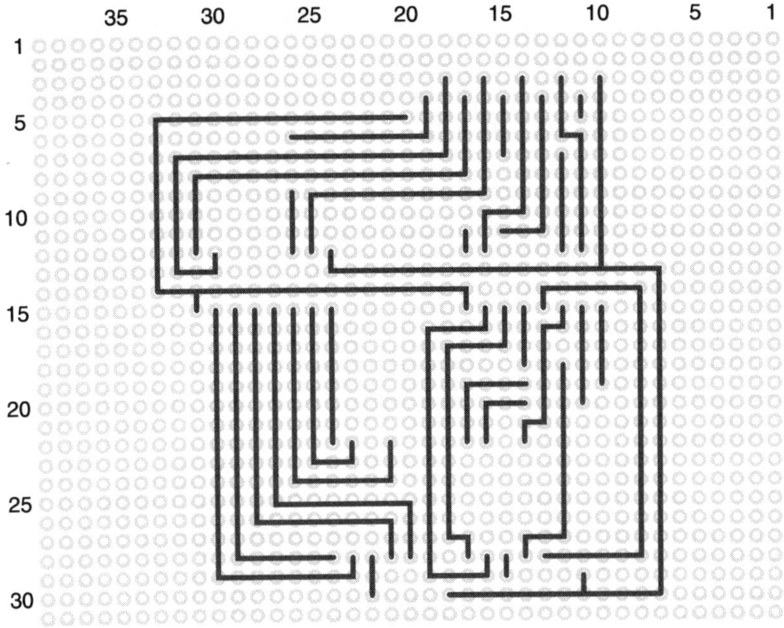

Die Leiterbahnen des Lottozahlengenerators

Der fertige Lottozahlengenerator sieht als Zusatzschaltung wie die folgende Abbildung aus.

Der aufgebaute Lottozahlengenerator

18.4 Die Software der Schaltung

Die Schaltung des Lottozahlengenerators ist ohne die zugehörige Software nur die Hälfte wert. Die Software übernimmt bei dieser Schaltung die Aufgabe, die „Lottozahlen" zu berechnen und die ermittelten Werte über die parallele Schnittstelle Ihres Computers an die Schaltung weiterzugeben.

Installieren Sie deshalb die Software aus dem Verzeichnis *Kap_18/Windows/Install* der beiliegenden CD-ROM. Nach der Installation können Sie sich die Lottozahlen anzeigen lassen.

Wie schon erwähnt, können Sie die Schaltung auch anderweitig einsetzen. Dies wird möglich, wenn Sie die Software abändern. Sollten Sie die Software ändern wollen, benutzen Sie als Grundlage die Source-Dateien aus dem Verzeichnis *Kap_18/Windows/Source*.

Beachten Sie dabei die Art der Datenaufbereitung und -übergabe. Es wird gleichzeitig für jede Sieben-Segment-Anzeige bzw. für jeden Decoder-IC ein vier Bit breiter BCD-Wert an die Schnittstelle übergeben. Die so entstehenden acht Bit können dann parallel an die Decoder übermittelt werden.

Setzen Sie die fertige Software ein, dann bietet sich Ihnen folgendes Bild:

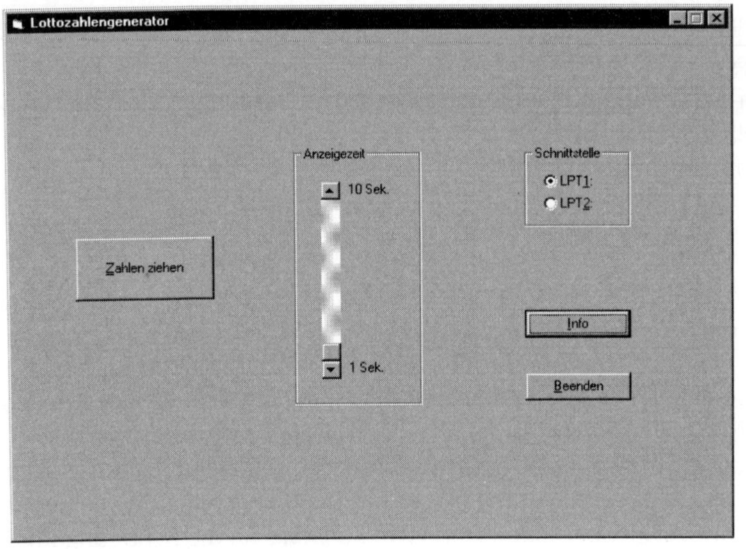

Die Software des Lottozahlengenerators

Die Software besitzt nicht viele Möglichkeiten. Sie können die Berechnung der Zahlenwerte und damit die Ausgabe auf der Anzeige über die Schaltfläche *Zahlen ziehen* aktivieren. Daraufhin wird die Anzeige die Zahlen nacheinander darstellen.

Über die Laufleiste können Sie das Zeitintervall beeinflussen, in dem die Zahlen nacheinander dargestellt werden. Sie können hier Einstellungen im Bereich zwischen einer und zehn Sekunden vornehmen.

Die sechs „normalen" Lottozahlen werden nacheinander angezeigt. Bevor die Zusatzzahl erscheint, wird die Anzeige kurzzeitig ausgeschaltet. Daran können Sie erkennen, daß anschließend die Zusatzzahl dargestellt wird. Sobald die Zusatzzahl dargestellt wird, ist die Ziehung beendet. Die Zusatzzahl bleibt angezeigt und wird erst wieder entfernt, wenn eine neue Ziehung erfolgt.

Weitere Funktionen sind für die Schaltung nicht notwendig. Lediglich die obligatorische Option für die Schnittstelle LPT1 bzw. LPT2 ist noch vorhanden.

18.5 Der Einsatz der Schaltung

Für den Einsatz der Schaltung sind die Ihnen schon bekannten Schritte durchzuführen. Befolgen Sie diese auch bei dieser Schaltung.

1. Stecken Sie die Zusatzplatine des Lottozahlengenerators in die Buchsenleiste der Grundplatine.

2. Schließen Sie das Druckerkabel sowohl an die Grundschaltung als auch an die parallele Schnittstelle Ihres Computers an.
3. Um die Grundplatine mit der externen Versorgungsspannung zu speisen, stellen Sie das Netzteil auf 9 Volt mit der richtigen Polarität ein und stecken dann den Netzstecker des Netzteils in die Steckdose.
4. Starten Sie die installierte Software zu der Schaltung.
5. Aktivieren Sie die Option der verwendeten Schnittstelle LPT1 oder LPT2.
6. Starten Sie die „Ziehung" über die *Zahlen ziehen*-Schaltfläche. Korrigieren Sie die Anzeigegeschwindigkeit über den Schieberegler.

Wie Sie sehen, handelt es sich bei der Schaltung um eine einfache Anzeige von Zahlenwerten. Diese kann auch für andere Zwecke eingesetzt werden. Überall da, wo Sie Zahlenwerte, z. B. einer Gruppe von Menschen, gut sichtbar anzeigen wollen, können Sie diese Schaltung einsetzen. Die darzustellenden Zahlen müssen Sie dann allerdings über eine veränderte Software an die Schaltung übertragen.

Ist Ihnen die Anzeige zu klein, besteht die Möglichkeit, daß Sie die Sieben-Segment-Anzeige durch größer dimensionierte Anzeigebausteine austauschen. Diese sind im Elektronik-Fachhandel zu erhalten.

19. Der elektronische Klatschschalter

Die Schaltung in diesem Kapitel stellt Ihnen die Möglichkeit zur Verfügung, einen Kontakt auf eine bestimmte Weise zu schließen. Sie müssen dazu nur in die Hände klatschen. Die Schaltung ist so ausgelegt, daß sie das Geräusch des Klatschens registriert, dies an den Computer übermittelt, woraufhin dieser ein Relais auf der Schaltung aktiviert.

Über die Kontakte des Relais können Sie dann etwas Beliebiges ein- bzw. ausschalten.

Die Schaltung übermittelt die Daten über die parallele Schnittstelle des Computers und benötigt eine zusätzliche Versorgungsspannung. Obwohl die Schaltung aus einer Reihe von Bauelementen besteht, kann sie trotzdem auf einer halben Europa-Lochrasterplatine aufgebaut werden.

19.1 Die Funktion der Schaltung

Ein Bauelement der Schaltung ist ein kleiner *Lautsprecher*, der hier allerdings als *Mikrofon* eingesetzt wird. Über dieses Mikrofon wird die in der Nähe des Bauteils vorhandene Geräuschkulisse registriert. Das Mikrofon wandelt die Geräusche in elektrische Impulse um, die wiederum von der Schaltung ausgewertet werden.

Tritt ein spezieller Impuls auf, der von einem Klatsch herrührt, wird dies von der Schaltung erkannt und eine entsprechende Information an den Computer übermittelt. Die dort laufende Software reagiert daraufhin und schaltet ein Relais auf der Platine.

Mit Hilfe der Schließer- bzw. Öffner-Kontakte des Relais, die über Anschlußklemmen auf der Platine für Sie zugänglich gemacht werden, können Sie etwas Beliebiges ein- bzw. ausschalten.

Damit Sie die Schaltung in Betrieb nehmen können, benötigen Sie die externe Spannungsversorgung und das Flachbandkabel mit dem Centronics-Stecker, das Sie auch für die Grundplatine verwenden.

19.2 Der Aufbau der Schaltung

Um die Funktion der Schaltung zu realisieren, sind eine Reihe von verschiedenen Bauelementen notwendig. Diese lassen sich aber allesamt ohne Probleme auf die Platine löten. Zusätzlich muß der schon oben angesprochene Kleinlautsprecher angebracht werden. Dazu erhalten Sie allerdings später noch genauere Informationen. Bauen Sie als erstes die Schaltung auf. Berücksichtigen Sie die Lage der Bauteile anhand der nachfolgenden Zeichnung.

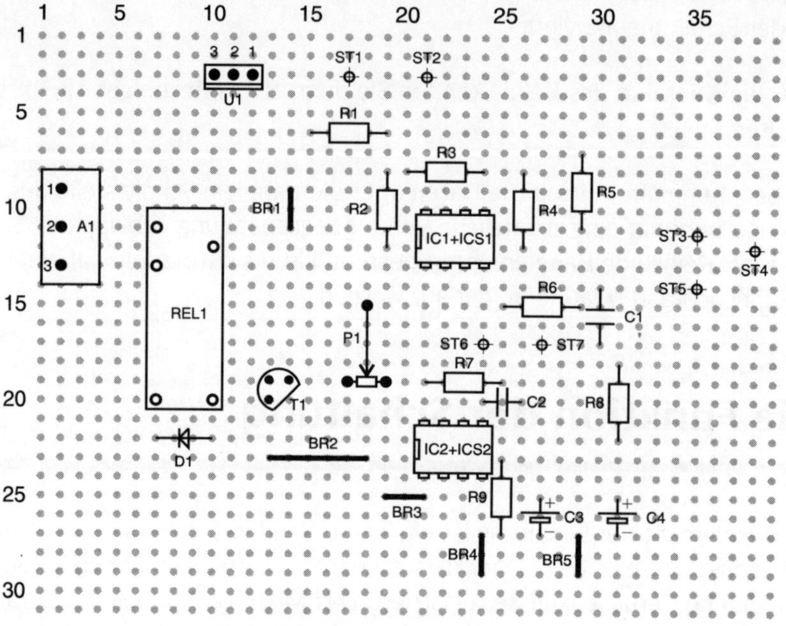

Die Bauteile für den Klatschschalter

Damit Sie wissen, um welche Bauelemente es sich im einzelnen handelt, erhalten Sie auch zu dieser Schaltung die entsprechende Stückliste.

Die Stückliste

Kennzeichnung	Bezeichnung	Bauteilart
BR1 - BR5	Leiterbahnbrücke	Schaltdraht
R1	2,2 kΩ	Widerstand
R2	4,7 kΩ	Widerstand
R3	470 kΩ	Widerstand
R4 - R6	100 kΩ	Widerstand
R7	47 kΩ	Widerstand
R8	220 Ω	Widerstand

R9	1 kΩ	Widerstand
P1	22 kΩ	Potentiometer (liegend)
C1	22 nF	Kondensator
C2	0,1 µF	Kondensator (Elko)
C3, C4	2,2 µF	Kondensator
T1	BC546B	Transistor
D1	1N4007	Diode
IC1	NE555	Timer-IC
IC2	NE532	Operationsverstärker-IC
ICS1, ICS2	8poliger IC-Sockel	IC-Sockel
U1	7805	Spannungsregler
REL1	5-V-Leistungsrelais 1 x UM	Kartenrelais
A1	3polige Anschlußklemme	Anschlußklemme
ST1 - ST7	Pfosten	Steckverbindung

Die Schaltung aufbauen

Wenn Sie die Bauteile auf die Platine löten, beachten Sie folgende Punkte, da ansonsten die Funktion der Schaltung nicht gewährleistet ist:

Bei der Diode müssen Sie unbedingt die Polarität beachten.

1. Die beiden ICs müssen richtig herum in die Fassung eingesteckt bzw. die IC-Sockel entsprechend der Zeichnungsvorgabe richtig herum aufgelötet werden.
2. Da das hier verwendete Kartenrelais identisch mit dem in Kapitel 15 eingesetzten ist, sollten Sie dort die Relais-Daten entnehmen und sich das entsprechende besorgen.
3. Auch die hier verwendeten Anschlußklemmen kennen Sie bereits aus Kapitel 15. Lesen Sie dort die notwendigen Informationen zu diesem Bauteil nach.
4. Bei dem in dieser Schaltung verwendeten Potentiometer handelt es sich nicht um ein Spindelpotentiometer, sondern um eine einfache, preiswertere Ausführung. Achten Sie beim Kauf darauf, daß Sie eine liegende Ausführung erhalten, damit Sie das Bauelement entsprechend der Zeichnung einsetzen können. Achten Sie zudem darauf, daß die Ausmaße des Potentiometers mit denen der Zeichnung übereinstimmen, da es Potentiometer in verschiedenen Größen gibt.
5. Beim Auflöten der Kondensatoren C3 und C4 achten Sie auf die Polarität, da es sich hier um Elektrolyt-Kondensatoren handelt.

Nach dem Auflöten der Bauteile müssen auch hier die erforderlichen Leiterbahnen auf der Rückseite der Platine aufgelötet werden.

19.3 Die Leiterbahnseite der Platine

Bringen Sie die in der nachfolgenden Zeichnung vorgegebenen Leiterbahnen auf die Rückseite der Platine auf.

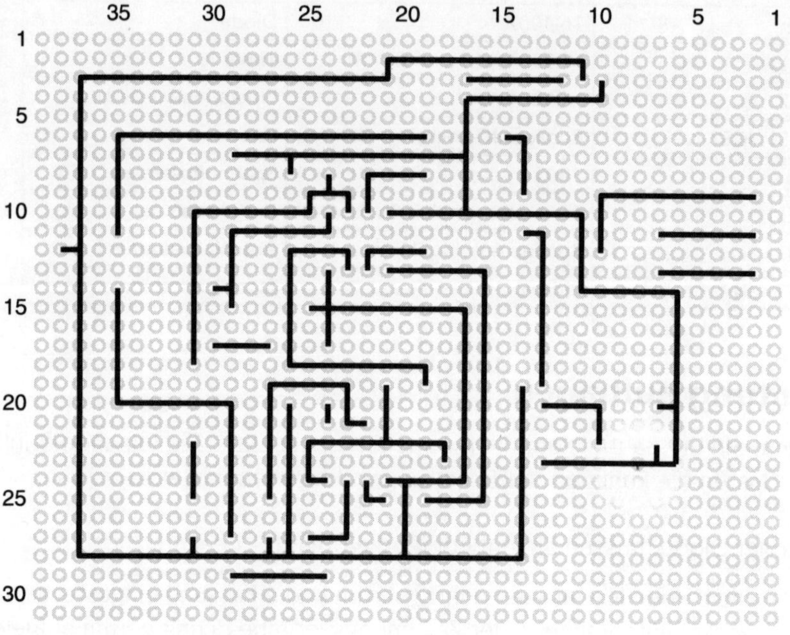

Die Rückseite des Klatschschalters

Wie bei den meisten Schaltungen in diesem Buch müssen auch bei dieser nach dem Auflöten der Leiterbahnen einige Arbeiten zum Abschluß durchgeführt werden.

19.4 Ergänzende Arbeiten an der Schaltung

Da über die Pfosten noch einige zusätzliche Elemente an die Platine angeschlossen werden müssen, sind Sie mit der Arbeit noch nicht ganz fertig. Einen Teil der erforderlichen zusätzlichen Arbeiten kennen Sie schon, andere kennen Sie bislang noch nicht; sie ähneln allerdings denen, die Sie schon kennengelernt haben.

Wenden Sie sich als erstes dem Lautsprecher zu, von dem Sie schon am Anfang des Kapitels gehört haben.

Es handelt sich bei dem Lautsprecher um einen preiswerten Kleinlautsprecher mit einem Innenwiderstand von 8 Ω. Sie erhalten einen solchen Lautsprecher in jedem Elektronikfachgeschäft.

Ein Kleinlautsprecher dient als Mikrofon

Die nachfolgenden Schritte müssen Sie durchführen, um den Lautsprecher an die Schaltung anzuschließen.

1. Wie Sie leicht feststellen können, enthält der Lautsprecher zwei Kontakte. An diese Kontakte müssen Sie ein zweiadriges Kabel anlöten, so daß Sie den Lautsprecher anschließend mehr oder weniger unabhängig von der Schaltung beliebig positionieren können.

   An den anderen Enden der Adern des Kabels löten Sie zwei Pfostenstecker an. Diese werden dann auf die Pfosten ST6 und ST7 gesteckt. Eine Polarität ist hier nicht zu berücksichtigen. Der Lautsprecher bzw. das Mikrofon ist damit korrekt an die Schaltung angebracht worden.

2. Die bereits bekannte zusätzliche Spannungsversorgung wird an die beiden Pfosten ST1 und ST2 angelegt. Im Gegensatz zum Lautsprecher ist hier die Polarität zu beachten. Die Plus-Leitung stecken Sie auf den Pfosten ST1, die Masse-Leitung auf den Pfosten ST2.

3. Da die Schaltung ihre Informationen über die parallele Schnittstelle des Computers austauscht, muß das Flachbandkabel mit dem Centronics-Stecker auf die drei noch freien Pfosten aufgesteckt werden. Beachten Sie dabei nachfolgende Zuordnung:

ST3	Leitung 3
ST4	Leitung 2
ST5	Leitung 1

Nachdem Sie die obigen Arbeiten durchgeführt haben, ist die Schaltung für den Einsatz vorbereitet.

Die vollständige Schaltung des Klatschschalters

19.5 Die Software der Schaltung

Auch diese Schaltung kommt nicht ohne Software aus. Sie finden die entsprechenden Installationsdateien auf der CD-ROM im Buch im Verzeichnis *Kap_19/Windows/Install*. Wie bekannt, muß auch diese Software über das *Setup*-Programm installiert werden.

Da innerhalb der Software auch andere Funktionen denkbar sind als die, die Sie durch die installierbare Version vorgegeben bekommen, erhalten Sie die veränderbaren Visual Basic-Dateien im Unterverzeichnis *Source*. So ist es z. B. denkbar, daß die Software auf einen Klatsch hin ein bestimmtes Softwareprogramm startet.

Wenden Sie sich allerdings zunächst der vorhandenen Software zu. Nachdem Sie diese installiert haben, können Sie sie starten. Das nachfolgend abgebildete Fenster enthält die möglichen Funktionen zu dieser Schaltung.

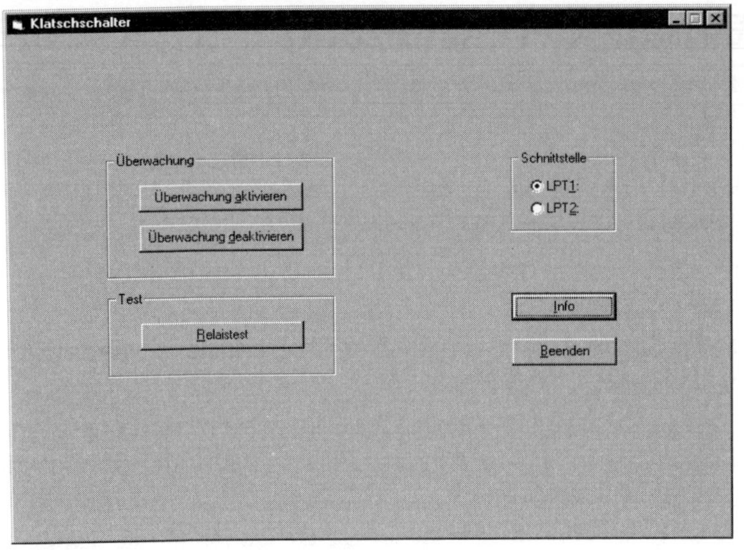

Das Programm zum Klatschschalter

Die notwendige Option für die von Ihnen verwendete Schnittstelle LPT1 bzw. LPT2 kennen Sie schon. Legen Sie hier fest, welche der beiden Schnittstellen Sie benutzen.

Die Schaltung bietet Ihnen einen *Relaistest* an, der über die gleichnamige Schaltfläche durchgeführt wird. Sobald Sie diese Schaltfläche anklicken, wird das Relais aktiviert und nach einer Zeitspanne von ca. 2 Sekunden wieder deaktiviert. Unabhängig von der Funktion der restlichen Schaltung kann so die ordnungsgemäße Funktion des Relais getestet werden.

Um die Schaltung an sich zu aktivieren, klicken Sie auf die Schaltfläche *Überwachung aktivieren*. Erst dann reagiert die Software auf die Impulse der Schaltung.

Möchten Sie die Schaltung wieder ausschalten, klicken Sie entsprechend auf *Überwachung deaktivieren*.

Die Empfindlichkeit der Schaltung kann über die Software nicht beeinflußt werden. Dazu ist das Potentiometer P1 auf der Schaltung vorhanden. Je nachdem, in welche Richtung Sie dieses Potentiometer drehen, reagiert die Schaltung empfindlicher oder weniger empfindlich.

19.6 Der Einsatz der Schaltung

Um die Schaltung einsatzbereit zu machen, sind einige Schritte notwendig. Dies betrifft neben der Einstellung der Empfindlichkeit auch die bekannten Arbeiten für die Zusatzspannung bzw. den Anschluß an den Computer.

1. Verbinden Sie zuerst das Kabel des Lautsprechers (Mikrofons) mit den Pfosten auf der Schaltung.
2. Schließen Sie die Schaltung mit einem Druckerkabel an die parallele Schnittstelle des Computers an.
3. Stecken Sie die beiden Leitungen für die externe Versorgungsspannung auf die Pfosten der Schaltung. Achtung: Polarität beachten. Stecken Sie das Netzteil in die Steckdose.
4. Starten Sie die Software und stellen Sie die Option für die Schnittstelle richtig ein. Um die Funktion des Relais zu testen, klicken Sie auf die Schaltfläche *Relaistest*.
5. Klatschen Sie anschließend in der Nähe des Lautsprechers in die Hände. Sollte die Schaltung nicht reagieren, verändern Sie mit einem kleinen Schraubendreher die Position des Potentiometers. Auf diese Weise können Sie die Empfindlichkeit der Schaltung einstellen. Versuchen Sie verschiedene Einstellungen, und sammeln Sie Erfahrungswerte, was die Empfindlichkeit angeht. Stellen Sie dann das Potentiometer so ein, daß die Schaltung nicht auf jedes Geräusch reagiert.

Haben Sie die richtige Einstellung gefunden, können Sie die Schaltung einsetzen. An die Kontakte des Relais bzw. der Anschlußklemmen schließen Sie die Leitungen der zu steuernden Schaltung an.

Hierbei besteht zwischen den Klemmen 1 und 2 ein Öffner-Kontakt und zwischen den Klemmen 1 und 3 ein Schließer-Kontakt.

Bevor Sie die zu steuernde Schaltung an den Klatschschalter anschließen, beachten Sie unbedingt die nachfolgenden Hinweise.

Achtung bei der Schaltungssteuerung

Da die Schaltung dazu geeignet ist, Lampen oder ähnliches ein- bzw. auszuschalten, müssen Sie bestimmte Sicherheitsmaßnahmen einhalten. Sollten Sie diese nicht berücksichtigen, kann dies zu Gesundheitsschäden führen.

Die Sicherheitshinweise können Sie am Ende von Kapitel 15 nachlesen. Dort ist die gesamte Problematik ausführlich dargelegt. Alle dort angesprochenen Dinge sind auch für diese Schaltung gültig. Beachten Sie unbedingt die dort angesprochenen Vorkehrungen und den nachfolgenden Hinweis.

A

▶ **Sollten Sie beabsichtigen, über die Klemmen der Schaltung eine hohe Spannung zu steuern, suchen Sie einen versierten Elektronikhandel auf und lassen sich ein nicht leitendes Gehäuse um die Schaltung anbringen. Dadurch werden Sie vor einem direkten Kontakt mit den Leiterbahnen geschützt. Dies müssen Sie bei der Steuerung von Wechselspannungen auch bei niedrigeren Spannungswerten berücksichtigen.**

20. Der Durchgangsmelder

Den in diesem Kapitel zu erstellenden *Durchgangsmelder* können Sie in Ihrer Eisenbahnanlage oder einer anderen Modellanlage einsetzen. Allerdings sind auch andere sinnvolle Einsatzgebiete denkbar. Doch bevor Sie darüber nachdenken, wo Sie diese Schaltung noch einsetzen können, etwas zur Arbeitsweise der Schaltung. Das Kernstück der Schaltung ist eine *Lichtschranke*, die registriert, wenn sich etwas durch die Lichtschranke hindurchbewegt. Über den weiteren Schaltungsaufbau wird diese Information an die parallele Schnittstelle des Computers weitergeleitet. Über eine Software wird die dort ankommende Information ausgewertet. Innerhalb der Software wird ein Zähler die Anzahl der Lichtschrankenreaktionen protokollieren. Auf diese Weise können Sie z. B. in einer Eisenbahnanlage/Autorennbahn die Anzahl der Vorbeifahrten eines Zuges/Autos zählen lassen.

Die Schaltung benötigt mindestens eine zusätzliche Versorgungsspannung. Wahlweise kann die Schaltung auch in Verbindung mit einer zweiten zusätzlichen Spannungsquelle in Form einer Batterie eingesetzt werden. Doch dazu erfahren Sie später mehr. Da die Schaltung aus zwei Teilen besteht, einer *Sende-* und einer *Empfängerschaltung*, müssen Sie zum einen eine halbe Europa-Lochrasterplatine für den Empfängerteil vorbereiten und zum anderen die Hälfte einer halben (also eine viertel) Europa-Lochrasterplatine für den Sendeteil.

20.1 Die Funktion der Schaltung

Die grundsätzliche Funktionsweise der Schaltung können Sie sich folgendermaßen vorstellen. Die Sendeschaltung sendet ein für Sie nicht sichtbares Licht aus, sobald Sie die Schaltung mit Spannung versorgen. Die Empfängerschaltung ist in der Lage, dieses Licht aufzufangen, und stellt einen entsprechenden Schaltungszustand her, der an die Software des Computers übermittelt wird. Wird der Lichtstrahl von der Sende- zur Empfängerschaltung, z. B. von einem Gegenstand, unterbrochen, ändert der Empfänger seinen Schaltungszustand. Dies wird von der Software registriert, ausgewertet und optisch kundgetan. Ist die Unterbrechung des Lichtstrahls nicht mehr vorhanden, wird der Ursprungszustand der Schaltung wiederhergestellt.

Die Schaltung kann allerdings nur funktionieren, wenn Sender und Empfänger so plaziert werden, daß die Senderdiode direkt zum Empfänger „senden“ und dieser das Licht gut empfangen kann. Die beiden Schaltungen müssen folglich genau gegenüberstehend angeordnet werden.

Da es bei einigen Einsatzplätzen sinnvoll ist, die Spannungsversorgung der Sendeschaltung nicht von der Empfängerschaltung abzugreifen, können Sie diese auch mit Hilfe einer Batterie betreiben. Zwar dürfen die beiden Teilschaltungen nicht mehrere Meter auseinanderstehen, dennoch kann ein Kabel, z. B. zwischen den beiden Seitenteilen eines Türrahmens, sehr störend sein. Der Empfängerteil der Schaltung wird dagegen auf jeden Fall von der bekannten externen Spannungsversorgung gespeist werden. Zudem benötigen Sie das Flachbandkabel mit dem Centronics-Stecker für die parallele Schnittstelle.

20.2 Der Aufbau der Schaltung

Der Aufbau der Schaltung erfolgt in zwei Teilen, da es sowohl eine Sende- als auch eine Empfängerschaltung aufzubauen gilt.

Der Sender

Wenden Sie sich als erstes dem Sender zu. Wie bekannt, reicht ein Viertel einer Europa-Lochrasterplatine für den Aufbau aus. Die wenigen hierfür benötigten Bauteile sind in der nachfolgenden Zeichnung dargestellt.

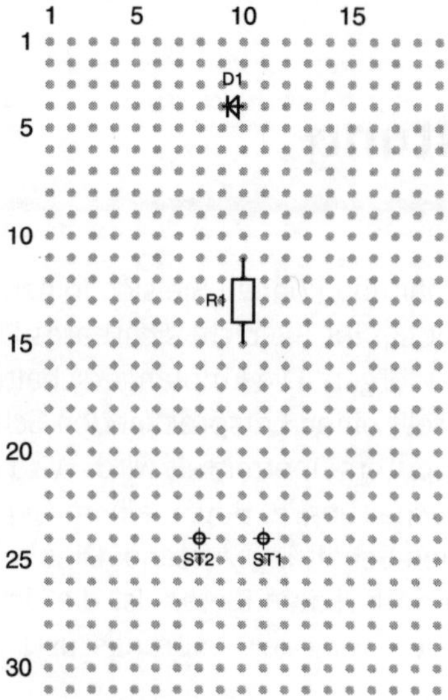

Der Bauteileaufbau des Senders

Bei den einzelnen Elementen handelt es sich um die folgenden Bauteile.

Die Stückliste

Kennzeichnung	Bezeichnung	Bauteilart
R1	56 Ω	Widerstand
T1	Infrarot-Diode SFH 409	Diode
ST1, ST2	Pfosten	Steckverbindung

Den Sender aufbauen

Die wenigen Bauteile sind einfach aufzubauen. Dennoch sollten Sie folgendes beachten:

1. Die Sende-Diode sieht aus wie eine normale, von anderen Schaltungen bekannte Leuchtdiode. Der Einsatz hinsichtlich der Polarität dieser Diode erfolgt entsprechend genauso. Sie sollten die Diode allerdings nicht so weit durch die Platine hindurchstecken, daß diese flach aufliegt. Es ist notwendig, die Diode um 90° abzuwinkeln, damit der Sendestrahl direkt in Richtung Empfängerteil ausgerichtet werden kann, ohne daß die Platine aufrecht stehend angebracht werden muß.
2. Die Pfosten ST1 (Plus) und ST2 (Minus) sind für die Spannungsversorgung der Schaltung vorgesehen. Dort können Sie entweder ein Kabel anbringen, das die Spannung von der Senderplatine abgreift, oder Sie setzen eine 9-Volt-Batterie, eine sogenannte *Blockbatterie*, ein. Für diese Art Batterie gibt es spezielle Anschlußkabel, an die Sie Pfostenstecker anlöten können. Über einen Spannungsregler muß diese Spannung dann auf 5 Volt begrenzt werden. Zusätzlich sollten Sie dann noch einen Schalter in die Zuleitung einbringen, so daß Sie den Sender mit Hilfe des Schalters an- und ausschalten können. Auf diese Weise können Sie die Schaltung von der Batterie aus speisen. Achten Sie allerdings auch hier auf die Polarität.
3. Beim Einbau eines Schalters sollten Sie unbedingt kontrollieren, in welcher Position der Schalter die Schaltung ein- bzw. ausschaltet, und die Zustände entsprechend vermerken. So wissen Sie immer, wann die Schaltung sendet und wann nicht.

Die Leiterbahnseite des Senders

Die einzelnen Bauteile des Sender-Moduls müssen so, wie durch die nachfolgende Zeichnung vorgegeben, miteinander verbunden werden.

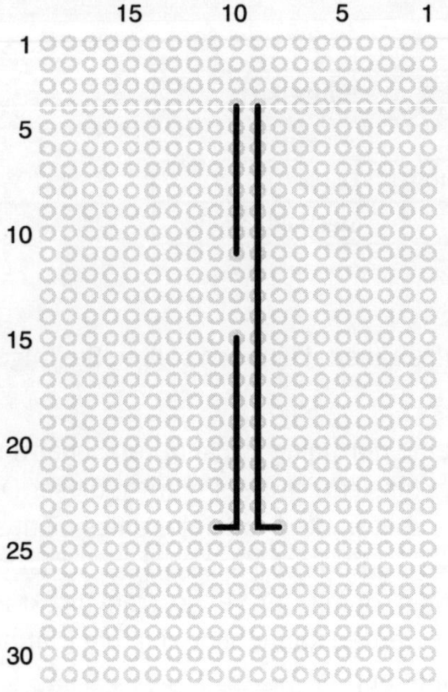

Die Leiterbahnen des Senders

Nachdem Sie den Sender aufgebaut haben, sieht die Schaltung so aus:

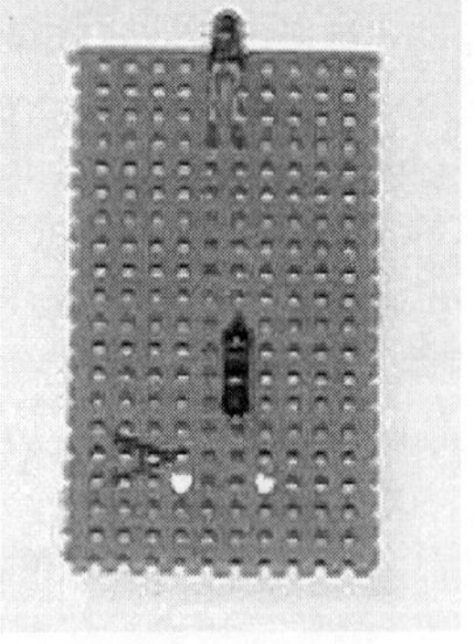

Der fertig aufgebaute Sender

Der Empfänger

Haben Sie den Sender aufgebaut, wenden Sie sich dem Empfänger-Modul zu. Auch dieser Teil der Schaltung besteht lediglich aus wenigen Bauteilen, so daß eine halbe Europa-Lochrasterplatine ausreichend ist.

Auch hier wird Ihnen der Aufbau der einzelnen Bauelemente anhand einer Zeichnung vorgegeben.

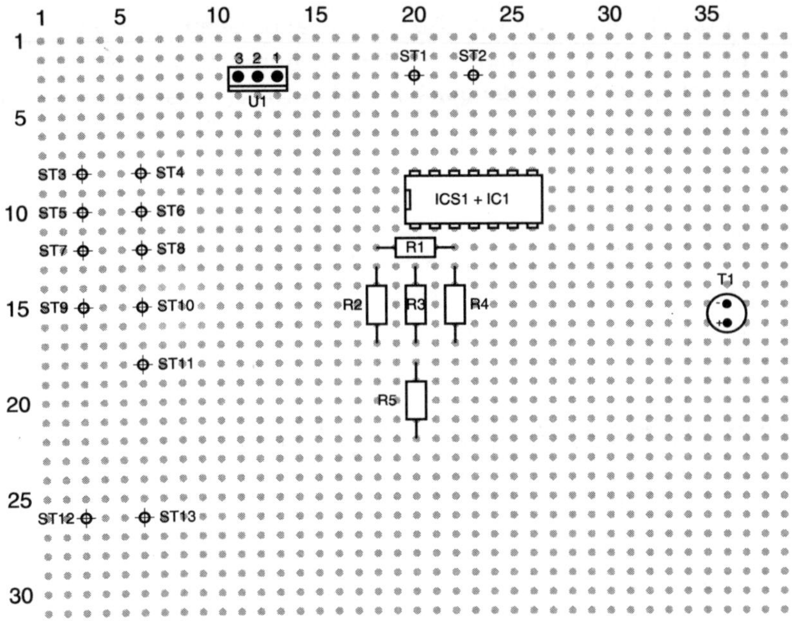

Die Elemente des Empfängers

Der Aufbau ist aufgrund der wenigen Bauteile problemlos durchzuführen. Bei den Bauteilen handelt es sich um die nachfolgend aufgeführten Ausführungen:

Die Stückliste

Kennzeichnung	Bezeichnung	Bauteilart
R1, R4, R5	10 kΩ	Widerstand
R2, R3	100 kΩ	Widerstand
IC1	LM324	4fach-Operationsverstärker
T1	SFH 309	Phototransistor
U1	7805	Spannungsregler
ST1 - ST13	Pfosten	Steckverbindung

Achten Sie beim Aufbau darauf, daβ Sie den Empfängertransistor wie die Sende-Diode um 90° abknicken. Beide Bauteile, die Sende-Diode und der Empfängertransistor, sollten auf eine Höhe abgewinkelt werden.

Beim Einbau des Phototransistors achten Sie unbedingt auf die Polarität. Innerhalb der Zeichnung zeigen Ihnen die Plus- und Minuszeichen die entsprechende Richtung an. Der Transistor hat ein ähnliches Aussehen wie eine Diode. Damit Sie das Bauteil richtig einbauen können, wird hier dennoch von einem Plus- und Minus-Pol gesprochen. Beachten Sie unbedingt die nachfolgenden Erläuterung zur Polarität des Phototransistors.

Die Polarität ist beim Phototransistor genau andersherum wie bei einer Leuchtdiode. Der längere Anschlußdraht ist hier die Kathode, also der Minus-Pol. Der kurze Anschlußdraht stellt demnach beim Phototransistor die Anode, also den Plus-Pol dar. Berücksichtigen Sie dies, wenn Sie den Phototransistor einbauen.

Sollten Sie den Phototransistor falsch herum einlöten, hat dies zur Folge, daß das Empfängermodul nur dann auf den Sender reagiert, wenn dieser in unmittelbarer Nähe (Abstand lediglich 1 bis 5 mm) vor dem Phototransistor aufgebaut wird. Stellen Sie dieses Phänomen fest, dann kontrollieren Sie, ob das Bauelement richtig herum eingelötet ist.

Die Leiterbahnseite des Empfängers

Berücksichtigen Sie für die Rückseite der Empfänger-Platine folgende Leiterbahnverbindungen:

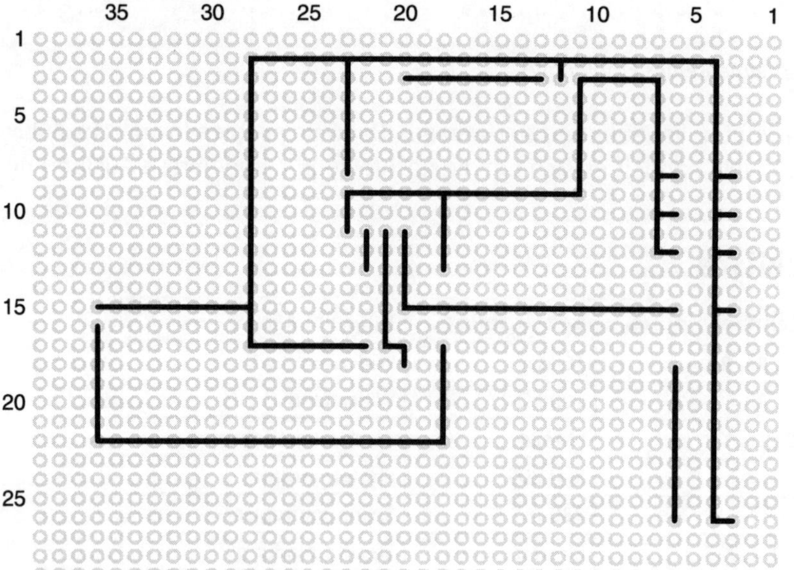

Die Leiterbahnseite des Empfängers

Nach dem Aufbau der Platine können Sie die notwendigen Kabel anschließen.

1. Stecken Sie die beiden Leitungen der externen Spannungsversorgung auf die Pfosten ST1 (Plus) und ST2 (Minus).
2. Die beiden Pfosten ST3 (Plus) und ST4 (Minus) sind dazu da, um im Bedarfsfall den Sender mit Strom zu versorgen. Setzen Sie dort keine Batterie ein, dann legen Sie von diesen beiden Pfosten ein zweiadriges Kabel zu den beiden entsprechenden Pfosten des Sender-Moduls. Beachten Sie hierbei

unbedingt die Polarität der Pfosten bzw. der beiden Leitungen. Denken Sie ebenfalls daran, daß der Sender, sollten Sie einen Schalter eingebaut haben, eingeschaltet werden muß, damit er sendet.

3. Das Flachbandkabel für die parallele Schnittstelle stecken Sie auf die Pfosten ST9 und ST10. Die folgende Zuordnung muß dabei berücksichtigt werden.

ST9	Leitung 2
ST10	Leitung 19

Die weiteren in der Schaltung vorhandenen Pfosten werden hier unberücksichtigt gelassen. Sie sind schon für die Schaltung aus dem nächsten Kapitel integriert worden.

Nachdem die Arbeiten ausgeführt sind, ist der Empfänger und damit die gesamte Schaltung einsatzbereit.

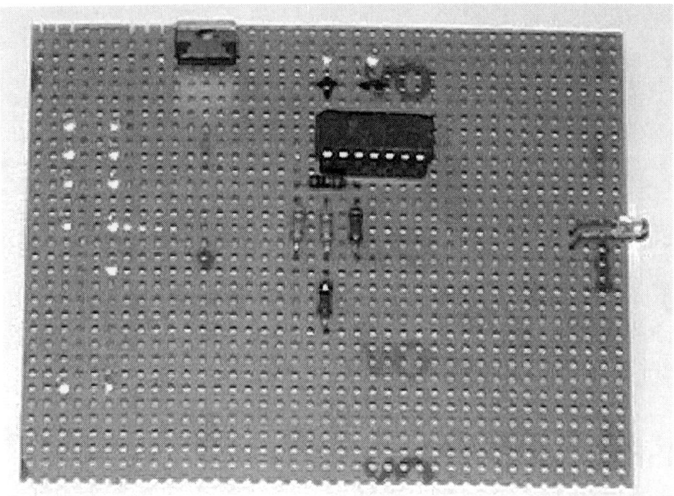

Das Empfänger-Modul des Durchgangsmelders

20.3 Die Software der Schaltung

Die Signale des Durchgangsmelders werden von einer zur Schaltung gehörenden Software überwacht bzw. ausgewertet. Die Software befindet sich auf der CD-ROM im Buch im Verzeichnis *Kap_20/Windows/Install*. Mit Hilfe der dort vorhandenen Dateien können Sie die Software installieren. Die veränderbaren Sourcecode-Dateien finden Sie dagegen im *Source*-Unterverzeichnis.

Haben Sie die Installation durchgeführt, können Sie das Programm starten. Es bietet sich daraufhin folgendes Bild.

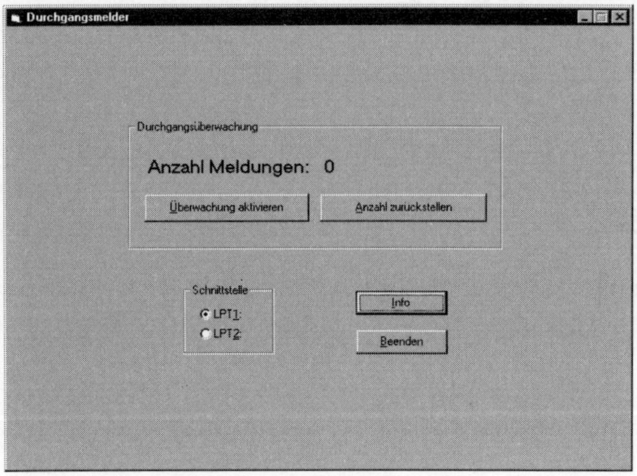

Die Software für den Durchgangsmelder

Obligatorisch ist die Option für die verwendete Schnittstelle LPT1 bzw. LPT2. Stellen Sie diese auf die von Ihnen verwendete Schnittstellennummer ein. Neben der oben genannten Option befindet sich ein weiterer Bereich im Programmfenster.

Im Bereich *Durchgangsüberwachung* wird Ihnen über eine Zahl angezeigt, wie oft der Lichtstrahl unterbrochen wurde. Über die dort vorhandenen Schaltflächen *Überwachung aktivieren* und *Anzahl zurückstellen* können Sie die Anzeige steuern bzw. aktivieren oder ausschalten.

20.4 Der Einsatz der Schaltung

Der erstmalige Einsatz der Schaltung ist etwas aufwendiger, als Sie es von den bisherigen Schaltungen gewohnt sind. Sie müssen hier nicht nur die erforderlichen Kabelverbindungen herstellen, sondern auch dafür sorgen, daß der Empfänger das Licht des Sender-Moduls empfängt. Dies ist deshalb nicht ganz einfach zu bewerkstelligen, weil Sie das Licht nicht sehen können. Doch der Reihe nach:

1. Schließen Sie als erstes das Empfänger-Modul an den Computer an. Benutzen Sie dazu das bekannte Druckerkabel.
2. Versorgen Sie das Modul mit der externen Versorgungsspannung. Beachten Sie dabei unbedingt die Polarität. Stecken Sie das Netzteil zudem direkt in die Steckdose.

3. Starten Sie die Software und stellen Sie die Option für die Schnittstelle richtig ein.
4. Stellen Sie das Sende-Modul zum Einstellen etwa 10 cm vom Empfänger entfernt auf. Stellen Sie dabei sicher, daß die Diode zum Empfänger strahlen kann und daß der Empfänger-Transistor zur Diode hin ausgerichtet ist.
5. Stellen Sie die Versorgungsspannung des Senders entweder über die Verbindung zur Empfängerplatine oder über eine Batterie sicher. Achten Sie darauf, daß die Batterie voll ist, falls Sie eine einsetzen.
6. Ist die Versorgungsspannung an den Sender angelegt, schalten Sie diesen eventuell über den Schalter ein. Haben Sie keinen Schalter eingebaut, sendet die Diode, sobald die Versorgungsspannung anliegt.
7. Die ordnungsgemäße Funktion der Schaltung können Sie dann kontrollieren, indem Sie die Schaltfläche *Überwachung aktivieren* anklicken und anschließend Ihre Handfläche zwischen Sender und Empfänger halten. Der Zähler wird seine Arbeit verrichten.
8. Ist die Funktion der Schaltung erfolgreich getestet worden, können Sie sich anschließend daran begeben, die beiden Module an ihren eigentlichen Einsatzort zu bringen. Haben Sie diese dort plaziert, dann müssen Sie die gleiche Prozedur wiederholen. Beachten Sie dabei die nachfolgenden allgemeinen Hinweise.

Die Schaltung kann für unterschiedliche Aufgaben eingesetzt werden: als Rundenzähler einer Modellautobahn oder überall dort, wo sich durch bewegende Teile Zustandsänderungen der Schaltung ergeben können.

Die beiden Module sollten nicht zu weit voneinander aufgestellt werden. Sie können die maximale Entfernung austesten, indem Sie die Schaltung wie oben beschrieben in Betrieb nehmen und dann den Sender immer weiter entfernt aufstellen.

Sollten Sie den Sender mit einer Batterie speisen, achten Sie darauf, daß dieser ausgeschaltet ist, wenn die Schaltung nicht in Betrieb ist. Unabhängig vom Empfänger wird der Sender ansonsten weitersenden, bis die Batterie leer ist, und Sie wundern sich dann, daß die Schaltung beim nächsten Einsatz nicht funktioniert.

Beim Einsatz der beiden Module sollten Sie noch folgendes beachten. Der Empfänger reagiert auf das ausgesendete Infrarotlicht der Infrarot-Diode. Da bei normaler Tageslichteinstrahlung oder bei stark wärmeentwickelnden Geräten, wie z. B. leistungsfähigen Heizöfen, das Infrarotlicht der Diode beeinflußt wird, sollten Sie darauf achten, daß die Schaltung nur dort eingesetzt wird, wo diese Einflüsse nicht zum Tragen kommen.

Sollten Sie dennoch feststellen, daß der Empfänger auch auf das normale Licht reagiert, dann sollten Sie zwei Dinge unternehmen, um dem entgegenzuwirken.

Zum einen können Sie den Phototransistor mit einem lichtundurchlässigen Material umgeben, so daß das Licht nicht direkt auf das Bauelement einwirken kann. Dies können Sie leicht durch ein schwarze Röhre erreichen. Die Röhre kann dann ruhig über den Transistor hinausragen. Der Sender kann dann leicht von vorn in die Röhre hineinstrahlen.

Sollten dann immer noch Störungen auftreten, versehen Sie die Eingangsöffnung mit einer roten Filterscheibe, die Sie vielleicht von Ihrem Fernseher kennen. Dort wird der Empfängerbereich der Fernbedienung oftmals mit einer solchen Filterscheibe versehen, um das normale Tageslicht herauszufiltern. Eine solche Filterscheibe erhalten Sie ebenfalls im Elektronikfachgeschäft.

21. Der Geschwindigkeitsmesser

Die in diesem Kapitel zu entwickelnde Schaltung basiert auf dem gleichen Prinzip wie die Schaltung aus Kapitel 20. Die dort eingesetzte Lichtschranke wird auch hier verwendet, allerdings besteht der Sinn dieser Schaltung darin, eine Geschwindigkeit zu ermitteln.

Der große Unterschied zur vorherigen Schaltung ist, daß hier zwei Lichtschranken benötigt werden, um die Geschwindigkeit messen zu können. Entsprechend ändert sich auch die Aufgabe der Software, die in Verbindung mit dieser Schaltung eingesetzt werden muß.

Auch diese Schaltung ist dazu gedacht, im Hobbybereich, z. B. bei Modellbahnen, eingesetzt zu werden. Da der Aufbau möglichst gering gehalten wurde, sind z. B. die Messungen der Geschwindigkeiten von richtigen Autos nicht möglich.

Daß auch die Geschwindigkeitsmessung eine zusätzliche Versorgungsspannung benötigt, versteht sich fast von selbst. Die hier zum Einsatz kommenden Sender können wiederum wahlfrei entweder über die Spannungsversorgung der Empfänger-Platine oder über Batterien versorgt werden.

Der gesamte Umfang der Schaltung besteht aus insgesamt vier Platinen. Die beiden Schaltungen aus Kapitel 20 werden hier ebenfalls eingesetzt und sind bei den vier Platinen schon enthalten. Die wichtigste Platine realisiert die Verbindung zur parallelen Schnittstelle des Computers.

Auf dieser Platine ist zudem ein Empfänger-Modul enthalten. Ein weiteres Empfänger-Modul, auf einer eigenen Platine aufgebaut, wird über ein Kabel an diese Platine angeschlossen. Diese Schaltung müssen Sie hier noch aufbauen.

Neben den beiden Empfänger-Platinen benötigt die Schaltung zwei Sender, wobei diese identisch aufgebaut sind. Da es sich bei dem Sender um den gleichen wie in Kapitel 20 erstellten handelt, können Sie diesen, falls Sie die Schaltung aus Kapitel 20 bereits aufgebaut haben, einsetzen und müssen somit lediglich einen weiteren Sender aufbauen.

21.1 Die Funktion der Schaltung

Da Sie die Funktionsweise der Lichtschranke aus Kapitel 20 kennen, soll sie hier nicht noch einmal erläutert werden. Sie wissen, daß die Lichtschranke aus einem Sender und einem Empfänger besteht. Wird der Lichtstrahl zwischen diesen beiden Modulen unterbrochen, wird ein entsprechender Impuls erzeugt, der von der Software ausgewertet werden kann.

Bei dieser Schaltung werden zwei Lichtschranken so eingesetzt, daß die beiden Lichtstrahlen nacheinander von einem sich in Bewegung befindlichen Gegenstand, z. B. einer Modelleisenbahn, unterbrochen werden. Dies bedingt allerdings, daß der Bewegungsweg (die Gleise) des Gegenstands (der Modelleisenbahn) durch die beiden Lichtschranken führt.

Es wird durch den oben beschriebenen Vorgang je ein Impuls der beiden Lichtschranken zeitlich versetzt erzeugt. Aufgrund dieser zeitverschobenen Impulserzeugung kann eine Geschwindigkeitsberechnung stattfinden. Voraussetzung für die beabsichtigte Geschwindigkeitsberechnung ist allerdings, daß der Abstand zwischen den beiden Lichtschranken so exakt wie möglich eingestellt der Software mitgeteilt wird.

An einer Modelleisenbahn vereinfacht beschrieben, läuft der Meßvorgang folgendermaßen ab. Die Lichtschranken werden in einer definierten Entfernung voneinander, z. B. 50 cm, an einem geraden Gleisstück plaziert. Wenn der Zug die erste Lichtschranke durchfährt, wird dies im Computer registriert und gespeichert. Durchfährt der Zug die zweite Lichtschranke, erhält der Computer einen weiteren Impuls. Die Software registriert auch diesen und berechnet daraufhin die Zeitspanne zwischen den beiden Impulsen. Basierend auf der Entfernung zwischen den Lichtschranken und der gemessenen Zeitspanne kann eine Geschwindigkeit errechnet werden, die Ihnen anschließend angezeigt wird.

Die einzelnen Schritte zum Aufbau und zur Inbetriebnahme der Schaltung erfahren Sie nachfolgend.

21.2 Der Aufbau der Schaltung

Wie Sie erfahren haben, besteht die Schaltung aus vier Teilen, die auf entsprechend vielen Platinen aufgebaut werden. Wenden Sie sich als erstes den Sendern zu.

Die Sender

Da die Sender für die in diesem Kapitel verwendeten Lichtschranken identisch mit dem Sender sind, den Sie in Kapitel 20 aufgebaut haben, können Sie den dort aufgebauten auch hier verwenden.

Da Sie hier zwei Sender benötigen, bauen Sie auf die gleiche Weise wie in Kapitel 20 beschrieben einen zweiten Sender auf. Er ist absolut identisch, sowohl was den Aufbau als auch was die Spannungsversorgung betrifft.

Falls Sie keines der beiden Sender-Module über Batterien speisen wollen, sind auf der Empfängerplatine für beide Module Pfosten vorgesehen, die die benötigte Spannung liefern. Entnehmen Sie alle notwendigen Informationen, wie Bauteillage und Stückliste, zum Aufbau der Sender-Platinen dem Kapitel 20. Das Anfertigen der Sender-Module sollte daher keine Probleme bereiten.

Die Empfänger

Die beiden Empfänger-Module bestehen aus zwei unterschiedlichen Platinen. Die eine ist die aus Kapitel 20. Dort sind alle notwendigen Bauelemente enthalten, die für diese Schaltung notwendig sind. Der zweite Empfänger ist vom Aufbau der Empfänger-Platine aus Kapitel 20 sehr ähnlich, speziell im Hinblick auf die verwendeten Bauteile.

Haben Sie den Empfänger aus Kapitel 20 schon aufgebaut, müssen Sie dies nicht noch einmal tun. Ansonsten bauen Sie diese Platine zuerst auf. Die Anleitung finden Sie in Kapitel 20.

Sobald die Platine aufgebaut ist, können Sie diese mit den erforderlichen Kabelverbindungen versehen.

1. Die externe Spannungsversorgung für die Schaltung wird an die Pfosten ST1 (Plus) und ST2 (Minus) angeschlossen.
2. Die Pfosten ST3, ST5 und ST7 (jeweils Minus) sowie die Pfosten ST4, ST6 und ST8 (jeweils Plus) stehen zur Verfügung, um gegebenenfalls die Sender-Module bzw. das zweite Empfänger-Modul mit Strom zu versorgen. Welches Pfostenpaar Sie für welches Modul benutzen, bleibt Ihnen überlassen. Es müssen auch nicht alle Platinen hiermit verbunden werden. Sie können es so aufbauen, daß z. B. die zweite Empfangs-Platine hierüber gespeist wird und die beiden Sender über Batterien.
3. Für das Signal des zweiten Empfängers sind die beiden Pfosten ST12 und ST13 vorgesehen. Dort muß das Signalkabel vom zweiten Empfänger angeschlossen werden. Hier muß an ST12 die Minus-Leitung und an ST13 die Plus-Leitung angeschlossen werden.

4. Das Flachbandkabel für die parallele Schnittstelle benutzt die Pfosten ST9 bis ST11. Verbinden Sie folgende Leitungen mit den entsprechenden Pfosten:

ST9	Leitung 2
ST10	Leitung 19
ST11	Leitung 23

Nachdem Sie die Hauptplatine fertiggestellt und angeschlossen haben, wenden Sie sich dem zweiten Empfänger zu, der als letztes aufgebaut wird.

Der zweite Empfänger

Der Aufbau wird Ihnen bekannt vorkommen, da er grundsätzlich nicht viel anders ist als beim Hauptempfänger.

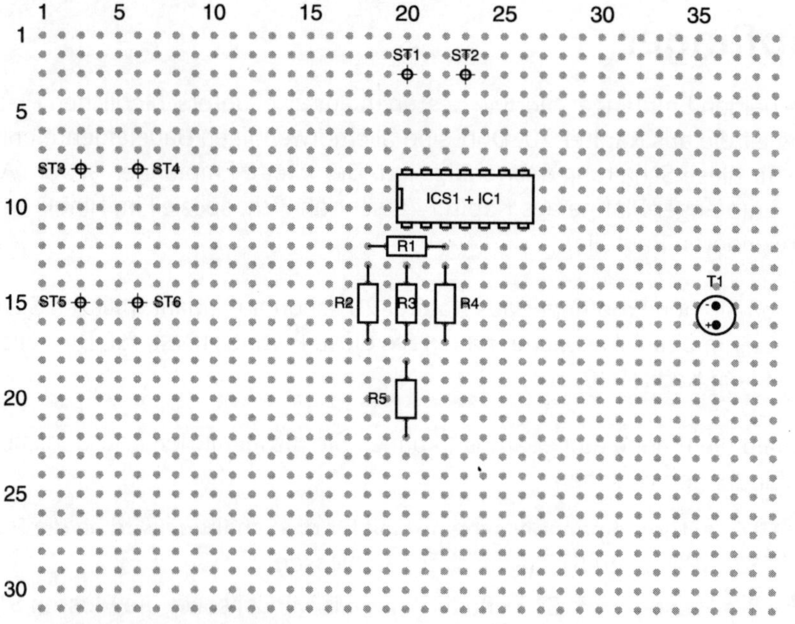

Das zweite Empfänger-Modul

Da die gleichen Bauteile wie beim Hauptempfänger verwendet werden, besteht die Stückliste zu diesem Modul aus bekannten Elementen.

Die Stückliste

Kennzeichnung	Bezeichnung	Bauteilart
R1, R4, R5	10 kΩ	Widerstand
R2, R3	100 kΩ	Widerstand
IC1	LM324	4fach-Operationsverstärker
T1	SFH 309	Phototransistor
ST1 - ST6	Pfosten	Steckverbindung

Die Bauteile werden wie nachfolgend beschrieben miteinander verbunden.

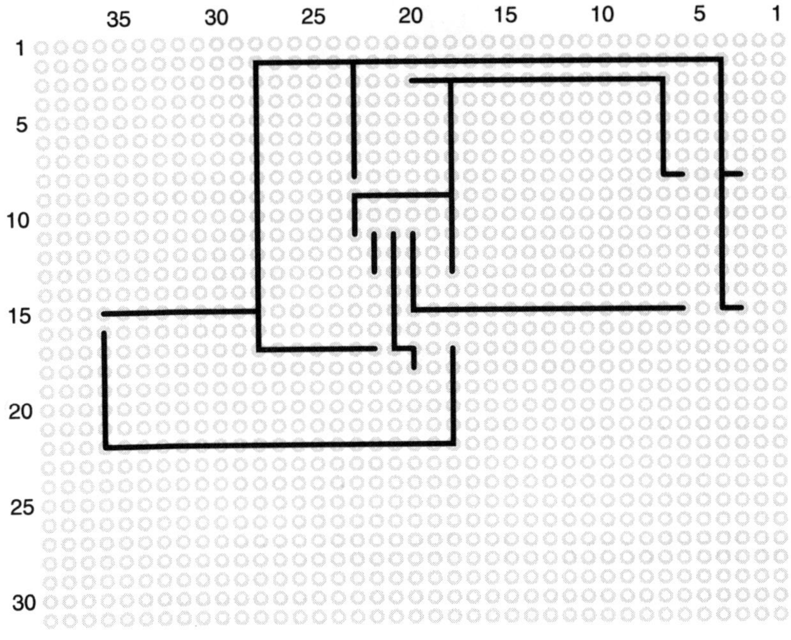

Die Rückseite des zweiten Empfänger-Moduls

Die Platine besitzt sechs Pfosten, die zum einen für die Spannungsversorgung und zum anderen für die Signalleitung vorgesehen sind.

1. Stecken Sie auf die Pfosten ST1 (Plus) und ST2 (Minus) die externe Spannungsversorgung auf. Ob diese von der Hauptempfängerplatine kommt oder von einer Batterie, spielt keine Rolle. Beachten Sie jedoch die Polarität und daβ Sie bei einer 9-Volt-Batterie die Spannung mit einem Spannungsregler auf 5 Volt begrenzen müssen.
2. Das zweite Pfostenpaar ST3/ST4 liefert 5 Volt für einen Sender. So können Sie hier an ST4 Plus 5 Volt und an ST3 Minus abgreifen. Sollten Sie den Sender nicht hierüber speisen wollen, können Sie dieses Pfostenpaar unberücksichtigt lassen.

3 Das Pfostenpaar ST5/ST6 ist für die Signalübertragung zur Hauptempfängerplatine zuständig. Hier müssen Sie auf jeden Fall eine zweiadrige Verbindungsleitung zur Hauptempfängerplatine aufstecken. Verbinden Sie die Leitung vom Pfosten ST5 des zweiten Empfängers mit dem Pfosten ST12 der Hauptempfängerplatine, ebenso eine Leitung von ST6 dieses Moduls mit dem Pfosten ST13 des Hauptmoduls.

Sobald die Platine aufgebaut ist, kann diese eingesetzt werden.

Das fertige zweite Empfänger-Modul

21.3 Die Software der Schaltung

Wie Sie am Anfang des Kapitels erfahren haben, berechnet eine zur Schaltung gehörende Software die gemessene Geschwindigkeit. Die angesprochene Software befindet sich auf der CD-ROM im Buch im Verzeichnis *Kap_21/Windows/Install*. Sobald Sie diese von dort installiert haben, können Sie die Schaltung in Betrieb nehmen.

Zusätzliche Funktionen können Sie innerhalb der mitgelieferten Sourcecode-Dateien implementieren. Die Visual Basic-Dateien finden Sie wie bekannt im Unterverzeichnis *Source*.

Bevor Sie die Schaltung in Betrieb nehmen, hier noch einige Informationen zur Software bzw. zu den dort vorhandenen Funktionen.

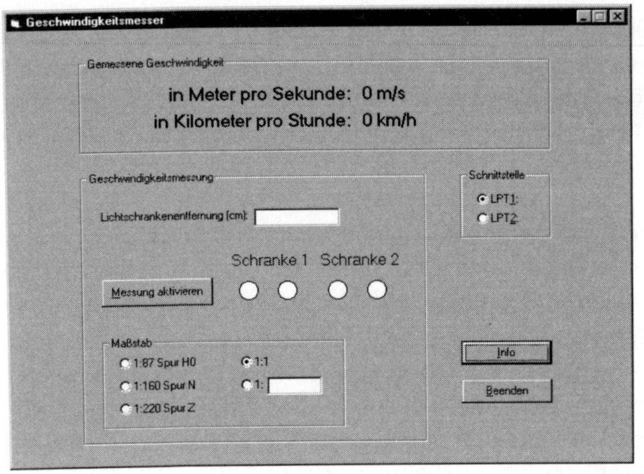

Die Software zur Geschwindigkeitsmessung

Wie bei allen an der parallelen Schnittstelle des Computers betriebenen Schaltungen existiert auch bei dieser Software die Möglichkeit, die verwendete Schnittstelle LPT1 bzw. LPT2 einzustellen. Die Handhabung dieser Option ist Ihnen schon bekannt.

Über die vorhandene *Messung aktivieren*-Schaltfläche versetzen Sie die Software in Bereitschaft, um eine Geschwindigkeitsmessung durchzuführen. Bevor z. B. der Zug die Lichtschranken durchfährt, müssen Sie diese Schaltfläche anklicken, um die Messung vorzubereiten. Sobald der Zug die erste und anschließend die zweite Lichtschranke durchfahren hat, wertet die Software die von der Schaltung übermittelten Informationen aus und stellt Ihnen das Ergebnis dar. Bevor eine weitere Messung durchgeführt werden kann, muß wieder auf *Messung aktivieren* geklickt werden, damit die Bereitschaft der Schaltung und der Software wiederhergestellt wird.

Damit das Ergebnis korrekt berechnet werden kann, ist es notwendig, daß zuvor die Entfernung der beiden Lichtschranken zueinander angegeben wird. Die Entfernung geben Sie in die Eingabezeile *Lichtschrankenentfernung* ein, wobei die Angabe in Zentimetern erfolgt.

Die gemessene bzw. errechnete Geschwindigkeit wird innerhalb des Bereichs *Gemessene Geschwindigkeit* ausgegeben. Sie erhalten die Angabe sowohl in Metern pro Sekunde (m/s) als auch in Stundenkilometern (km/h).

Damit Sie vergleichen können, wie sich die gemessene Geschwindigkeit des Modells in Bezug zum Original verhält, haben Sie die Möglichkeit, einen Maßstabfaktor vorzugeben. Messen Sie die Geschwindigkeit eines 1:16-Modells, dann wird entsprechend der gemessenen Geschwindigkeit auch die hochgerechnete Geschwindigkeit des Originals berechnet und auf dem Bildschirm ausgegeben.

Sie haben die Möglichkeit, im Bereich *Maßstab* einen Faktor frei zu definieren; allerdings sind hier auch einige Modellbahnen vorgegeben, die Sie anwählen können. Der entsprechende Maßstab wird dann automatisch berücksichtigt. Über die Option *1:1* wird Ihnen die gemessene Geschwindigkeit ohne Maßstabskorrektur ausgegeben.

Die Reaktionen der Lichtschranken können Sie innerhalb der Software anhand der beiden vorhandenen Lampenpaare unter den Bezeichnungen *Schranke 1* und *Schranke 2* kontrollieren. Sobald Sie auf *Messung aktivieren* geklickt haben, leuchten bei beiden Lichtschranken die grünen Lampen auf. Die Schaltung ist damit einsatzbereit. Fährt der Zug durch die erste Lichtschranke, wird die entsprechende Lampe von grün zu rot wechseln. Das gleiche geschieht, sobald der Zug die zweite Lichtschranke durchfahren hat. Hieran können Sie leicht erkennen, in welchem Status sich die Schaltung und die Software befinden.

Bevor Sie die Messung aktivieren, müssen die Lichtschranken einsatzbereit sein. Das bedeutet, daß beide Empfänger das Signal von den Sendern empfangen müssen. Ist dies nicht der Fall, erhalten Sie eine Fehlermeldung. Eine Messung kann dann nicht durchgeführt werden. Sollte die zweite Lichtschranke einsatzbereit sein, die erste jedoch nicht, erkennen Sie dies daran, daß das Licht der ersten Lichtschranke sofort nach dem Klick auf die Schaltfläche *Messung aktivieren* auf rot wechselt. Auch dann wird kein korrektes Ergebnis ermittelt.

Mit den vorhandenen Funktionen können Sie somit leicht Geschwindigkeitsmessungen durchführen.

21.4 Der Einsatz der Schaltung

Um die Geschwindigkeitsmessung in Betrieb zu nehmen, sind eine Reihe von Schritten durchzuführen. Darunter sind einige, die Sie bereits aus Kapitel 20 kennen. Aus diesem Grund werden diese Schritte hier nicht noch einmal ausführlich erläutert. Lesen Sie im Bedarfsfall im vorherigen Kapitel nach.

1. Zu Beginn müssen Sie die Schaltung aufbauen. Dazu gehört, daß Sie die Empfänger- und Sender-Platinen in Position bringen. Stellen Sie die beiden Lichtschranken entsprechend auf, und zwar so, daß jeweils ein Sender zum jeweiligen Empfänger sendet. Messen Sie die Entfernung zwischen den beiden Lichtschranken, da Sie diesen Wert in der Software eintragen müssen.
2. Versorgen Sie alle Module mit Spannung, so wie es weiter vorne schon beschrieben ist. Bevor Sie das Netzteil der externen Versorgungsspannung in die Steckdose stecken, stellen Sie sicher, daß die erforderlichen Signalleitungen zwischen den beiden Empfänger-Platinen eingerichtet bzw. das Flachbandkabel mit der parallelen Schnittstelle verbunden ist. Sobald dies

gegeben ist, können Sie sowohl die externe Versorgungsspannung einschalten als auch die einzelnen Platinen, insbesondere die Sender, die Sie über Schalter einschalten müssen.

3 Starten Sie nun die Software, wählen Sie die von Ihnen benutzte parallele Schnittstelle aus, und geben Sie den gemessenen Wert der Entfernung zwischen den Lichtschranken ein.

4 Klicken Sie anschließend auf *Messung aktivieren*. Daraufhin müssen die beiden grünen Lampen innerhalb der Software aufleuchten. Sollte dies nicht der Fall sein, überprüfen Sie noch einmal den Schaltungsaufbau, speziell im Hinblick auf die Lichtschranken. Stellen Sie hier sicher, daß die Sender das Licht zum jeweiligen Empfänger senden und daß diese das Licht auch empfangen können.

5 Leuchten die grünen Lampen auf, steht einer Geschwindigkeitsmessung nichts mehr im Weg.

6 Sobald nun die erste und anschließend die zweite Lichtschranke unterbrochen wird, reagiert die Software darauf, und die ermittelte Geschwindigkeit wird dargestellt.

Beim Einsatz der Schaltung sollten Sie darauf achten, daß zum einen die Entfernung zwischen den Lichtschranken nicht zu klein bzw. zu groß wird. Außerdem sollte die Zeitspanne zwischen den auslösenden Momenten der beiden Lichtschranken nicht zu gering bzw. zu groß sein.

Bei ungünstigen Konstellationen bezüglich dieser Werte können die Ergebnisse extreme Ausmaße annehmen, die dann nicht verwertbar sind. Setzen Sie die Schaltung zu Beginn mehrmals zum Testen ein, damit Sie Erfahrungswerte sammeln. Auf diese Weise wissen Sie anschließend, wie die Schaltung korrekt eingesetzt wird, um die gewünschten Ergebnisse zu erhalten.

22. Das elektronische Zahlenschloß

Finden Sie es interessant, wenn z. B. in einem Spielfilm eine besonders gesicherte Tür mittels einer bestimmten Zahlenfolge über ein Tastenfeld geöffnet werden kann? Die Schaltung dieses Kapitels greift diese Idee auf und setzt sie so um, daß Sie am Ende des Kapitels eine entsprechend funktionierende Schaltung vor sich liegen haben. Dabei kann die Schaltung variabel auch für andere Zwecke eingesetzt werden.

Die Schaltung ist als Zusatzplatine für die in Kapitel 9 erstellte Grundplatine angelegt. Sie wird also, wie von anderen Schaltungen bekannt, auf einer halben Europa-Lochrasterplatine aufgebaut. Zudem wird an die Schaltung ein *Drucktastenfeld* angeschlossen, über das Sie die Eingabe vornehmen können.

22.1 Die Funktion der Schaltung

Die Arbeitsweise der Schaltung ist leicht nachzuvollziehen. Über das an der Schaltung angeschlossene Drucktastenfeld werden Eingaben vorgenommen, d. h. Zahlenkombinationen eingegeben. Die Eingaben werden mit Hilfe der Schaltung über die parallele Schnittstelle in den Computer übertragen. Dort werden sie von einer Software ausgewertet.

Stimmt die Eingabe mit einer zuvor festgelegten Zahlenreihenfolge überein, wird auf dem gleichen Weg, allerdings in der entgegengesetzten Richtung, ein Signal an die Schaltung übergeben. Das Signal bewirkt, daß ein Relais aktiviert und damit ein Schalterkontakt geschlossen wird. Über diesen Kontakt kann dann von Ihnen z. B. ein elektronisches Türschloß aktiviert oder etwas anderes eingeschaltet werden. Auf der Schaltung selbst können Sie anhand zweier Leuchtdioden erkennen, ob die Zahlenkombination korrekt eingegeben wurde oder nicht.

22.2 Der Aufbau der Schaltung

Die für die eigentliche Schaltung notwendigen Bauteile sind schnell auf die Platine gelötet, da es sich nur um wenige Bauteile handelt. Es muß allerdings noch eine zusätzliche Arbeit ausgeführt werden. Diese betrifft das Drucktastenfeld, welches über ein Flachbandkabel an die Schaltung angeschlossen wird. Doch dazu später mehr. Bauen Sie als erstes die Zusatzplatine auf. Folgen Sie dabei den Vorgaben der nachfolgenden Zeichnung.

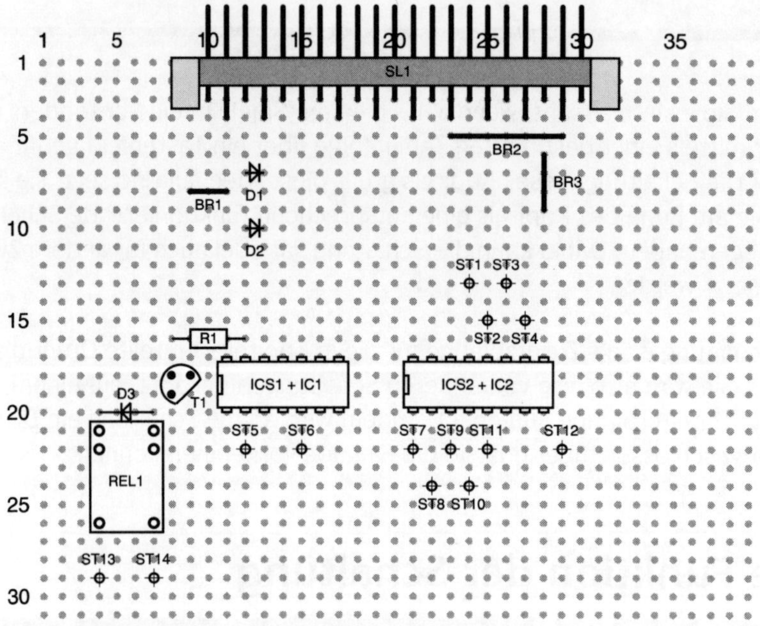

Die Zusatzplatine des Zahlenschlosses

Die Bauelemente sollten ohne Probleme von Ihnen auf die Platine aufgelötet werden können.

Die Stückliste des Zahlenschlosses

Kennzeichnung	Bezeichnung	Bauteilart
BR1 - BR3	Leiterbahnbrücken	Schaltdraht
ST1 - ST14	Pfostenstecker	Steckverbindung
R1	2,2 kΩ	Widerstand
T1	BC546	Transistor
D1	LED 5 mm (grün)	Leuchtdiode
D2	LED 5 mm (rot)	Leuchtdiode
D3	1N4007	Diode
REL1	Kleinrelais 5 V, 1polig UM	Relais
IC1	SN7402	NOR-Gatter
IC2	SN74LS147	Dezimal-zu-BCD-Decoder
ICS1	IC-Sockel 14polig	IC-Sockel
ICS2	IC-Sockel 16polig	IC-Sockel
SL1	Steckerleiste 21polig	Steckverbindung

Bei den Bauteilen handelt es sich um handelsübliche elektronische Elemente. Beachten Sie beim Relais, daß es mit einer Nennspannung von 5 V arbeitet. Der Spulenwiderstand des Relais sollte zudem nicht über 125 Ω liegen.

Beachten Sie zudem die Schaltgrenzen des von Ihnen eingesetzten Relais. Sie dürfen nur den Strom bzw. die Spannung mit dem Relais schalten, für das es ausgelegt ist.

22.3 Die Leiterbahnseite der Platine

Folgende Leiterbahnen müssen Sie auf der Rückseite der Platine auflöten.

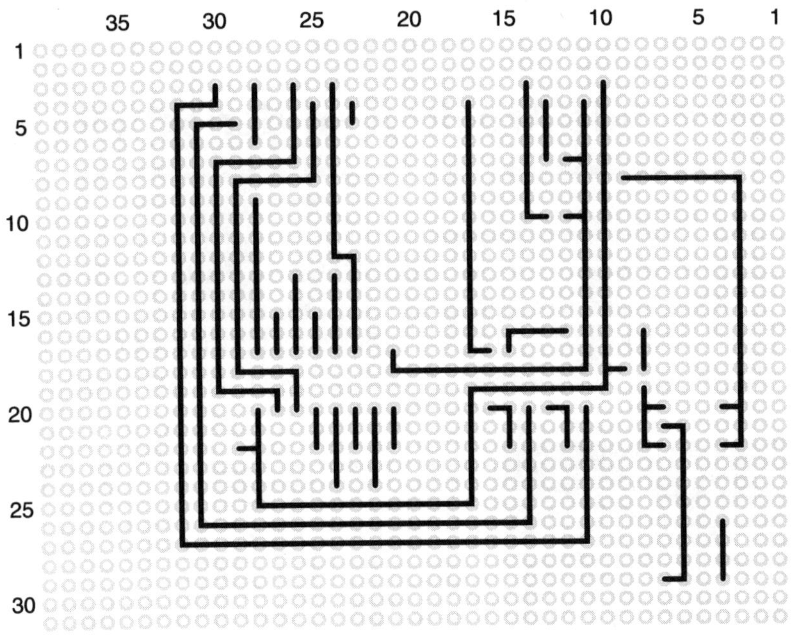

Die Leiterbahnen des Zahlenschlosses

Nachdem Sie die Verbindungen zwischen den Bauteilen hergestellt haben, sollte die Schaltung wie die nachfolgende Abbildung aussehen.

Die Zusatzplatine für das Zahlenschloß

22.4 Ergänzende Arbeiten an der Schaltung

Haben Sie die Zusatzschaltung aufgebaut, fehlt noch das Drucktastenfeld, über das Sie die Eingaben vornehmen. Es muß über ein Flachbandkabel an die Stifte der Schaltung angeschlossen werden. Das Tastenfeld besitzt einen Anschluß, der mit allen Tasten verbunden ist, und zwölf getrennt herausgeführte Schaltkontakte, für jede Taste einen. Das Drucktastenfeld sieht wie folgt aus:

Das Drucktastenfeld (hier mit angelötetem Flachbandkabel)

Um das Tastenfeld mit der Schaltung verbinden zu können, sind folgende Arbeitsschritte durchzuführen.

1. Schneiden Sie ein Stück Flachbandkabel (13 Adern) auf die gewünschte Länge. Beachten Sie dabei, daß es nicht zu kurz ist, damit Sie noch vernünftig arbeiten können. Es sollte allerdings eine Länge von ca. 1 m nicht überschreiten.
2. Kennzeichnen Sie die Leitung 1, welche Sie an den gemeinsamen Anschluß anlöten. Sie erkennen diesen Kontakt dran, daß er ein wenig von den anderen Kontakten abgesetzt ist. Die danebenliegenden Leitungen löten Sie dann der Reihe nach an die einzelnen Kontakte an.
3. Am anderen Ende des Flachbandkabels löten Sie jeweils an eine Leitung einen Pfostenstecker an.
4. Zuletzt stecken Sie die Leitungen auf die entsprechenden Pfosten der Schaltung. Beachten Sie dabei die folgende Zuordnung.

ST12	Leitung 1 (gemeinsamme Masse)
ST4	Leitung 3 (Taste 7)
ST3	Leitung 4 (Taste 4)
ST2	Leitung 5 (Taste 1)
ST5	Leitung 6 (Taste 0)
ST1	Leitung 7 (Taste 8)
ST11	Leitung 8 (Taste 5)
ST10	Leitung 9 (Taste 2)
ST6	Leitung 10 (Taste #)
ST9	Leitung 11 (Taste 9)
ST8	Leitung 12 (Taste 6)
ST7	Leitung 13 (Taste 3)

Haben Sie das Tastenfeld angeschlossen, ist der Aufbau der Schaltung fertiggestellt.

Es bleibt anschließend Ihnen überlassen, wozu Sie die Schaltung einsetzen. Benutzen Sie dazu den Schließkontakt, der über die Pfosten ST13 und ST14 zugänglich ist.

22.5 Die Software der Schaltung

Die über das Tastenfeld vorgenommenen Eingaben werden von einer Software ausgewertet. Die Software finden Sie auf der CD-ROM im Verzeichnis *Kap_22/Windows/Install*. Nach der Installation der Software können Sie das Programm starten.

Auch diese Software können Sie bei Bedarf abändern. Im Verzeichnis *Kap_22/Windows/Source* finden Sie die Visual Basic-Source-Dateien vor. Starten Sie die Software, dann bietet sich Ihnen folgendes Bild:

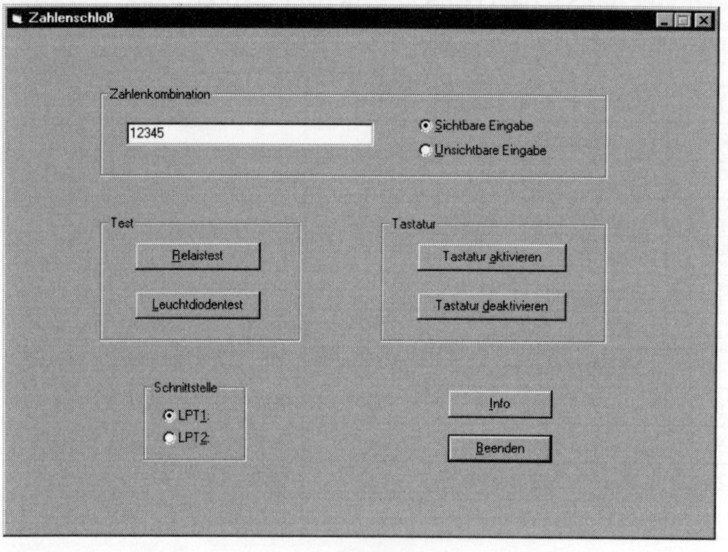

Die Software zur Auswertung der Eingaben

Damit die Schaltung ihre Aufgabe erfüllen kann, ist es als erstes notwendig, daß Sie der Software eine *Zahlenkombination* vorgeben. Nur wenn über das Drucktastenfeld der Schaltung diese Zahlenreihenfolge eingegeben wird, reagiert das Relais.

Die Eingabe nehmen Sie innerhalb des Eingabefeldes im Bereich *Zahlenkombination* vor. Dort haben Sie auch die Möglichkeit, die Eingabe „verdeckt" vorzunehmen. Sobald Sie dort Zahlen eingeben, werden diese als Kombination berücksichtigt.

Damit die Software die Eingaben des Drucktastenfeldes übernehmen kann, ist es erforderlich, daß Sie die Option für die verwendete Schnittstelle LPT1 bzw. LPT2 richtig einstellen. Je nachdem, welche Schnittstelle Sie benutzen, müssen Sie die entsprechende Option aktivieren.

Haben Sie die Schnittstelle ausgewählt und eine Zahlenkombination eingegeben, aktivieren Sie das Drucktastenfeld mit einem Klick auf die Schaltfläche *Tastatur aktivieren*. Die rote Leuchtdiode leuchtet daraufhin auf der Schaltung. Anschließend können Sie über das Tastenfeld Ihre Eingaben vornehmen.

Sobald die richtige Zahlenkombination eingegeben wurde, reagiert die Software und aktiviert das Relais auf der Schaltung für ca. fünf Sekunden. Gleichzeitig erlischt die rote Leuchtdiode, und die grüne wird aktiviert.

Damit Sie die Funktion des Relais und der Leuchtdioden, auch ohne daß Sie die richtige Tastenkombination eingeben müssen testen, können, sind die Schaltfläche *Relaistest* und *Leuchtdiodentest* innerhalb der Software vorhanden. Klicken Sie diese Schaltflächen an, muß das Relais für ca. zwei Sekunden anziehen, bzw. beide Leuchtdioden müssen ca. zwei Sekunden leuchten. Auf diese Weise können Sie die über das Relais zu steuernde Funktion leicht testen.

Die Zusatztasten [#] und [*]

Auf dem Drucktastenfeld sind außer den zehn Ziffern noch zwei zusätzliche Tasten vorhanden. Es handelt sich um die [*]- und die [#]-Taste. Die [*]-Taste hat keine besondere Funktion. Sobald Sie allerdings die [#]-Taste drücken, wird die bis dahin eingegebene Tastenfolge gelöscht. Sie dient praktisch als Löschtaste. Es kann dann mit der Eingabe der Tastenkombination von vorn begonnen werden. Auf diese Weise kann auf Eingabefehler schnell reagiert werden.

22.6 Der Einsatz der Schaltung

Bei der Erläuterung der Schaltung und der Software haben Sie die Einsatzmöglichkeiten der Schaltung schon recht gut kennengelernt. Deshalb soll hier nur noch einmal kurz zusammengefaßt werden, wie Sie die Schaltung in Betrieb nehmen.

1. Stellen Sie sicher, daß das Drucktastenfeld richtig an die Zusatzplatine des Tastenschlosses angesteckt ist.
2. Stecken Sie die Zusatzplatine mit der Steckerleiste in die Buchsenleiste der Grundplatine.
3. Stellen Sie die Verbindung zwischen der Grundschaltung und der parallelen Schnittstelle Ihres Computers mittels eines Druckerkabels her.
4. Legen Sie die externe Versorgungsspannung an die Grundplatine an. Stellen Sie das Netzteil zuvor auf 9 Volt ein, und kontrollieren Sie die korrekte Polarität. Stecken Sie dann den Netzstecker des Netzteils in die Steckdose.

5. Starten Sie die installierte Software.
6. Stellen Sie die Schnittstellenoption auf LPT1 oder LPT2.
7. Geben Sie eine Tastenkombination vor, und klicken Sie auf die Schaltfläche *Tastatur aktivieren*.
8. Die Software übernimmt anschließend alle Eingaben der Schaltung und wertet diese aus.
9. Bei Bedarf können Sie die Funktion des Relais bzw. die Auswirkung des aktivierten Relais durch einen Klick auf die Schaltfläche *Relaistest* kontrollieren.

Über den Schließkontakt des Relais können Sie unterschiedliche Aktionen ausführen lassen. Ihnen stehen dazu die Pfosten ST13 und ST14 zur Verfügung. Beachten Sie dabei die Schaltleistung des Relais, damit dies nicht zerstört wird. Ob Sie über das Relais einen elektrischen Türöffner, das Licht einer Modellbahn oder einen kleinen Motor einschalten, ist unerheblich. Sie können hier Ihrer Phantasie (innerhalb gewisser Grenzen) freien Lauf lassen.

23. Die computergesteuerte Rangierdrehscheibe

Die Basis der in diesem Kapitel behandelten Schaltung bildet die Ansteuerung eines Motors über den Computer. Dabei wird der Motor nicht nur ein- bzw. ausgeschaltet, sondern so angesteuert, daß er sich gezielt um bestimmte Winkel weiterbewegt.

Diese Funktion kann mit einem normalen Motor nicht kontrolliert durchgeführt werden. Es ist für diesen Zweck eine bestimmte Art von Motor notwendig, ein sogenannter *Schrittmotor*. Dieser ist in der Lage, über bestimmte Steuersignale fest definierte Winkelbewegungen auszuführen. Doch dazu erfahren Sie im Verlauf des Kapitels noch mehr.

Die Ansteuerung des Motors wird in Verbindung mit der in Kapitel 9 erstellten Grundplatine auf einer Zusatzplatine aufzubauen sein. Auch hierfür ist eine halbe Europa-Lochrasterplatine ausreichend.

Die Zusatzplatine wird dann, von einer Software gesteuert, über Steuerleitungen dem Schrittmotor die entsprechenden Signale übermitteln.

23.1 Die Funktion der Schaltung

Die Schaltung soll folgende Funktion realisieren. Über eine auf dem Computer laufende Software können Sie angeben, um welchen Winkel bzw. bis zu welcher Position sich die Spindel des Motors drehen soll. Dabei können Sie auch Einfluß auf die Drehrichtung der Spindel nehmen.

Geben Sie den Befehl zur Ausführung der voreingestellten Aktion, dann wird die Software die notwendigen Informationen über die parallele Schnittstelle an die Schaltung übermitteln. Diese wiederum steuert den Schrittmotor so an, daß die gewünschte Bewegung der Motorspindel ausgeführt und so gezielt die gewünschte Position eingenommen wird.

Damit ist die Schaltung in der Lage, eine über die Motorspindel angetriebene Drehscheibe, z. B. aus Holz mit einem Durchmesser von ca. 20 bis 30 cm, so in Rotation zu bringen, daß diese gewünschte Stellungen einnehmen kann.

Zu der Scheibe ist noch etwas anzumerken. Die in diesem Kapitel aufgegriffene Idee einer computergesteuerten Rangierdrehscheibe ist nur ein Einsatzgebiet des präzise zu steuernden Schrittmotors. Hierbei wurde eine Idee in bezug auf eine Modelleisenbahn aufgegriffen.

Die gezielt zu drehende Scheibe soll dabei in eine fest angebrachte mit einer Antriebsspindel versehene Drehvorrichtung integriert sein. Die Antriebsspindel wird dann über ein Antriebsband, z. B. ein Gummiband, mit der Spindel des Schrittmotors verbunden. Durch den Antrieb des Schrittmotors wird dann die Scheibe in Drehung versetzt.

Die Drehscheibe muß dabei waagerecht positioniert werden, so daß auf der Oberseite der Scheibe ein Schienenelement der Modellbahn aufgebracht werden kann. Der gesamte Aufbau wird dann so in eine bestehende Eisenbahnanlage integriert, daß ein Zug auf die Drehscheibe auffahren kann.

Anschließend bewegen Sie die Drehscheibe über die Software-/Schaltung-Kombination z. B. um 180°, so daß der Zug anschließend in entgegengesetzter Richtung wieder auf das Gleis der Modellbahn auffahren kann.

Dabei ist das Drehen einer Lokomotive nur ein Gedanke. Es können in bestimmten Winkeln um die Drehscheibe herum z. B. Abstellgleise oder andere Gleisanbindungen an die Drehscheibe grenzen, so daß ein Zug seinen Weg auf vorbestimmten Gleisen fortführen kann.

Natürlich ist der Aufbau dieser Drehscheibe recht aufwendig, und Sie müssen viel Geschick und Einfallsreichtum aufbringen, damit diese Modellbahnerweiterung ordnungsgemäß funktioniert. In Modellbahnfachgeschäften finden Sie sicherlich viele nützliche Hinweise, wie Sie z. B. die Spindeln mit Antriebsriemen oder entsprechenden Arretierungen versehen können.

Da sowohl die Größe der Drehscheibe als auch die Integrationsmöglichkeit dieser Modellbahnerweiterung sehr stark von der bestehenden Modellbahn abhängig ist, kann hier in dieser Hinsicht keine konkrete Vorgabe gemacht werden.

Zwei weitere Einsatzmöglichkeiten dieser Schrittmotorschaltung sollen kurz angesprochen werden. Der Schrittmotor ist durch seine hohe Genauigkeit gut dazu geeignet, als Motor eines Hochregallagers zu agieren. Dies allerdings nur im Modell, aufgebaut z. B. mit Lego-Bausteinen. Hier können Sie den Motor so ansteuern, daß dieser eine Hebevorrichtung zu einer bestimmten Positionen im Regal bewegt.

Beim Bohren oder Fräsen kann die Genauigkeit und die gezielte Ansteuerung des Schrittmotors ebenfalls genutzt werden. Hier kann der Schrittmotor dazu verwendet werden, den Bohr- bzw. Frästisch gezielt zu bewegen und damit bestimmte Positionen einzunehmen.

Alle zuvor genannten Ideen können realisiert werden, wenn die Schrittmotorsteuerung dieses Kapitels eingesetzt wird. Doch stellt die Steuerung lediglich einen Teil des Gesamtaufbaus dar. Sie müssen für den Gesamtaufbau eine Reihe von weiteren, teilweise mechanischen Arbeiten, durchführen, die Sie zuvor sorgfältig planen und vorbereiten müssen. Ihrer Phantasie sind hier keine Grenzen gesetzt.

23.2 Der Aufbau der Schaltung

Die Zusatzplatine enthält nur wenige Bauteile, die für die Ansteuerung des Schrittmotors notwendig sind. Dabei handelt es sich um vier kleine Relais und zu jedem Relais jeweils eine Diode und ein IC-Baustein.

Plazieren Sie die Bauteile auf der Platine, wie es auf der nachfolgenden Zeichnung vorgegeben ist.

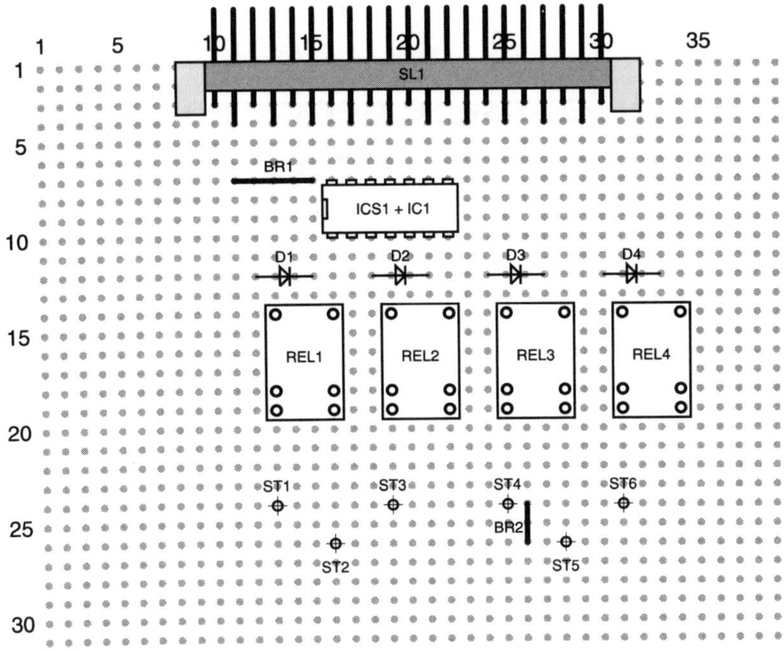

Die Lage der Bauteile auf der Zusatzplatine

Beachten Sie beim Aufbau der Platine, daß die Dioden richtig herum eingelötet werden. Die Kennzeichnung der Diode besteht hier aus einem farbigen Kreis an einem Ende des Bauteils. Er kennzeichnet die Kathode der Diode, also das negative Ende des Bauteils.

Die Stückliste der Rangierdrehscheibe

Kennzeichnung	Bezeichnung	Bauteilart
BR1 - BR2	Leiterbahnbrücken	Schaltdraht
ST1 - ST6	Pfostenstecker	Steckverbindung
IC1	SN7404	Inverter
ICS1	IC-Sockel 14polig	IC-Sockel
D1 - D4	1N4001	Diode
REL1 REL4	Kleinrelais 5 V, 1polig UM	Relais
SL1	Steckerleiste 21polig	Steckverbindung

Die Bauteile kennen Sie schon von den vorherigen Schaltungen dieses Buches. Achten Sie auch bei dieser Schaltung darauf, daß das Relais mit einer Nennspannung von 5 V arbeitet. Der Spulenwiderstand des Relais sollte nicht über 125 Ω liegen. Da über die Relais die Steuerimpulse für den Schrittmotor geschaltet werden, sollten die Schaltgrenzen der Relais nicht überstiegen werden. Lediglich beim Einsatz eines großen Schrittmotors können diese überschritten werden. Die Relais müssen dann durch leistungsfähigere ersetzt werden.

23.3 Die Leiterbahnseite der Platine

Um die Relais und die Dioden mit den notwendigen Verbindungen auszustatten, berücksichtigen Sie die nachfolgende Zeichnung.

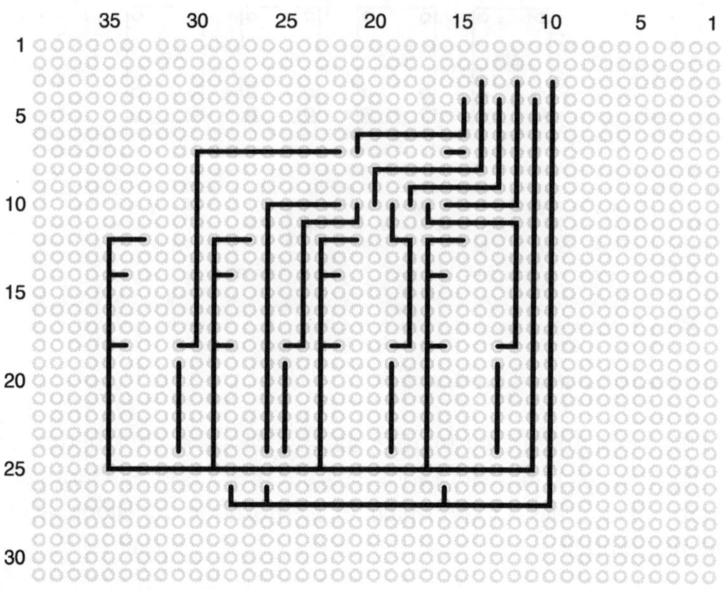

Die notwendigen Leiterbahnen

Die gesamte Zusatzplatine sieht nach dem Aufbau wie folgt aus:

Die Zusatzplatine für die Rangierdrehscheibe

23.4 Ergänzende Arbeiten an der Schaltung

Wie Sie unschwer feststellen können, enthält die Schaltung den Schrittmotor noch nicht. Dieser muß über mehrere Kabel mit der Zusatzplatine verbunden werden.

Dabei ist allerdings einiges zu beachten, denn ein Schrittmotor hat, anders als ein normaler Motor, mehrere Anschlußleitungen. Diese müssen korrekt mit den Kontakten der Schaltung verbunden werden.

Auch bei den Schrittmotoren gibt es unterschiedliche Arten, die auch unterschiedlich angeschlossen und angesteuert werden müssen. Deshalb werden Sie als nächstes eine technische Beschreibung des für die Schaltung notwendigen Schrittmotors erhalten.

Es muß für die Schaltung ein 2-Strang-unipolarer Schrittmotor mit 5 V Betriebsspannung eingesetzt werden.

Damit der Schrittmotor ordnungsgemäß mit der Software zusammenarbeitet, sollte der Motor 200 Schritte pro Umdrehung ausführen, was einem Schrittwinkel von 1,8° entspricht.

H

Wie schon weiter oben erwähnt, wird die Spindel des Schrittmotors die Spindel der Drehscheibe antreiben. Sollten die Spindeln unterschiedliche Durchmesser aufweisen, wird sich die Drehscheibe nicht in 1,8°-Schritten bewegen, sondern in einem Übersetzungsverhältnis.

Über die nachfolgende Formel können Sie den Drehungswinkel der Drehscheibe in Bezug zu einem Schritt des Schrittmotors errechnen:

```
Scheibendrehwinkel =
1,8 *(Schrittmotorspindeldurchmesser/Scheibenspindeldurchmesser)
```

Ein Beispiel: Beträgt der Schrittmotorspindeldurchmesser 1 mm und der Scheibenspindeldurchmesser 20 mm, ergibt sich folgende Rechnung:

```
Scheibendrehwinkel = 1,8 *(1 mm/20 mm)
```

Das entspricht einem Scheibendrehwinkel von 0,09°. Das heißt also, daß 1000 Schritte des Schrittmotors (à 1,8°) bei der Drehscheibe einer Drehung um 90° entsprechen.

Ein 2-Strang-unipolar-Schrittmotor hat sechs Steuerleitungen, so daß der Motor folgendes Aussehen hat.

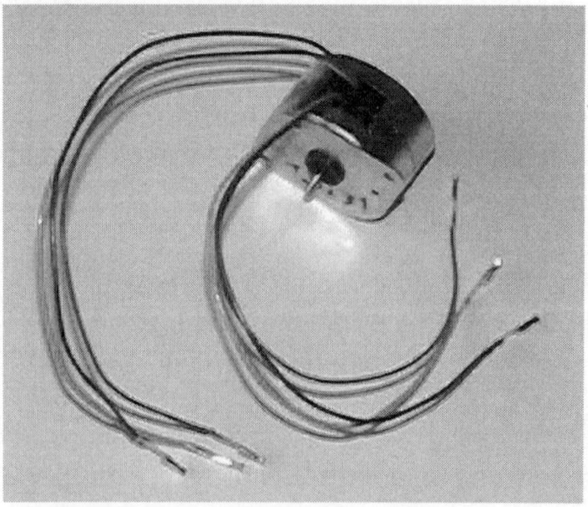

Ein Schrittmotor mit sechs Steuerleitungen

Die Leitungen des Schrittmotors müssen Sie nun korrekt mit der Schaltung verbinden. Dabei gibt es ein Problem. Sie müssen die richtigen Leitungen lokalisieren und entsprechend mit den dafür vorgesehenen Kontakten verbinden.

Im Schrittmotor sind zwei Spulen enthalten, die jeweils einen sogenannten *Mittelabgriff* haben. Diese müssen auf Masse, d. h. auf 0 V gelegt werden. Jede Spule enthält zudem zwei weitere Leitungen, die in der richtigen Reihenfolge mit den Kontakten der Schaltung verbunden werden müssen. Ansonsten wird die Schaltung den Motor nicht korrekt ansteuern können.

Lokalisieren Sie die entsprechenden Leitungen an Ihrem Motor mittels der beiliegenden Beschreibung und ordnen Sie diese den Leitungen auf der Zeichnung zu. Lassen Sie sich im Zweifelsfall die Zuordnung vom Verkäufer darlegen.

Gehen Sie anschließend wie folgt vor:

1. Die aus dem Motor herausragenden Leitungen sind nicht sehr lang. Verlängern Sie diese, so daß sie vom Einsatzort des Motors bis zur Schaltung reichen.
2. Isolieren Sie die Enden der sechs Kabel ab und löten Sie jeweils einen Pfostenstecker an.
3. Lokalisieren Sie als erstes die beiden Leitungen für den Mittelabgriff der beiden im Motor vorhandenen Spulen. Stecken Sie diese auf die Pfosten ST2 und ST5.
4. Leitung 1 und Leitung 3 der Spule 1 stecken Sie auf die Pfosten ST1 und ST3.
5. Ebenso verfahren Sie mit den Leitungen 4 und 6 der Spule 2 und verbinden diese mit den Pfosten ST4 und ST6.

Haben Sie die Leitungen richtig angeschlossen, wird die Software den Motor korrekt ansteuern können. Wie Sie den korrekten Anschluß kontrollieren, erfahren Sie im nachfolgenden Unterkapitel.

23.5 Die Software der Schaltung

Wie Sie bereits erfahren haben, übernimmt die Software zu der Schaltung dieses Kapitels eine wesentliche Aufgabe. Über sie wird der Schrittmotor so angesteuert, daß der Motor die gewünschte Bewegung durchführt.

Die Software befindet sich auf der CD-ROM im Verzeichnis *Kap_23/Windows/Install*. Nach der Installation der Software über das Setup-Programm ist das Programm startbereit.

Beabsichtigen Sie, die Schrittmotorsteuerung anderweitig einzusetzen, können Sie die erforderlichen Ansteuerungen der bestehenden Software abändern. Im Verzeichnis *Kap_23/Windows/Source* finden Sie dazu die Visual Basic-Source-Dateien für die bestehende Software vor.

Die Software für die computergesteuerte Rangierdrehscheibe bietet Ihnen folgende Möglichkeiten:

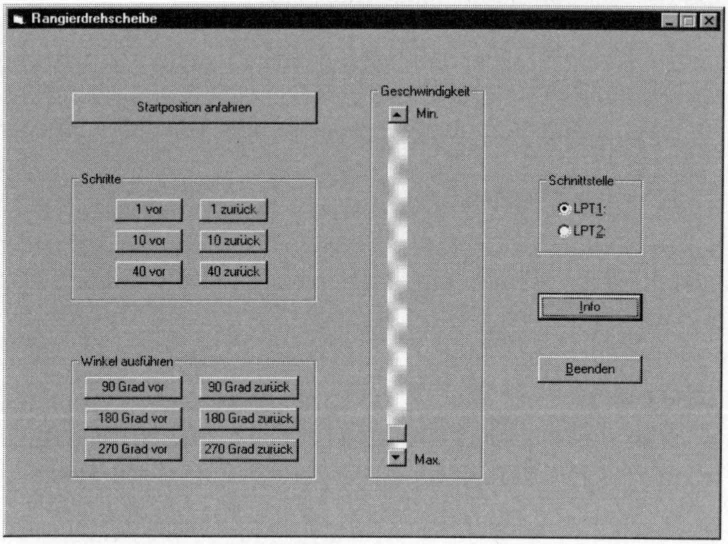

Die Software für die Rangierdrehscheibe

Wie bekannt, ist es grundsätzlich erforderlich, daß Sie die richtige Option für die verwendete Schnittstelle LPT1 bzw. LPT2 aktivieren. Bei einer falschen Einstellung werden die Signale nicht an die Schaltung übertragen.

Sie finden in dem Fenster der Software eine Reihe von Schaltflächen vor. Wenden Sie sich zuerst der Schaltfläche *Startposition anfahren* zu. Sobald Sie auf diese Schaltfläche klicken, wird sich die Spindel des Motors wieder in die Ausgangsposition bewegen, die Sie beim Start des Programms eingenommen hat. So haben Sie mit dieser Schaltfläche eine Möglichkeit, von jeder beliebigen Position aus wieder zum Startpunkt zurückzukehren.

Der Bereich *Schritte* enthält sechs Schaltflächen, die es Ihnen ermöglicht, den Motor um gezielte Schritte vor- bzw. zurückzubewegen. Klicken Sie die einzelnen Schaltflächen an, um ihre Auswirkungen zu testen. Bewegt sich die Spindel entsprechend der aktivierten Schaltfläche, ist alles richtig angeschlossen; wenn nicht, müssen Sie die Steuerleitungen des Schrittmotors auf der Schaltung umstecken. Beachten Sie dabei, daß sich die Bezeichnungen vor und zurück auf die Bewegung im Uhrzeigersinn beziehen, obwohl es in bezug auf Winkeleinheiten eigentlich falsch ist. Es ist für Sie allerdings leichter verständlich. Führen Sie beim Testen mindestens acht Schritte in jede Richtung aus, da ein oder zwei Schritte noch nicht für einen korrekten Anschluß garantieren.

Ist die richtige Ansteuerung des Motors kontrolliert und gewährleistet, können Sie sich den anderen Elementen der Software zuwenden.

Im Bereich *Winkel ausführen* stehen Ihnen Schaltflächen zur Verfügung, die Bewegungen des Motors um einen bestimmten Winkelwert ermöglichen. Der Schrittmotor wird sich nach einem Klick auf eine der Schaltflächen in Bewegung setzen, bis er die vorgegebene Rotation durchgeführt hat.

Für verschiedene Einsatzgebiete und je nach Größe der Modellbahn ist eine unterschiedliche Drehgeschwindigkeit erforderlich. Damit Sie dies regeln können, ist ein Schieberegler innerhalb des Bereichs *Geschwindigkeit* vorhanden. Je nachdem, in welche Richtung Sie den Regler verschieben, ändert sich auch die Geschwindigkeit, mit der der Schrittmotor seine Drehung durchführt.

T

Da die Drehgeschwindigkeit von der Leistung des Computers abhängig ist, den Sie einsetzen, sollten Sie den Geschwindigkeitswert individuell einstellen. Achten Sie darauf, daß Sie die Geschwindigkeit nicht zu hoch einstellen, da ansonsten die Ansteuerung des Motors nicht korrekt umgesetzt werden kann. Dies hängt mit der Trägheit der Relais zusammen. Wählen Sie lieber eine etwas niedrigere Geschwindigkeit, um die korrekte Funktion zu gewährleisten.

Der richtige und sinnvolle Einsatz der Software ist sehr stark von den Erfahrungswerten abhängig, die Sie mit der Software in Verbindung mit der Schaltung und dem von Ihnen verwendeten Drehscheibenaufbau machen werden. So ist die Drehgeschwindigkeit nicht nur von der Größe der Drehscheibe abhängig, sondern hängt auch von dem von Ihnen gewählten Übersetzungsverhältnis des Schrittmotorspindeldurchmessers zum Drehscheibenspindeldurchmesser ab. Ebenso hängt von diesem Verhältnis die Drehänderung der Drehscheibe pro Schritt ab (wie Sie in der Beispielrechnung weiter oben sehen konnten).

Hier ist es sinnvoll, viel auszuprobieren, bis Sie die richtigen Größen für die Geschwindigkeit und Schrittmengen einsetzen können. Erst wenn diese Erfahrungswerte vorliegen, können Sie die Steuerung gezielt vornehmen und entsprechende Scheibenpositionen einnehmen bzw. ansteuern.

23.6 Der Einsatz der Schaltung

Die Schaltung in Betrieb zu nehmen erfordert keine besonderen Aufgaben. Es muß allerdings das eine oder andere beachtet und sehr viel Erfahrung gesammelt werden, damit Sie die richtigen Ergebnisse erhalten.

Nehmen Sie die Schaltung unter Berücksichtigung der nachfolgenden Schritte in Betrieb:

1. Schließen Sie den Schrittmotor an die Schaltung an, wobei Sie die Funktion der Schaltung auch ohne angeschlossene Drehscheibe kontrollieren können.
2. Stecken Sie dann die Zusatzplatine mit der Steckerleiste in die Buchsenleiste der Grundplatine. Das Druckerkabel wird wie bekannt zwischen dem Computer und der Schaltung angeschlossen.
3. Auch hier ist die externe Versorgungsspannung für die Grundplatine notwendig. Beachten Sie dabei, daß das Netzteil zuvor auf 9 Volt eingestellt ist, und kontrollieren Sie die richtige Polarität. Erst dann stecken Sie den Netzstecker des Netzteils in die Steckdose.
4. Sollte die Drehscheibe schon mit dem Motor verbunden sein, drehen Sie diese bei Bedarf per Hand in die gewünschte Startposition.
5. Starten Sie die installierte Software.
6. Stellen Sie die Schnittstellenoption auf LPT1 oder LPT2.
7. Haben Sie die Startposition der Drehscheibe nicht mit der Hand vorgegeben, können Sie diese nun über die Schaltflächen, z. B. *1 vor* bzw. *1 zurück*, ansteuern.
8. Stellen Sie die Drehgeschwindigkeit mit dem Schieberegler auf den gewünschten Wert ein.
9. Geben Sie anschließend die gewünschte Bewegung der Drehscheibe vor, und starten Sie die Drehung über die beschriebenen Schaltflächen.

A

► **Sollte Ihr Schrittmotor nicht über einen Drehwinkel von 1,8° verfügen, wird die Aktivierung der Schaltflächen im Bereich *Winkel ausführen* zu falschen Ergebnissen führen. Außerdem wird das Anfahren der Startposition unter bestimmten Voraussetzungen nicht richtig durchgeführt, da ein falscher Winkel vorausgesetzt wird.**

Wie schon weiter oben angesprochen, kann die Funktion des Schrittmotors auch anderweitig eingesetzt werden. Die Software muß dann entsprechend abgeändert werden, wobei sie anschließend die entsprechenden Möglichkeiten der Ansteuerung aufweisen muß. Ihrer Phantasie sind dabei kaum Grenzen gesetzt.

24. Die Ampelsteuerung

Die in diesem Kapitel zu erstellende Schaltung wird eine Ampelsteuerung realisieren. Über Leuchtdioden werden die Ampelsignale dargestellt, die von einer auf dem Computer laufenden Software gesteuert werden.

Da die Schaltung als Zusatzplatine in Verbindung mit der in Kapitel 9 erstellten Grundplatine aufgebaut wird, reicht für den Aufbau eine halbierte Europa-Lochrasterplatine aus.

Die Leuchtdioden sind auf der Platine so angeordnet, daß sie mit vier Ampeln an einer Kreuzung vergleichbar sind. Auf diese Weise kann die Schaltung im Modellbahnbereich eingesetzt werden.

24.1 Die Funktion der Schaltung

Die Funktion der Ampelsteuerung ist vergleichbar mit einer im Straßenverkehr vorhandenen Verkehrsampelanlage, die häufig bei der Kreuzung von zwei Straßen eingesetzt wird.

Die Ampelsignale werden dabei wie bei einer realen Verkehrsampel ablaufen, wobei Sie innerhalb der Software zwischen zwei Modi wählen können:

1. Die „normale" Ampelfunktion mit wechselnden Rot-, Gelb- und Grünlichtphasen.
2. Einer Blinkphase, bei der lediglich die gelben Signale an- und ausgeschaltet werden.

Da die Zusatzplatine lediglich die Leuchtdioden als Bauteile verwendet, ist es leicht möglich, diese gesondert in eine Modellbahn zu integrieren und über ein Kabel von der Platine aus anzusteuern.

Auf diese Weise können in Verbindung mit den Leuchtdioden separate Ampeln aufgebaut und realitätsnah eingesetzt werden.

24.2 Der Aufbau der Schaltung

Die Schaltung ist schnell und einfach aufzubauen, weil nur wenige Bauteile benötigt werden. Über die Grundplatine ist die meiste Arbeit schon erledigt.

Legen Sie die Grundplatine bereit, damit Sie die Ampelsteuerung erstellen und einsetzen können.

Es werden für die Schaltung lediglich zwölf Leuchtdioden und eine Stiftleiste benötigt. Entnehmen Sie die Lage der Bauteile dem nachfolgenden Lageplan.

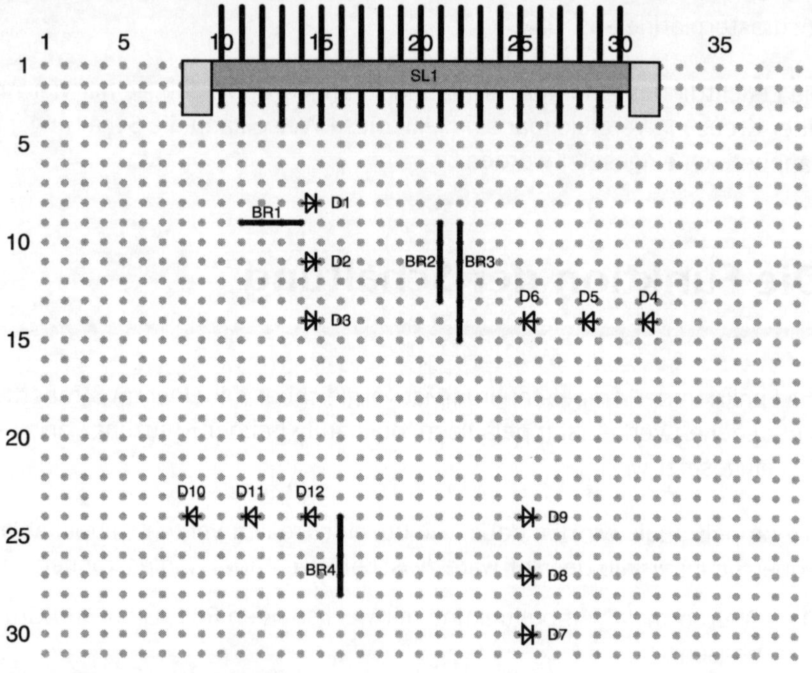

Der Aufbau der Ampelanlage

Beachten Sie beim Aufbau die Polarität der Leuchtdioden; sie ändert sich von Ampel zu Ampel.

Die Stückliste der Ampelsteuerung

Kennzeichnung	Bezeichnung	Bauteilart
BR1 - BR4	Leiterbahnbrücken	Schaltdraht
D1, D4, D7, D10	5-mm-Leuchtdiode (grün)	Leuchtdiode
D2, D5, D8, D11	5-mm-Leuchtdiode (gelb)	Leuchtdiode
D3, D6, D9, D12	5-mm-Leuchtdiode (rot)	Leuchtdiode
SL1	Stiftleiste 21polig	Steckverbindung

Sie können der Stückliste entnehmen, daß für die Schaltung 5 mm-Leuchtdioden verwendet werden. Da es diese auch in anderen Größen gibt (3 mm bis 10 mm), können Sie die Größe der Ampelanlage variieren. Speziell im Hinblick auf den Einsatz der Leuchtdioden in einem Ampelgehäuse kann dies von Vorteil sein.

24.3 Die Leiterbahnseite der Platine

Damit die Funktion der Schaltung gewährleistet ist, müssen lediglich die zwölf Leuchtdioden verdrahtet werden. Befolgen Sie dazu die aufgezeigten Leiterbahnen in der nachfolgenden Zeichnung.

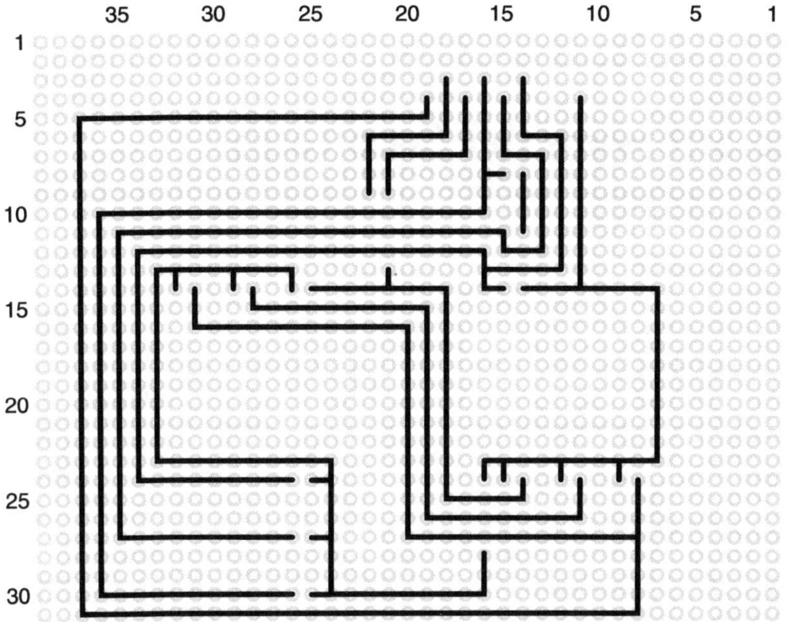

Die Leiterbahnen der Ampelsteuerung

Haben Sie die Leiterbahnen verlegt, ist die Zusatzplatine für die Grundschaltung fertig vorbereitet.

Die vollständig aufgebaute Schaltung sieht dann folgendermaßen aus:

Die fertige Ampelsteuerung

Wenn Sie die Abbildung genau betrachten, können Sie erkennen, daß auf der Platine der Straßenverlauf mit einem Filzschreiber aufgezeichnet ist. Dies können Sie auch auf Ihrer Platine aufzeichnen. Auf diese Weise ist leicht zu erkennen, welche Ampelsignale für welche Fahrbahn zuständig sind.

24.4 Die Software der Schaltung

Auch diese Schaltung arbeitet mit einer Software zusammen. Die Software steuert die Signale der Ampelanlage so, wie Sie es aus dem Straßenverkehr kennen.

Berücksichtigen Sie für die Installation der Software das Installationsprogramm auf der CD-ROM. Sie finden es im Verzeichnis *Kap_24/Windows/Install*. Starten Sie *Setup.exe* und folgen Sie wie bekannt den anschließenden Anweisungen.

Wie von den vorherigen Schaltungen gewohnt, finden Sie im Verzeichnis *Kap_24/Windows/Source* die Visual Basic-Source-Dateien.

Nachdem die Installation abgeschlossen ist, starten Sie die Software.

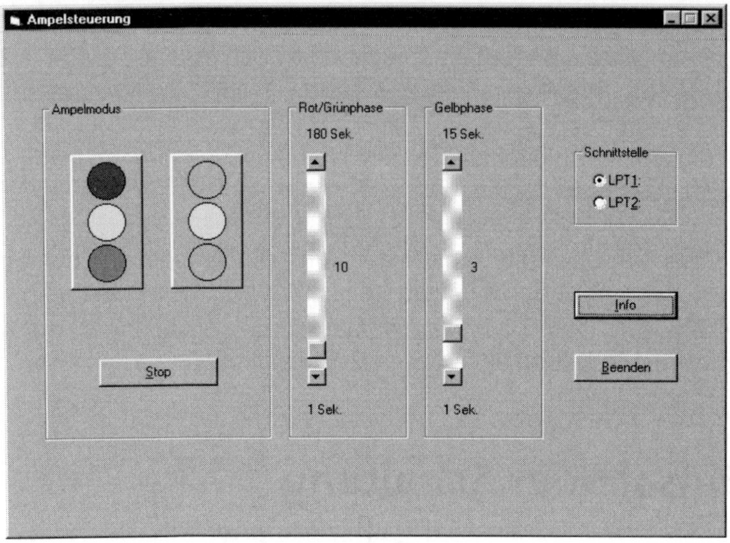

Hierüber wird die Ampelanlage angesteuert

Sie sehen, daβ die Steuerung der Ampelanlage mit Hilfe weniger Elemente realisiert werden kann.

Über die Schaltfläche im Bereich *Ampelmodus* können Sie die Ampelanlage in Funktion nehmen. Sie haben hier zwei Schaltflächen, die für die beiden schon oben angesprochenen Modi zuständig sind.

Klicken Sie auf die linke Ampelschaltfläche (alle drei Signallampen sind an), dann wird die Ampelanlage, wie Sie es von einer Straβenkreuzung kennen, angesteuert.

Klicken Sie die rechte Ampelschaltfläche an (nur die gelbe Signallampe ist an), geht die Ampelanlage in den blinkenden Zustand über.

Die Optionen können Sie während des Betriebs oder nach einer Stop-Phase wechseln.

Um die Ampelanlage auszuschalten, steht Ihnen die *Stop*-Schaltfläche zur Verfügung. Nach einem Klick auf diese Schaltfläche bleiben alle Signale dunkel.

Neben der Wahl des Modus können Sie auch die Länge der einzelnen Signalphasen ändern, mit der die Leuchtdioden angesteuert werden. Erscheint Ihnen der Zeitabschnitt, der zwischen den Signaländerungen liegt, zu lang oder zu kurz, dann verschieben Sie die beiden Regler in die gewünschte Richtung. Die Signale wechseln dann schneller bzw. weniger schnell ihren Zustand.

Der Schieberegler für die *Rot/Grünphase* beeinflußt die Zeitspanne, in der die eine Straße Grün und die andere entsprechend Rot angezeigt bekommt. Der Regler *Gelbphase* steuert die Zeitspanne, in der das gelbe Signal eingesetzt wird.

Probieren Sie die verschiedenen Möglichkeiten aus, und finden Sie die für Ihre Bedürfnisse beste Einstellung heraus.

Als letzte Option soll hier die Schnittstelleneinstellung angesprochen werden. Sie können die Schaltung über die Schnittstelle LPT1 bzw. LPT2 ansteuern. Je nachdem, welche Schnittstelle Sie benutzen, müssen Sie vor dem Start der Ampelfunktion die richtige Option LPT1 oder LPT2 aktivieren.

24.5 Der Einsatz der Schaltung

Um die Schaltung einsetzen zu können, sind die Ihnen schon von einigen vorhergehenden Schaltungen bekannten Schritte durchzuführen. Nachfolgend werden diese noch einmal kurz aufgezeigt.

1. Stecken Sie die Ampelsteuerung-Zusatzplatine mit der Stiftleiste in die Buchsenleiste der Grundplatine.
2. Schließen Sie zwischen der Grundschaltung und der parallelen Schnittstelle Ihres Computers das Druckerkabel an.
3. Versorgen Sie die Grundplatine mit der externen Versorgungsspannung. Beachten Sie die 9-Volt-Einstellung des Netzteils und die eingestellte Polarität. Ist alles korrekt, dann stecken Sie den Netzstecker des Netzteils in die Steckdose.
4. Haben Sie die Software installiert, dann starten Sie diese.
5. Aktivieren Sie die Option der von Ihnen eingesetzten Schnittstelle LPT1 oder LPT2.
6. Wählen Sie den gewünschten Betriebsmodus aus, indem Sie auf die entsprechende Ampelschaltfläche klicken.
7. Verändern Sie die Zeitintervalle, falls Ihnen die Zeitabstände nicht zusagen.

25. Die Alarmanlage

Anhand der Überschrift können Sie erahnen, worum es in diesem Kapitel geht. Es soll Ihnen hier eine Schaltung an die Hand gegeben werden, die eine überwachende Funktion ausübt. Dabei dürfen Sie keine professionelle Hochleistungsalarmanlage für Ihr Haus und Ihren Hof erwarten. Vielmehr sollen hier Kontrollmöglichkeiten realisiert werden, die mit einfachen und somit auch preiswerten Mitteln verwirklicht werden können.

Die Aufgabe der Schaltung ist, von einfachen Schließ-Sensoren erhaltene Informationen an die auf dem Computer laufende Software weiterzugeben. Dort wird optisch und akustisch auf diese Ereignisse reagiert, so daß Sie informiert werden, wenn einer der Sensoren aktiviert wurde.

Wie auch bei anderen Schaltungen wird der Datenaustausch über die parallele Schnittstelle in Verbindung mit der Grundplatine aus Kapitel 9 abgewickelt.

Da die hauptsächliche Arbeit bei dieser Schaltung darin besteht, die Sensoren anzubringen, sind die wenigen erforderlichen Bauteile auf der Schaltung bequem auf einer halben Europa-Lochrasterplatine anzuordnen.

25.1 Die Funktion der Schaltung

Die Funktion der Alarmanlage ist leicht nachzuvollziehen. Sie haben die Möglichkeit, bis zu drei verschiedene Schließer-Kontakte frei zu verlegen. Dies kann z. B. am Fenster, an der Tür oder unter einer Fußmatte geschehen.

Die Kontakte der Sensoren werden mittels zweiadriger Signalleitungen mit der Schaltung verbunden. Ändert sich der Zustand eines oder mehrerer Kontakte, dann wird dies über die Schaltung an den Computer übermittelt. Dort wertet die gestartete Software diese Informationen aus und reagiert entsprechend mit einer optischen Anzeige auf dem Bildschirm bzw. mit einem akustischen Signal. Auf diese Weise erkennen Sie schnell, wann sich an welchem Sensor etwas verändert hat.

25.2 Der Aufbau der Schaltung

Da die Schaltung lediglich aus drei Widerständen und einigen Pfosten aufgebaut wird, ist deren Aufbau schnell von Ihnen durchzuführen.

Etwas umfangreicher sind die zusätzlichen Arbeiten; doch dazu später mehr. Entnehmen Sie zuerst einmal die Positionen der Bauteile der nachfolgenden Zeichnung.

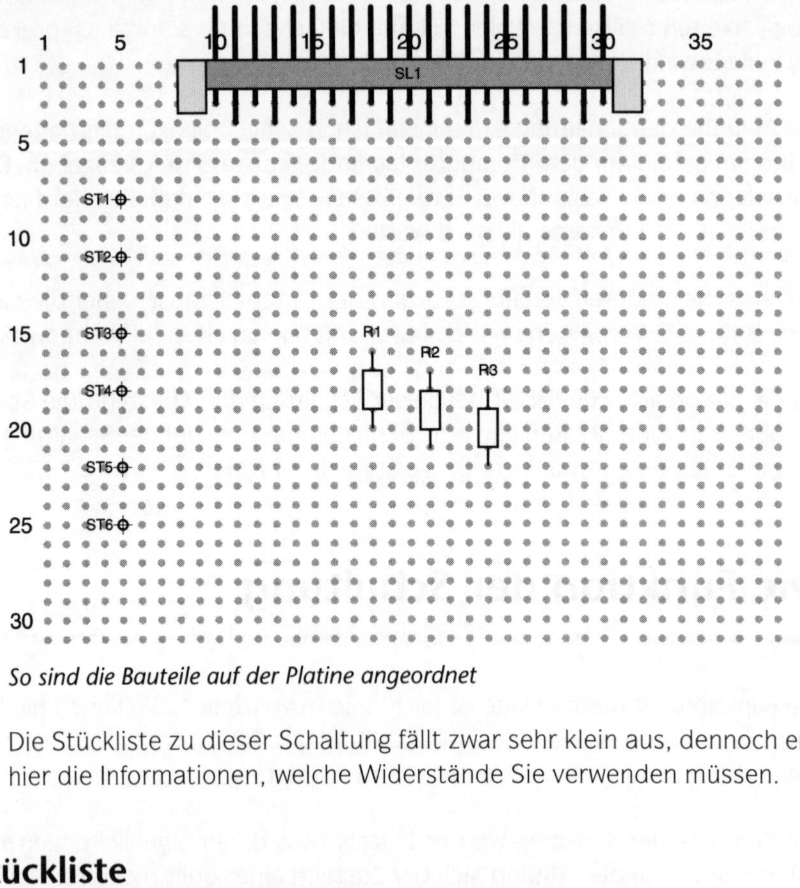

So sind die Bauteile auf der Platine angeordnet

Die Stückliste zu dieser Schaltung fällt zwar sehr klein aus, dennoch erhalten Sie hier die Informationen, welche Widerstände Sie verwenden müssen.

Die Stückliste

Kennzeichnung	Bezeichnung	Bauteilart
R1 - R3	1 kΩ	Widerstand
ST1 - ST6	Pfosten	Steckverbindung
SL1	Steckerleiste 21polig	Steckverbindung

Sie sehen, daß die Schaltung innerhalb weniger Minuten von Ihnen aufgebaut werden kann. Besonderheiten sind aufgrund der wenigen und einfachen Bauteile nicht zu beachten.

25.3 Die Leiterbahnseite der Platine

Da die Schaltung nur wenige Bauteile enthält, sind auch nur wenige Leiterbahnen zu verlegen. Die, die Sie berücksichtigen müssen, finden Sie in der nachfolgenden Zeichnung.

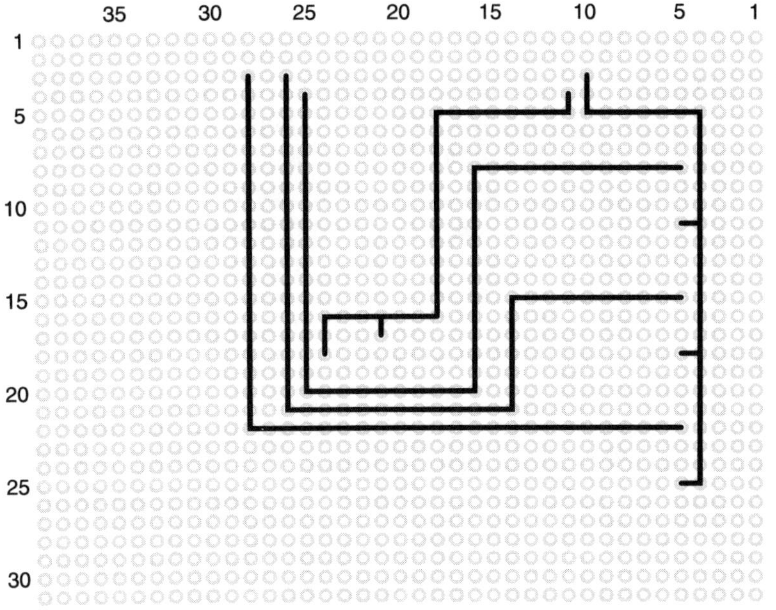

Einige wenige Leiterbahnen verbinden die Bauteile

Nachdem Sie die Schaltung fertig aufgebaut haben, wenden Sie sich den weiteren Arbeiten zu, ohne die die Schaltung nicht sinnvoll eingesetzt werden kann.

Die Zusatzplatine der Alarmanlage

25.4 Ergänzende Arbeiten an der Schaltung

Wie schon weiter oben erwähnt, hängt der sinnvolle Einsatz der Schaltung von den Sensoren und deren Plazierung ab. Doch bevor Sie dazu nähere Informationen bekommen, berücksichtigen Sie die schon von einigen anderen Schaltungen bekannten Schritte bezüglich des Anschlusses an den Computer bzw. der externen Versorgungsspannung.

Legen Sie dazu die Grundplatine bereit, und stecken Sie die Zusatzplatine in die Buchsenleiste. Die Spannungsversorgung und den Kontakt zur parallelen Schnittstelle des Computers erhält die Alarmanlage dann über die Grundplatine. Stellen Sie also sicher, daß Sie die Grundplatine mit der erforderlichen Zusatzspannung versorgen und daß das Druckerkabel angeschlossen ist.

Haben Sie die Arbeiten durchgeführt, ist die Schaltung an sich einsatzbereit, allerdings fehlen noch die Bauteile, die die Schaltung mit Informationen füttern, die Sensoren.

Wie bekannt, sind hier einfache *Schließer-Kontakte* zu verwenden. Wie diese auszusehen haben, bleibt Ihnen überlassen. So ist es vorstellbar, daß ein einfacher *Mikroschalter*, den es im Elektronikladen in verschiedenen Ausführungen zu kaufen gibt, als Sensor eingesetzt wird.

Der Mikroschalter wird dann z. B. so an einen Fensterrahmen angebracht, daß ein Schaltvorgang ausgelöst wird, sobald das Fenster geöffnet wird. Der Mikroschalter muß beim Schaltvorgang eine Schließ-Funktion auslösen, da die Software so ausgelegt ist, daß sie auf diese Art der Funktionen entsprechend reagieren kann.

Sie können hier auch andere Schalter, z. B. *Drucktaster*, verwenden, die Sie an markanten Stellen positionieren, z. B. unter Fußmatten. Sicherlich wird hier etwas handwerkliches Geschick von Ihnen erwartet, um die Sensoren an die gewünschte Stelle im Haus, oder wo immer Sie es möchten, zu plazieren, allerdings stehen Ihnen auf diese Weise viele Möglichkeiten offen, die Schaltung einzusetzen.

In Spielfilmen haben Sie vielleicht schon einmal eine Situation gesehen, in der Kontaktdrähte wenige Zentimeter über dem Boden verlegt wurden, die dann bei einer Berührung einen Schalter aktiviert haben. Etwas Ähnliches können auch Sie für Ihre Alarmanlage aufbauen. Sie können Ihrer Phantasie und Ihrem Erfindungsreichtum freien Lauf lassen.

Haben Sie Ihre Sensoren an den gewünschten Stellen angebracht, müssen diese noch mit der Schaltung verbunden werden. Dies geschieht auf einfache Weise über ein zweiadriges Kabel. Jeder Sensor muß über ein solches Kabel mit der Schaltung verbunden werden.

Die Verbindung der Kabel mit der Schaltung geschieht über die bekannten Pfostenstecker. Dazu isolieren Sie die beiden Adern des jeweiligen Kabels ab und löten dort entsprechend je einen Pfostenstecker an. Diese werden dann auf die Pfosten der Schaltung gesteckt.

Dort sind entsprechend für drei Sensoren sechs Pfosten (drei Pfostenpaare) vorhanden. Dem Kontakt 1 ist das Pfostenpaar ST1/ST2, dem Kontakt 2 das Pfostenpaar ST3/ST4 und zuletzt dem Kontakt 3 das Pfostenpaar ST5/ST6 zugeordnet. Beim Aufstecken der zweiadrigen Signalleitungen müssen Sie keine Polarität beachten.

Haben Sie die Signalleitungen auf die entsprechenden Pfosten der Schaltung gesteckt, wobei Sie nicht alle drei Kontakte zwingend einsetzen müssen, dann müssen Sie die Signalleitungen an den anderen Enden mit den Sensoren verbinden. Wie dies geschehen muß, hängt von dem jeweiligen Sensor ab. Die Leitungen können dort vielleicht angelötet oder mit Schrauben festgeklemmt oder auf eine andere Weise mit dem Sensor verbunden werden.

25.5 Die Software der Schaltung

Die Software zu der Alarmanlage übernimmt die Auswertung und Reaktion auf die von den Sensoren an die Schaltung übermittelten Daten. Damit Sie die Software einsetzen können, muß diese wie bekannt installiert werden. Die entsprechenden Dateien sind auf der CD-ROM im Buch im Verzeichnis *Kap_25/Windows/Install* vorhanden. Rufen Sie das Setup-Programm auf, um die Software einzurichten.

Auch für diese Software steht Ihnen die Möglichkeit offen, sie abzuändern. Die dazu notwendigen Sourcecode-Dateien befinden sich in dem Unterverzeichnis *Source*.

Nach der Installation des Programms können Sie dieses starten. Das folgende Fenster wird sich daraufhin öffnen.

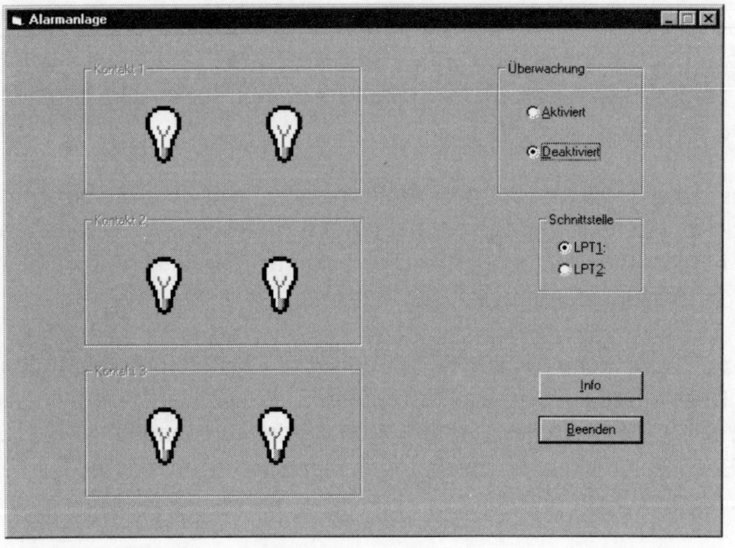

Die Alarmanlagen-Software

Da die Alarmanlage über die parallele Schnittstelle gesteuert wird, ist auch bei dieser Software die Option für LPT1 bzw. LPT2 vorhanden. Stellen Sie hier die Schnittstelle ein, an der Sie die Alarmanlage betreiben.

Die Software besitzt zudem drei gleichartige Bereiche, wobei je ein Bereich für einen Kontakt zuständig ist. Die drei Bereiche *Kontakt 1*, *Kontakt 2* und *Kontakt 3* sind entsprechend den Pfostenpaaren auf der Platine zuzuordnen.

Haben Sie die Schnittstellen-Option richtig eingestellt, aktivieren Sie die Alarmanlage über die Optionsschaltflächen im Bereich *Überwachung*. Klicken Sie auf die Schaltfläche *Aktiviert*, wird die Überwachungsfunktion eingeschaltet. Die Kontakt-Bereiche werden aktiviert, und ein grünes Lampensymbol in jedem Bereich signalisiert die Einsatzbereitschaft. Durch einen Klick auf *Deaktiviert* wird die Funktion der Alarmanlage außer Kraft gesetzt.

Ist die Alarmanlage aktiviert und ein Sensor löst Alarm aus, wird das grüne Licht in dem entsprechenden Bereich erlöschen, und ein rotes Blinklicht leuchtet statt dessen auf. Zusätzlich wird ein akustisches Signal ausgegeben. Auf diese Weise können Sie leicht erkennen, wenn ein Alarm ausgelöst wurde und durch welchen Sensor dies geschehen ist.

Über die vorhandenen Funktionen kann die Alarmanlage leicht gesteuert und somit sinnvoll eingesetzt werden.

25.6 Der Einsatz der Schaltung

Um die Schaltung in Betrieb nehmen zu können, sind keine besonderen Arbeiten notwendig. Führen Sie die nachfolgenden Schritte aus, dann steht dem Einsatz der Alarmanlage nichts mehr im Weg.

1. Stecken Sie die Zusatzplatine in die Grundplatine.
2. Um den Datentransfer der Schaltung zum Computer zu gewährleisten, verbinden Sie die Grundplatine über ein Druckerkabel mit dem Computer.
3. Stellen Sie sicher, daß die Zusatzspannung an der Grundplatine anliegt.
4. Positionieren Sie die Sensoren so an die gewünschten Stellen, daß sie einsatzbereit sind. Danach verbinden Sie die Signalkabel mit den Kontakpaaren auf der Schaltung.
5. Starten Sie die Software, um die notwendigen Einstellungen vorzunehmen. Berücksichtigen Sie hier als erstes die Option für die verwendete Schnittstelle.
6. Starten Sie die Überwachung durch einen Klick auf die Optionsschaltfläche *Aktiviert* im Bereich *Überwachung*.
7. Zur Kontrolle sollten Sie die Funktion der Alarmanlage prüfen, indem Sie über einen der Sensoren absichtlich einen Alarm auslösen.

   Führen Sie die letzte Aktion mit allen Sensoren durch. Haben alle Sensoren Alarm ausgelöst, ist die korrekte Funktion der Alarmanlage gegeben, und die Schaltung kann eingesetzt werden.

26. Die Eisenbahnsteuerung

Wie Sie an der Überschrift erkennen, handelt es sich bei dieser Schaltung um eine Steuerung, die Sie im Modellbaubereich einsetzen können.

Die Schaltung überwacht eine Reihe von Kontakten, die bei Aktivierung dazu führen, daß die Software reagiert und entsprechende Relais ansteuert. Diese stellen Ihnen wiederum Schließ-Kontakte zur Verfügung, über die Sie steuernd auf die Modellbahn einwirken können.

Wie auch bei anderen Schaltungen wird der Datenaustausch über die parallele Schnittstelle abgewickelt. Da hier nicht die Grundplatine verwendet wird, ist es lediglich erforderlich, das Flachbandkabel mit dem Centronics-Stecker und das Netzteil für die externe Versorgungsspannung bereitzulegen.

Ein wichtiger Teil bei dieser Schaltung besteht darin, die Sensoren anzubringen, wobei Sie hier spezielle Bauelemente einsetzen sollten. Doch dazu erfahren Sie später noch mehr.

Legen Sie für den Aufbau der Schaltung eine halbierte Europa-Lochrasterplatine bereit.

26.1 Die Funktion der Schaltung

Die Funktionsweise der Schaltung ist leicht verständlich. Sie überwacht einige Kontakte, die Sie frei plazieren und einsetzen können. Wird ein bzw. werden mehrere Kontakte geschlossen, reagiert die Schaltung in Verbindung mit der Software darauf und aktiviert entsprechende Relais. Über die Kontakte der Relais steuern Sie wiederum Vorgänge innerhalb der Modellbahnanlage.

Die Schaltung besitzt vier Eingangskontakte für die Sensoren und drei Relais, die für Sie Schließer-Kontakte bereitstellen. Die unterschiedliche Anzahl rührt daher, daß hier nicht durchgängig eine Eins-zu-Eins-Zuordnung vorhanden ist. Zwar reagiert das Relais 1 auf den Kontakt 1 und Relais 2 auf den Kontakt 2, allerdings ist es für die Aktivierung des dritten Relais erforderlich, daß sowohl Kontakt 3 als auch Kontakt 4 aktiviert sind. Solange nur einer dieser beiden Kontakte einen Impuls aussendet, reagiert das Relais 3 nicht. Die beiden Kontakte 3 und 4 sind somit sozusagen logisch UND-verknüpft. Diese Anordnung versetzt Sie in die Lage, flexibler auf bestimmte Situationen zu reagieren.

Die Sensoren werden mit der Schaltung über zweiadrige Signalleitungen verbunden. Sie werden im Verlauf des Kapitels noch eine spezielle Art von Schließer-Kontakt kennenlernen, die sehr gut innerhalb der Modellbahn eingesetzt werden kann.

Damit Sie die Überwachung und den aktuellen Status der Schaltung gut überblicken können, sind in der Software optische Elemente enthalten, die Sie immer auf dem laufenden halten.

26.2 Der Aufbau der Schaltung

Die Schaltung besteht gänzlich aus Ihnen bekannten Bauteilen, so daß Sie den Aufbau leicht durchführen können.

Aufgrund der vielen Pfosten innerhalb der Schaltung können Sie leicht folgern, daß hier viele zusätzliche Arbeiten erforderlich sind, um die Eingangs- und Ausgangskontakte mit der Modellbahn zu verbinden.

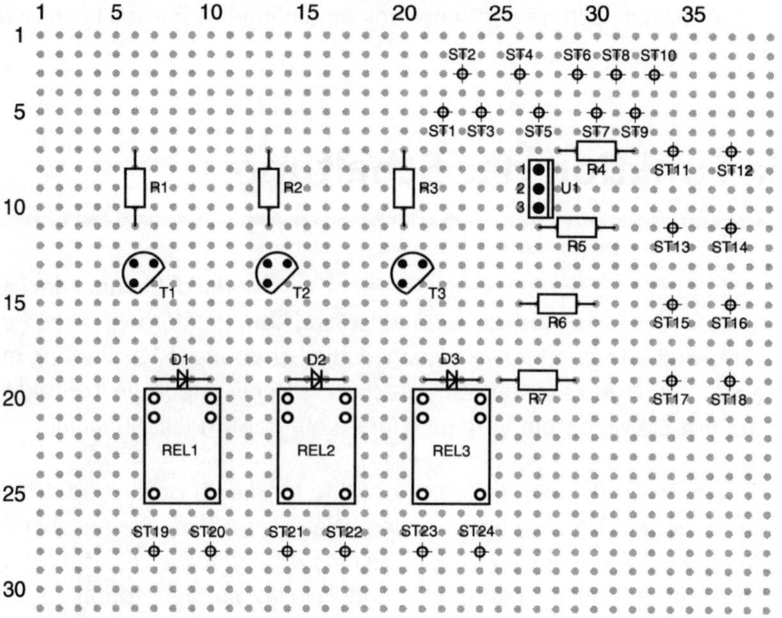

Die Bauteillage auf der Platine

Die Stückliste zu dieser Schaltung informiert Sie wiederum über die eingesetzten Bauelemente.

Die Stückliste

Kennzeichnung	Bezeichnung	Bauteilart
ST1 - ST24	Pfostenstecker	Steckverbindung
R1 - R7	2,2 kΩ	Widerstand
T1 - T3	BC546	Transistor
D1 - D3	1N4007	Diode
REL1 - REL3	Kleinrelais 5 V, 1polig UM	Relais
U1	7805	Spannungsregler

Beim Aufbau der Schaltung ist lediglich darauf zu achten, daß die Transistoren und die Dioden nicht verdreht und damit falsch gepolt eingebaut werden.

26.3 Die Leiterbahnseite der Platine

Die Schaltung wird mit den nachfolgend dargestellten Leiterbahnen verdrahtet.

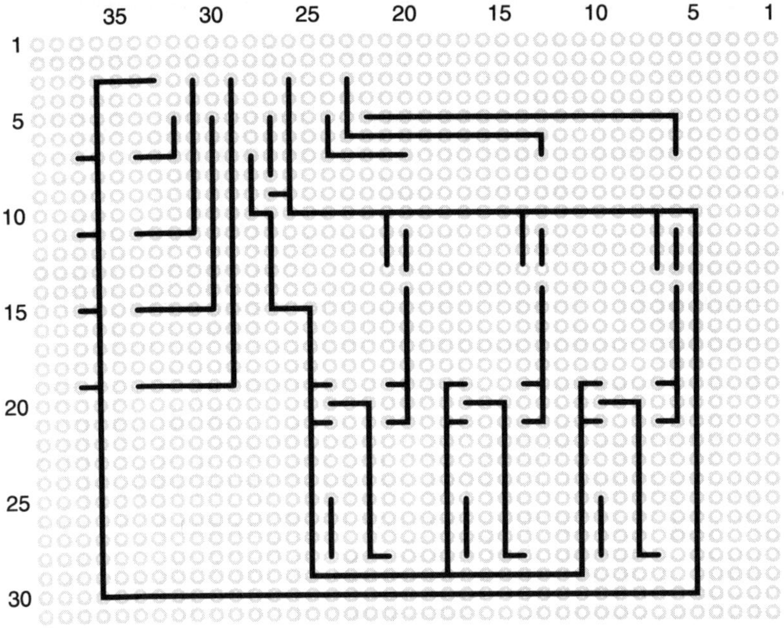

Diese Leiterbahnen verbinden die Bauteile

Nach dem Aufbau der Schaltung bietet sich Ihnen folgendes Bild:

Die fertige Eisenbahnsteuerung

Wenden Sie sich nun den zusätzlichen Arbeiten zu, damit die Schaltung ordnungsgemäß eingesetzt werden kann.

26.4 Ergänzende Arbeiten an der Schaltung

Die ersten beiden zusätzlichen Arbeiten kennen Sie schon von anderen Schaltungen. Sie betreffen die externe Versorgungsspannung und das Anbringen des Flachbandkabels mit dem Centronics-Stecker.

1. Um die Platine mit Spannung zu versorgen, verwenden Sie das bekannte Netzteil mit dem Adapterkabel. Stecken Sie den Plus-Pol des Kabels auf den Pfosten ST5. Den Minus-Pol stecken Sie auf den Pfosten ST4. Damit ist die Spannungsversorgung gewährleistet.
2. Vom Flachbandkabel müssen Sie acht Leitungen mit den Pfosten der Schaltung verbinden. Welche Leitungen dies sind und welche Zuordnung bezüglich der Pfosten eingehalten werden muß, entnehmen Sie der nachfolgenden Tabelle. Sollten an einigen Leitungen des Flachbandkabels noch keine Pfostenstecker angelötet sein, holen Sie dies nach.

ST1	Leitung 3
ST2	Leitung 5
ST3	Leitung 7
ST6	Leitung 28
ST7	Leitung 25
ST8	Leitung 23
ST9	Leitung 19
ST10	Leitung 2

Haben Sie die Arbeiten durchgeführt, dann ist die Schaltung an sich einsatzbereit, allerdings fehlen noch die Bauteile, die die Schaltung mit Informationen füttern, die Sensoren.

Wie bekannt, können hier einfache *Schließer-Kontakte* verwendet werden. Wie diese auszusehen haben, bleibt Ihnen überlassen. So können hier einfache *Mikroschalter* verwendet werden, die dann den Kontakt auslösen.

Bei einer Modellbahn ist es oftmals gewünscht, daß ein Kontakt auf einen vorbeifahrenden Zug reagiert. Dies können Sie zwar auch über mechanische Kontakte realisieren, doch eleganter ist dies mit Hilfe sogenannter *Reed-Kontakte* zu bewerkstelligen.

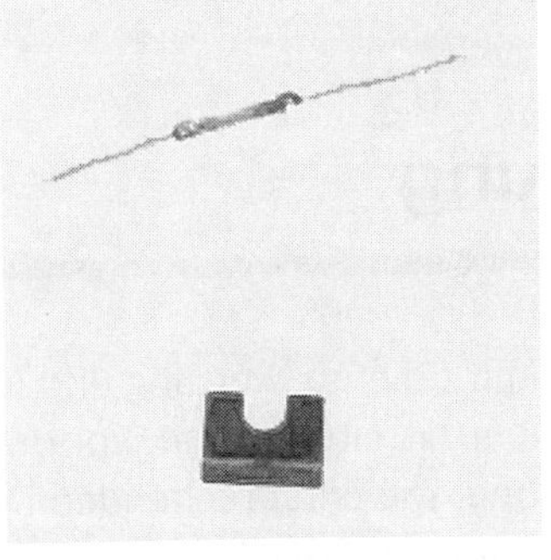

Die Reed-Kontakte sind oftmals sehr klein (unten ein Magnet)

Ein Reed-Kontakt besteht in vielen Fällen aus einem kleinen Glasröhrchen, in dem sich der geöffnete Kontakt befindet. Das Röhrchen ist an beiden Enden geschlossen, wobei auf jeder Seite je ein Kontaktdraht herausschaut. Diese können Sie dann mit den Kontakten der Schaltung verbinden.

Sie fragen sich nun sicherlich, wie der Kontakt geschlossen wird, da er innerhalb des Glasrohres nicht zugänglich ist. Doch genau das ist es, was diese Art Kontakt für eine Modellbahn interessant macht. Der Kontakt kann mit Hilfe eines Magneten geschlossen werden. Sobald Sie einen Magneten nah genug an das Glasröhrchen halten, schließt sich der Kontakt.

Aufgrund dieser Funktionsweise können Sie den Glaskolben innerhalb der Eisenbahnschienen befestigen und mittels eines zweiadrigen Drahtes den Kontakt zur Schaltung herstellen. An den Zügen befestigen Sie entsprechend die Magnete, die Sie ebenfalls im Elektronikfachhandel beziehen können.

Sobald der Zug, und damit der Magnet, an dem Glasröhrchen vorbeifährt, schließt sich der Kontakt und über das entsprechende Relais der Schaltung können Sie entsprechende Steuerungen vornehmen.

Auf der Schaltung sind für vier Sensoren acht Pfosten (vier Pfostenpaare) vorhanden. Dem Kontakt 1 ist das Pfostenpaar ST11/ST12, dem Kontakt 2 das Pfostenpaar ST13/ST14, dem Kontakt 3 das Pfostenpaar ST15/ST16 und zuletzt dem Kontakt 4 das Pfostenpaar ST17/ST18 zugeordnet. Beim Aufstecken der zweiadrigen Signalleitungen müssen Sie keine Polarität beachten.

Beachten Sie bei der Plazierung der Sensoren, daß die Kontakte 3 und 4 logisch UND-verknüpft sind. Sie erhalten nur dann eine sinnvolle Funktion, wenn die Kontakte entsprechend kombinierte Aufgaben wahrnehmen. Sobald Sie die Sensoren verlegt und angeschlossen haben, können Sie auch die Ausgangskontakte der Relais mit Kabeln versehen und zur Steuerung von Schranken o. ä. einsetzen. Berücksichtigen Sie hier die Pfostenpaare ST19/ST20, ST21/ST22 und ST23/ST24.

26.5 Die Software der Schaltung

Die Software zur Eisenbahnsteuerung übernimmt die Auswertung und Reaktion auf die von den Sensoren an die Schaltung übermittelten Daten. Vor deren Einsatz muß diese allerdings erst installiert werden. Die entsprechenden Dateien sind auf der CD-ROM im Buch im Verzeichnis *Kap 26/Windows/Install* gespeichert. Das bekannte *Setup*-Programm hilft Ihnen bei der Installation.

Die Sourcecode-Dateien zur Software befinden sich im Unterverzeichnis *Source*, falls Sie das vorhandene Programm abändern wollen. Starten Sie die Software, um nachfolgendes Fenster zu erhalten.

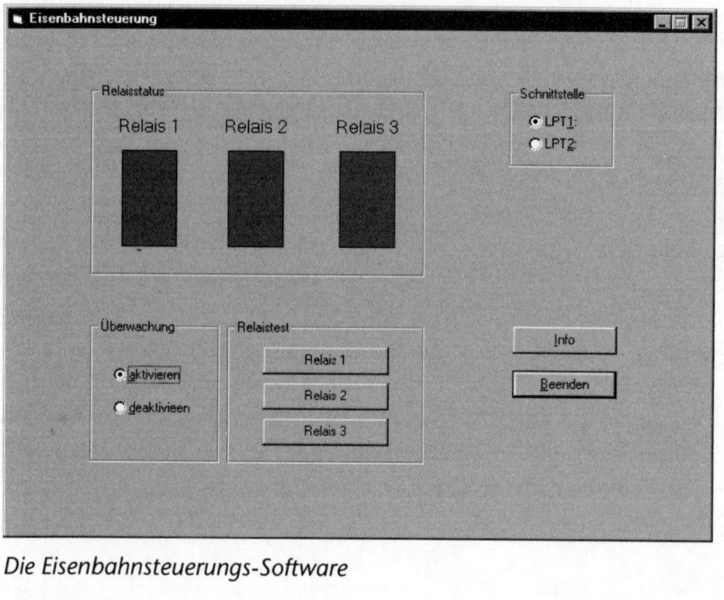

Die Eisenbahnsteuerungs-Software

Auch diese Schaltung wird über die parallele Schnittstelle angesteuert. Deshalb ist die Option für LPT1 bzw. LPT2 auch hier vorhanden. Stellen Sie entsprechend die Schnittstelle ein, an der Sie die Eisenbahnsteuerung betreiben.

Der Bereich *Relaistest* stellt Ihnen drei Schaltflächen, für jedes Relais eine, bereit, um die Funktion der Relais unabhängig von den Eingangskontakten testen zu können.

Sobald Sie darauf klicken, sehen Sie eine Veränderung im Bereich *Relaisstatus*. Hier sind drei Rechtecke vorhanden, die Ihnen anzeigen, ob ein Relais derzeit aktiviert ist oder nicht. Bei einem aktivierten Relais ist das Rechteck grün, ansonsten rot.

Damit die Schaltung in Verbindung mit der Software die Steuerung ausübt, ist es erforderlich, daß Sie die Option *aktivieren* im Bereich *Überwachung* anklicken. Erst dann werden Informationen von den Eingangskontakten ausgewertet und die entsprechenden Reaktionen an die Relais weitergeleitet.

26.6 Der Einsatz der Schaltung

Um die Schaltung in Betrieb nehmen zu können sind die bekannten Arbeiten durchzuführen. Die nachfolgenden Schritte sollten von Ihnen ausgeführt werden:

1. Damit ein Datenaustausch stattfinden kann, verbinden Sie die Platine über das Flachbandkabel und das Druckerkabel mit dem Computer.
2. Stellen Sie sicher, daß die Zusatzspannung an der Platine anliegt und das Netzteil in die Steckdose gesteckt wurde.
3. Positionieren Sie die Sensoren so an die gewünschten Stellen, daß sie einsatzbereit sind. Danach verbinden Sie die Signalkabel mit den Kontaktpaaren auf der Schaltung.
4. Starten Sie die Software, und stellen Sie als erstes die Option für die verwendete Schnittstelle korrekt ein.
5. Kontrollieren Sie die Funktion der Relais durch einen Klick auf die entsprechenden Schaltflächen.
6. Starten Sie die Überwachung durch einen Klick auf die Optionsschaltfläche *Aktivieren* im Bereich *Überwachung*.
7. Zur Kontrolle ist es sinnvoll, über alle Sensoren absichtlich Kontakt auszulösen. Beachten Sie dabei, daß bei Kontakt 3 und 4 das Auslösen gleichzeitig geschehen muß, damit das Relais 3 aktiviert wird.

Sind die Tests erfolgreich durchgeführt worden, dann ist die Schaltung einsatzbereit.

26.6 Der Einsatz der Schaltung

27. Die Steckdosensteuerung

Wenn Sie die Schaltung aus diesem Kapitel nachbauen, können Sie anschließend zwei Steckdosen gezielt ein- bzw. ausschalten. Auf diese Weise sind Sie in der Lage, über die Steckdosen angeschlossene elektrische Geräte per Computer zu steuern. Die zu der Schaltung gehörende Software stellt Ihnen zu diesem Zweck entsprechende Steuerungsmöglichkeiten zur Verfügung.

Im Prinzip übermittelt die Software Daten über die parallele Schnittstelle des Computers an die Schaltung, so daß dort vorhandene Relais aktiviert bzw. deaktiviert werden. Über die Kontakte der Relais können Sie die Stromzufuhr zu daran angeschlossenen Steckdosen steuern. Zwar können Sie auch andere an die Relais angeschlossene Schaltkreise steuern, aber die Schaltung ist so ausgelegt, daß die Belastung von 220-Volt-Geräten verkraftet werden kann. Dazu beachten Sie allerdings die Sicherheitshinweise am Ende dieses Kapitels.

Damit die Schaltung, und insbesondere die Relais, ordnungsgemäß arbeiten können, muß die Schaltung mit der bereits bekannten Zusatzversorgungsspannung betrieben werden. Die Schaltung kann auf einer halben Europa-Lochrasterplatine aufgebaut werden.

27.1 Die Funktion der Schaltung

Die Funktion ist Ihnen schon ein wenig erläutert worden. Hier noch einige ergänzende Anmerkungen.

Über die Funktionen der Software ist es Ihnen möglich, die Signalzustände von zwei der acht vorhandenen Datenleitungen der parallelen Schnittstelle zu beeinflussen. An diese Datenleitungen sind, in Verbindung mit Transistoren, die Relais angeschlossen. Sobald eine Datenleitung aktiviert wird, zieht das entsprechende Relais an, und der über die Kontakte des Relais angeschlossene Schaltkreis kann ein- bzw. ausgeschaltet werden. Das Ausschalten ist in diesem Fall dann mit dem Öffner-Kontakt des Relais durchführbar.

Neben der schon angesprochenen externen Versorgungsspannung benötigt die Schaltung das schon mehrfach eingesetzte Flachbandkabel mit dem Centronics-Stecker für die parallele Schnittstelle des Computers. Dieses wird mit den vorhandenen Pfostensteckern auf die entsprechenden Pfosten der Platine gesteckt.

27.2 Der Aufbau der Schaltung

Damit alle Bauteile auf einer halben Europa-Lochrasterplatine Platz haben, müssen diese recht nah beieinander angeordnet werden. Dies gilt speziell für die Relais, die im Gegensatz zu den anderen Bauelementen recht hoch sind.

Aus diesem Grund sollten Sie beim Aufbau der Schaltung damit beginnen, die kleinen, flach auf der Platine aufliegenden Bauteile als erste aufzulöten. Die Relais und die Anschlußklemmen sollten Sie erst zum Schluß berücksichtigen. Auf diese Weise kommen Sie an die kleinen Bauteile besser heran.

Bauen Sie die Schaltung entsprechend der Vorgaben der nachfolgenden Zeichnung auf.

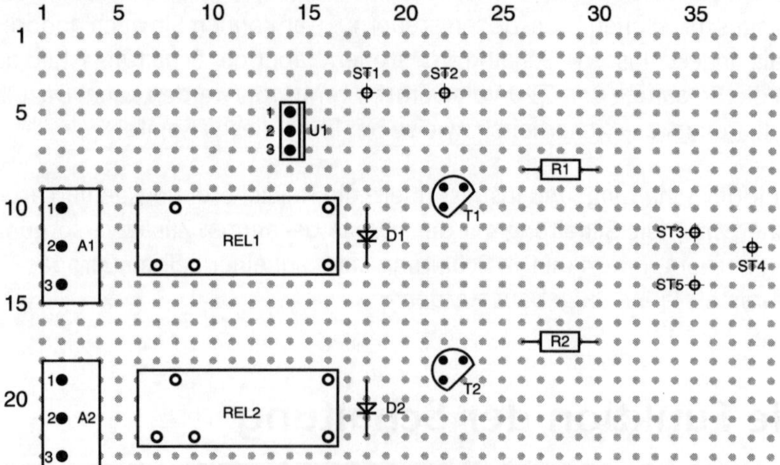

Der Aufbau der Steckdosensteuerung

Da es sich eigentlich um einen Schaltkreis, der allerdings zweimal vorhanden ist, handelt, sind nur wenige verschiedene Bauteile für die Schaltung notwendig.

Die Stückliste

Kennzeichnung	Bezeichnung	Bauteilart
R1 - R2	2,2 kΩ	Widerstand
T1 - T2	BC546B	Transistor
D1 - D2	1N4007	Diode
REL1 - REL2	5-V-Leistungsrelais 1 x UM	Kartenrelais
A1 - A2	3polige Anschlußklemme	Anschlußklemme
U1	7805	Spannungsregler
ST1 - ST5	Pfosten	Steckverbindung

Die Schaltung aufbauen

Befolgen Sie beim Aufbau der Bauelemente den Tip mit der Reihenfolge. Beachten Sie außerdem die nachfolgenden Punkte:

1. Auch hier müssen Sie die Polarität der Dioden beachten.
2. Die Transistoren sollten Sie nicht vollständig bis auf den Boden der Platine herunterdrücken. Lassen Sie sie ein wenig über die Platine herausragen. Auf diese Weise können Sie sie ein weiteres Mal verwenden, sollten Sie die Schaltung nicht mehr benötigen.
3. Bei den Relais handelt es sich um die gleichen, wie Sie sie schon in den Schaltungen der Kapitel 15 und 19 verwendet haben. Lesen Sie dort die entsprechenden Spezifikationen der Relais nach.
4. Die Anschlußklemmen müssen für die Montage auf einer Lochrasterplatine ausgelegt sein.

27.3 Die Leiterbahnseite der Platine

Den Aufbau der notwendigen Leiterbahnen entnehmen Sie der nachfolgenden Vorlage.

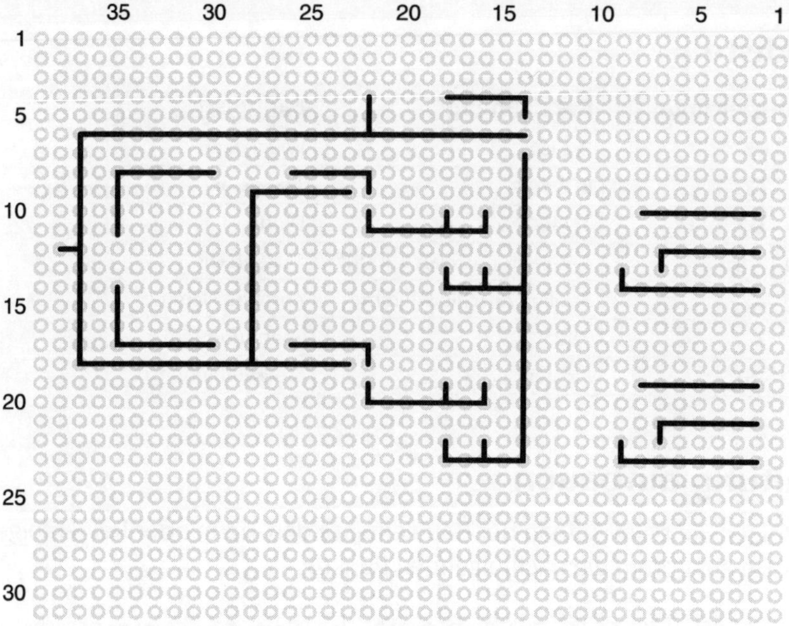

Die Vorlage für die Leiterbahnen der Steckdosensteuerung

Sobald Sie die Leiterbahnen aufgelötet haben, ist die Schaltung prinzipiell einsatzbereit. Allerdings fehlt noch die Anschlußmöglichkeit an die parallele Schnittstelle des Computers und die externe Spannungsversorgung.

27.4 Ergänzende Arbeiten an der Schaltung

Um die beiden oben angesprochenen Arbeiten durchzuführen, befolgen Sie die nachfolgenden Punkte. Sobald diese von Ihnen ausgeführt sind, ist die Schaltung einsatzbereit.

1. Die beiden Pfosten ST1 und ST2 sind zur Aufnahme der zusätzlichen Versorgungsspannung vorhanden. Schließen Sie die Plus-Leitung an den Pfosten ST1 an und die Masse-Leitung an den Pfosten ST2.
2. An die restlichen Pfosten der Schaltung wird das Flachbandkabel mit dem Centronics-Stecker aufgesteckt. Die Zuordnung der Leitungen entsprechend den Pfosten entnehmen Sie der nachfolgenden Tabelle:

ST4	Leitung 2
ST3	Leitung 3
ST5	Leitung 5

Sind die beiden ergänzenden Arbeiten durchgeführt worden, sieht die Schaltung im fertigen Zustand folgendermaßen aus:

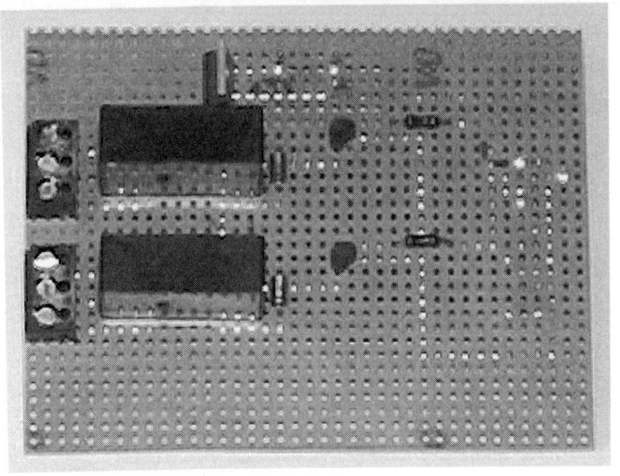

Die fertige Steckdosensteuerung

27.5 Die Software der Schaltung

Die Software zu dieser Schaltung übernimmt einen wichtigen Teil der Gesamtfunktion. Die Schaltung selbst realisiert lediglich das Ein- bzw. Ausschalten der Relais. Die Software hingegen stellt Ihnen die notwendigen Funktionen zur Verfügung, um die Steuerung wie gewünscht vorzunehmen.

Die zu installierende Software finden Sie auf der CD-ROM im Buch im Verzeichnis *Kap_27/Windows/Install*. Das *Setup*-Programm übernimmt die Installation auf die bekannte Art und Weise.

Fehlen Ihnen bei der Steuerung der Relais noch Funktionen, können Sie diese innerhalb der Visual Basic-Source-Dateien im Unterverzeichnis *Source* implementieren.

Die standardmäßig vorhandenen Funktionen sollen im folgenden erläutert werden.

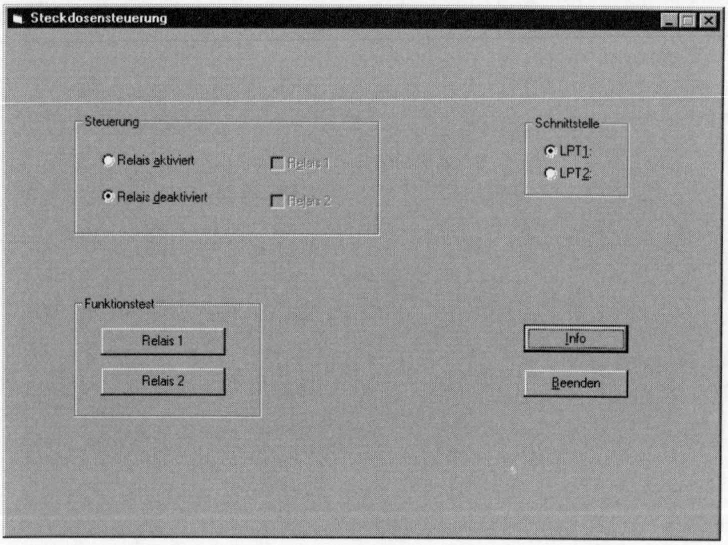

Die Steuerung der Steckdosen-Schaltung

Die übliche Funktion zur Einstellung der genutzten parallelen Schnittstelle LPT1 bzw. LPT2 ist natürlich auch hier vorhanden.

Grundsätzlich ist die Steuerung der Relais in zwei Bereiche aufgeteilt.

Die Software enthält den Bereich *Funktionstest* zum Kontrollieren der Relais. Sobald Sie auf die Schaltfläche *Relais 1* bzw. *Relais 2* klicken, werden die eingestellten Relaisparameter deaktiviert und lediglich das eine bzw. das andere Relais zieht für ca. 2 Sekunden an. Danach wird wieder der ursprüngliche Zustand der Relais eingenommen.

Die konkrete Steuerung der Relais wird im Bereich *Steuerung* vorgenommen. Hier haben Sie die Möglichkeit, die Relais zu aktivieren bzw. anschließend auch wieder zu deaktivieren. Erst wenn die Steuerung aktiviert ist, können Sie über die Kontrollfelder *Relais 1* bzw. *Relais 2* die beiden Relais unabhängig voneinander ein- bzw. ausschalten.

Über diese Funktionen können Sie die Schaltung und damit die Relais bzw. die Steckdosen steuern.

27.6 Der Einsatz der Schaltung

Wie bekannt, erhalten Sie hier eine Anweisung, wie Sie die Schaltung zum ersten Mal in Betrieb nehmen können. Gehen Sie nach den einzelnen Punkten vor, und achten Sie auf die Sicherheits- und Einsatzhinweise am Ende des Kapitels.

1. Verbinden Sie die Schaltung als erstes mit der parallelen Schnittstelle des Computers. Benutzen Sie dazu ein normales Druckerkabel.
2. Verbinden Sie als nächstes die externe Versorgungsspannung mit der Schaltung, wie Sie es weiter oben erläutert bekommen haben. Stecken Sie das Netzkabel des Netzteils in eine normale Steckdose.
3. Wenden Sie sich der Software zu. Starten Sie sie und stellen Sie die Option für die Schnittstelle richtig ein. Klicken Sie auf die Schaltflächen im Bereich *Funktionstest*, um die Funktion der Relais zu testen.
4. Über den Einsatz der vorhandenen Funktionen ist die Schaltung anschließend steuerbar.

Über die Kontakte der Relais bzw. der Anschlußklemmen können Sie nun die Leitungen zur Steuerung der Steckdosen anschließen. Hierbei stellen jeweils die Klemmen 1 und 2 der Anschlußklemmen einen Öffner- und die Klemmen 1 und 3 einen Schließ-Kontakt dar.

Bevor Sie diese Leitungen anschließen und einsetzen, beachten Sie unbedingt die nachfolgenden Hinweise.

Achtung bei der Schaltungssteuerung

Die Schaltung ist so ausgelegt, daß Sie über die Relais eine Wechselspannung von bis zu 220 Volt steuern können. Da die Kontakte der Relais frei zugänglich unterhalb der Platine vorhanden sind, besteht dadurch ein Sicherheitsrisiko.

Sie müssen sicherstellen, daß diese Leiterbahnen nicht berührbar sind. Lassen Sie sich im Elektrofachhandel beraten und wenn möglich ein nicht leitendes Gehäuse anfertigen, in das die Schaltung eingelassen wird.

Da Sie mit der Schaltung Steckdosen steuern wollen, ist es sinnvoll, diese in das Gehäuse zu integrieren. So können Sie die Steuerleitungen innerhalb des Gehäuses verlegen, so daß die Sicherheit auch in Hinblick auf die Steckdosenanschlüsse gewährleistet ist.

A

► Lassen Sie sich in jedem Fall von einem Fachmann beraten und die notwendigen Arbeiten von einem solchen durchführen. Die Sicherheitsbestimmungen solcher Schaltungsanordnungen müssen unbedingt eingehalten werden, um ein Gesundheitsrisiko auszuschließen. Schließen Sie auf keinen Fall eine 220-Volt-Leitung an die Anschlußklemmen an, wenn die Schaltung frei zugänglich ist.

Teil III
Die Schaltungen für Fortgeschrittene

Der dritte Teil dieses Buches bietet Ihnen insgesamt drei weitere Schaltungen. Diese sind von den Funktionen und entsprechend auch vom Aufbau wesentlich anspruchsvoller als die bisherigen Schaltungen in diesem Buch. Dies spiegelt sich insbesondere darin wieder, daß zwei der drei Schaltungen nicht auf einer Lochrasterplatine erstellt werden können.

Für diese beiden Schaltungen sind in den jeweiligen Kapiteln Leiterbahnen-Layouts enthalten, die Sie benutzen können, um sich Platinen ätzen zu lassen. Doch dazu erhalten Sie später noch nähere Informationen.

Außerdem enthalten die Schaltungen Speicherbausteine bzw. Controller-Bausteine, die für den Einsatz programmiert werden müssen. Was Sie hierfür zu tun haben, wird wiederum in den einzelnen Kapiteln erläutert.

Sie erkennen anhand der obigen Absätze, daß die Schaltungen des dritten Teils aufwendiger konzipiert sind. Die logische Folge ist, daß die bisher bekannten Arbeitsweisen und -methoden für die Realisierung dieser Schaltungen nicht mehr ausreichen. Doch müssen Sie noch lange kein Profi-Elektroniker sein, um die Schaltungen aufbauen zu können. Es werden lediglich aufwendigere Arbeiten durchzuführen sein, die Sie bislang vielleicht noch nicht gekannt haben.

Wie auch bei den vorherigen Schaltungen sind die Kapitel so aufgebaut, daß Sie die erforderlichen Arbeiten in der richtigen Reihenfolge mit den notwendigen Erläuterungen dargelegt bekommen, um die Schaltungen letztendlich funktionstüchtig aufbauen zu können. Damit Sie sich hier einen kurzen Überblick über die nachfolgenden Schaltungen verschaffen können, werden diese kurz angesprochen.

Die Brenner-Schaltung

Die erste Schaltung in diesem Teil des Buches ist denen des zweiten Teils, was den Aufbau angeht, noch recht ähnlich. Sie können diese wie bekannt auf einer Lochrasterplatine aufbauen.

Die Funktion dieser Schaltung ist recht einfach. Sie dient lediglich dazu, den Controller, der für die beiden folgenden Schaltungen benötigt wird, zu programmieren. Eine andere Aufgabe erfüllt diese Schaltung nicht.

Die Modellbahn-Stadtbeleuchtung

Wie die Bezeichnung der Schaltung schon andeutet, kann die Funktion dazu benutzt werden, Lampen und Beleuchtungen einer Modellbahn zu steuern.

Doch diese Schaltung kann auch universell für andere Steuerungen benutzt werden. Insgesamt werden hier 64 durch die Software steuerbare Ausgänge zur Verfügung gestellt.

Die Komplexität dieser Schaltung erlaubt es nicht, sie auf einer Lochrasterplatine aufzubauen. Es muß dafür eine Platine angefertigt werden, die die erforderlichen Leiterbahnen zur Verfügung stellt. Zudem muß der eingesetzte Controller mit der zuvor angesprochenen Schaltung programmiert werden.

Das Telefonkartenschloß

Die letzte Schaltung in diesem Buch befaßt sich mit der Steuerung eines Relais über beliebige Telefonkarten. Durch das Registrieren bis zu zehn verschiedener Telefonkarten ist es möglich, nur einem ausgewählten Kreis von Personen z. B. den Zugang zu einem Gebäude über einen elektrischen Türöffner zu ermöglichen. Oder Sie können mit den zehn registrierten Telefonkarten elektrische Geräte ein- bzw. ausschalten.

Auch diese Schaltung setzt eine speziell angefertigte Platine voraus. Außerdem muß hierfür ein Speicherbaustein mit den notwendigen Informationen programmiert werden.

28. Die Brenner-Schaltung

Lassen Sie sich von der obigen Bezeichnung der Schaltung nicht irritieren. Sie hat nichts mit Feuer oder ähnlichem zu tun. Die Bezeichnung *Brenner* bzw. das *Brennen* hat hier eine andere Bedeutung, die kurz erläutert werden soll.

In den nachfolgenden Schaltungen werden Controller-Bausteine verwendet, die intern einen kleinen Speicherplatz besitzen. Dieser Speicherplatz kann Informationen aufnehmen, die die Funktion des Controllers steuern. Das Übertragen dieser Informationen in den Speicherbereich wird dabei als „Brennen" bezeichnet, weil die Informationen anschließend wie eingebrannt in dem Baustein vorhanden ist. Auch wenn der Controller anschließend nicht mehr mit Strom versorgt wird, bleibt die eingespeicherte Information darin erhalten.

28.1 Die Funktion der Schaltung

Da Sie nun wissen, um was es sich beim Brennen handelt, ist die Bezeichnung Brenner-Schaltung eigentlich schon recht aussagekräftig. Die Schaltung hat allein die Aufgabe, bestimmte Informationen in die Controller-Bausteine der beiden folgenden Schaltungen einzubringen. Doch dies soll noch etwas genauer beschrieben werden.

Die Schaltung besteht aus einer Lochrasterplatine mit verschiedenen Bausteinen. Unter anderem ist dabei auch ein IC-Sockel vorhanden, in den die Controller-Bausteine eingesetzt werden. Über ein Kabel wird die Verbindung zu einer seriellen Schnittstelle des Computers hergestellt. Zudem muß eine externe Spannungsversorgung an der Platine angeschlossen werden.

Auf dem Computer werden die erforderlichen Informationen für den Controller in Form von Dateien, die auf der beiliegenden CD-ROM enthalten sind, bereitgestellt. Über eine Software werden diese Informationen dann an den jeweiligen Controller-Baustein übermittelt.

Nach dem Übertragen der Informationen hat der Brenner seine Aufgabe erledigt, der Controller kann aus dem IC-Sockel entnommen und die Verbindung zum Computer kann wieder gelöst werden.

28.2 Der Aufbau der Schaltung

Die Realisierung des Brenners ist recht einfach. Es werden wenige, preiswerte Bauteile benötigt, so daß diese Schaltung schnell aufgebaut werden kann. Neben den nachfolgend abgedruckten Bauteilen benötigen Sie außerdem das schon von vorherigen Schaltungen bekannte Netzteil mit 9 Volt Ausgangsspannung. Die gesamte Schaltung kann auf einer halben Europa-Lochrasterplatine erstellt werden. Zudem kennen Sie die verwendeten Bauteile schon von den Schaltungen aus dem zweiten Teil des Buches. Entnehmen Sie die Lage der Bauteile auf der Bestückungsseite der Platine der nachfolgenden Zeichnung.

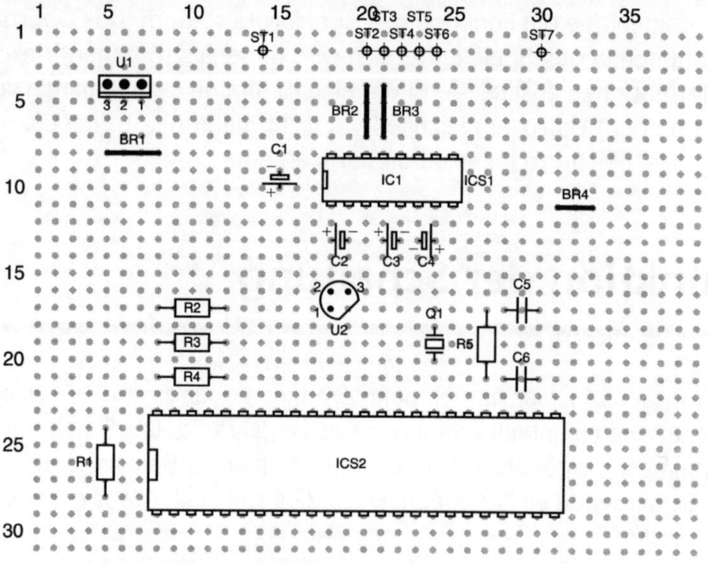

Die Bauteilseite der Brenner-Platine

Die Stückliste

Kennzeichnung	Bezeichnung	Bauteilart
BR1 - BR4	Leiterbahnbrücken	Schaltdraht
R1, R2, R4	4,7 kΩ	Widerstand
R3	1 kΩ	Widerstand
R5	1 MΩ	Widerstand
C1, C4	10 µF	Kondensator (Tantal)
C2, C3	1 µF	Kondensator (Tantal)
C5, C6	1 pF	Kondensator
U1	7805	Spannungsregler
U2	MC34064	Reset-Baustein
Q1	8.000 MHz	Quarz Mini

IC1	IC MAX232	IC
ICS1	IC-Sockel 16polig	IC-Sockel
ICS2	IC-Sockel 48polig	IC-Sockel
ST1 - ST5	Pfosten	Steckverbindung

H

Bei dem Bauteil U2 handelt es sich um einen Reset-Baustein der Firma Motorola. Diesen wird nicht jeder Elektronik-Händler liefern können. Berücksichtigen Sie in einem solchen Fall die Bezugsquellen, die Sie in diesem Buch finden.

Die Schaltung aufbauen

Beim Aufbau der Schaltung gibt es nichts Besonderes zu beachten. Nachdem Sie die einzelnen Bauteile an der vorgegebenen Position auf die Platine gelötet haben, können Sie auf der Leiterbahnseite mit der Herstellung der erforderlichen Verbindungen beginnen.

28.3 Die Leiterbahnseite der Platine

Die Verbindungen der Bauteile untereinander auf der Leiterbahnseite entnehmen Sie der folgenden Zeichnung:

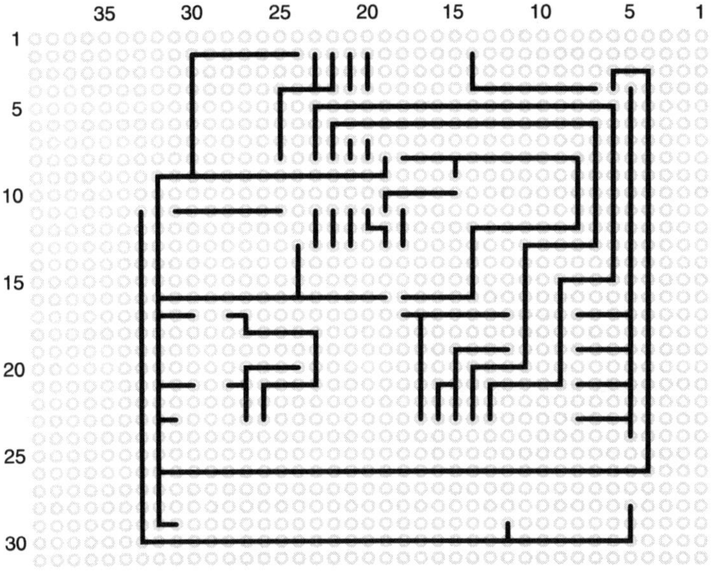

Die Leiterbahnen der Brenner-Platine

Sobald Sie alle vorgegebenen Verbindungen hergestellt haben, sind noch zusätzliche Arbeiten notwendig, damit die Schaltung einsatzbereit ist.

28.4 Ergänzende Arbeiten an der Schaltung

Nachdem Sie die Platine vollständig aufgebaut haben, werden Sie feststellen, daβ dort fünf Pfosten angeordnet sind. Hierüber wird die erforderliche Verbindung zur seriellen Schnittstelle Ihres Computers hergestellt.

Um diese Verbindung herstellen zu können, sind folgende Materialien notwendig:

- ca. 50 bis 100 cm 5adriges Flachbandkabel
- ein 25poliger Sub-D-Stecker (weiblich, eventuell mit Gehäuse)
- 5 Pfostenstecker

Die Durchführung der Arbeiten

1. Sobald Sie die Materialien vorliegen haben, löten Sie an einem Ende des Flachbandkabels je einen Pfostenstecker an eine Leitung. Am anderen Ende des Kabels stellen Sie die Verbindung zum Stecker her, und zwar zu folgenden fünf Stiften. Kennzeichnen Sie zuvor die Leitung 1 des Flachbandkabels, damit Sie anschließend die richtige Zuordnung vornehmen können.

Leitung 1	an Stift 2
Leitung 2	an Stift 3
Leitung 3	an Stift 5
Leitung 4	an Stift 6
Leitung 5	an Stift 7

2. Haben Sie die Kabelenden an die entsprechenden Stifte angelötet, ist das Kabel für den Einsatz bereit. Sie müssen die Pfostenstecker nur noch auf die richtigen Pfosten auf der Platine stecken.

Leitung 1	auf Pfosten ST2
Leitung 2	auf Pfosten ST3
Leitung 3	auf Pfosten ST4
Leitung 4	auf Pfosten ST5
Leitung 5	auf Pfosten ST6

Haben Sie die Stecker auf die Pfosten aufgesteckt, ist die Schaltung fertig.

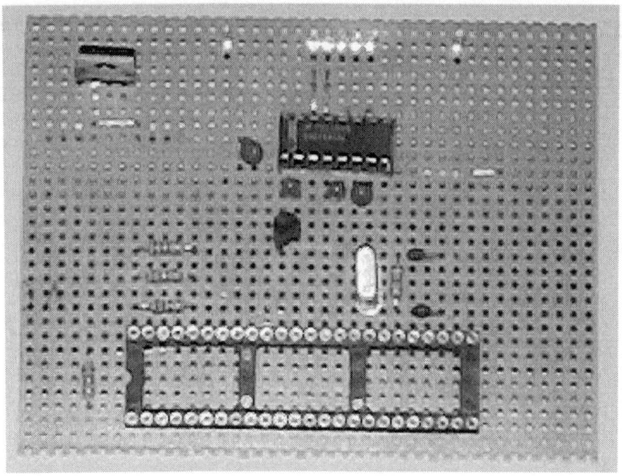

Die fertige Brennerplatine

H

Sollten Sie den Stecker mit einem Gehäuse versehen, denken Sie daran, daß Sie die Zugentlastung für das Kabel einrichten.

28.5 Die Software der Schaltung

Zur Brenner-Schaltung gehört neben der Hardware auch eine Software. Diese befindet sich auf der CD-ROM im Buch im Ordner *Kap_28\Msdos*. Wie Sie unschwer feststellen können, handelt es sich hier lediglich um eine bzw. zwei Batch-Dateien und zwei Dateien mit der Endung *.out*. Die beiden Batch-Dateien sind fast identisch. Sie unterscheiden sich lediglich darin, daß die Datei mit der Bezeichnung *Brenner1.bat* die Schnittstelle COM1 anspricht und die Datei mit der Bezeichnung *Brenner2.bat* entsprechend die Schnittstelle COM2.

BRENNER2.BAT

```
cls
@echo off
echo ••••••••••••••••••••••••••••••••••••••••••••••••••••••••••••
echo •                                                          •
echo • bitte Brenner an COM2 anschliessen und +5V einschalten, •
echo •                                                          •
echo • dann weiter mit beliebiger Taste                         •
echo •                                                          •
```

```
echo •••••••••••••••••••••••••••••••••••••••••••••••••••••••••••••••
pause
cls
echo loader wird gesendet
mode com2: 12 n 8 1
copy /b loader.out com2:
mode com2: 30 n 8 1
echo Programm wird gesendet und programmiert
echo ••••••••••••••••••••••••••
echo •                        •
echo •     bitte WARTEN..     •
echo ••••••••••••••••••••••••••
copy /b io.out com2:
cls
echo FERTIG, 68HC11 ist programmiert
```

H

▶ Sollten Sie die Schaltung an einer eventuell in Ihrem Computer enthaltenen Schnittstelle COM3 oder COM4 einsetzen wollen, dann kopieren Sie den gesamten Inhalt des Verzeichnisses auf Ihre Festplatte und editieren eine der beiden Batch-Dateien. Ersetzen Sie dort alle Zeichenketten COM1 bzw. COM2 durch die Zeichenkette COM3 bzw. COM4. Anschließend sollten Sie die veränderte Datei unter dem Namen *Brenner3.bat* bzw. *Brenner4.bat* abspeichern. Danach können Sie diese Batch-Dateien zur weiteren Ausführung benutzen.

Bei den beiden *out*-Dateien handelt es sich um die Daten, die an den Controller gesendet werden müssen. Wenn Sie sich den Inhalt der Dateien mit einem Editor ansehen, werden Sie feststellen, daß sie nicht in einer lesbaren Form vorliegen. Das rührt daher, daß die Daten in einer für den Controller lesbaren Form vorliegen.

Um die Software einzusetzen, sind keine besonderen Vorkehrungen zu treffen. Sie müssen lediglich auf der DOS-Ebene eine der beiden Batch-Dateien von der CD-ROM aus starten. Näheres erfahren Sie im folgenden Unterkapitel.

28.6 Der Einsatz der Schaltung

Die Aufgabe der Schaltung ist, den Controller für die Schaltung des nächsten Kapitels zu programmieren. Um dies durchzuführen, gehen Sie wie nachfolgend beschrieben vor.

1. Stecken Sie den Stecker der Schaltung an eine serielle Schnittstelle Ihres Computers. In der Regel sollte dies COM2 sein. Anschließend stecken Sie den Controller 68HC11A1 in den dafür vorgesehenen IC-Sockel der Schaltung. Beachten Sie dabei, daß er richtigherum eingesetzt wird.
2. Sobald dies geschehen ist, versorgen Sie die Schaltung mit der notwendigen Betriebsspannung. Nehmen Sie das Netzteil und stellen Sie die Spannung auf 9 Volt ein. Verbinden Sie die Plus-Leitung mit dem Pfosten ST1 und die Masse-Leitung mit dem Pfosten ST7. Stecken Sie dann das Netzteil in eine Steckdose, so daß die Schaltung mit Spannung versorgt wird.
3. Damit ist die Schaltung für die Übertragung der erforderlichen Daten vorbereitet. Starten Sie jetzt die entsprechende Batch-Datei, in der Regel *Brenner2.bat*, in dem angesprochenen Verzeichnis der CD-ROM. Haben Sie die auf dem Bildschirm erscheinenden Aufforderungen durchgeführt und die Meldungen zur Kenntnis genommen, ist nach der Durchführung der Batch-Datei das Brennen abgeschlossen.
4. Ziehen Sie nun die Betriebsspannung von der Schaltung ab und entnehmen Sie das Netzteil aus der Steckdose. Anschließend entfernen Sie den Stecker von der seriellen Schnittstelle. Hebeln Sie jetzt den Controller vorsichtig aus dem IC-Sockel und lagern Sie ihn an einem sicheren Ort, bis Sie ihn für die nachfolgende Schaltung benötigen.

29. Die Modellbahn-Stadtbeleuchtung

Die Schaltung dieses Unterkapitels ist eine der aufwendigsten des gesamten Buches. Sie hat nicht nur von der Funktion her viel zu bieten, es ist auch relativ aufwendig, die Schaltung aufzubauen. Außerdem gibt es ein Reihe von Dingen zu beachten, bzw. es müssen neue Arbeiten durchgeführt werden, die Ihnen bislang noch nicht erläutert wurden.

29.1 Die Funktion der Schaltung

Bei der Modellbahn-Stadtbeleuchtung handelt es sich um eine Schaltung zur Steuerung von Lichtern oder anderen elektrischen Einrichtungen innerhalb einer Modelleisenbahnanlage. Dies können neben Lampen und Beleuchtungen auch Weichen, Schranken oder ähnliches sein. Grundsätzlich bietet die Schaltung die Möglichkeit, über die auf dem Computer laufende Software acht mal acht Ausgänge unabhängig voneinander ein- bzw. auszuschalten. An diese Ausgänge können über Leitungen direkt kleine Lämpchen oder die anderen bereits oben angesprochenen elektrischen Geräte angeschlossen werden.

29.2 Die Leiterbahnseite der Schaltung

Anders als bei den bisherigen Schaltungen soll hier zuerst auf die Leiterbahnseite der Schaltung eingegangen werden. Dies hat einen speziellen Grund, denn die Vorgehensweise unterscheidet sich von denen der bisherigen Kapitel. Bislang haben Sie die Verbindungen der Leiterbahnseite auf einer Lochrasterplatine per Hand mit Draht selbst hergestellt. Dies ist hier aufgrund der vielen Bauteile und der hohen Anzahl an notwendigen Verbindungen zwischen den Bauteilen nicht möglich. Der Platz auf einer Lochrasterplatine reicht hierfür nicht aus. Es muß folglich ein anderer Weg gegangen werden.

Die geätzte Platine

Um das Platzproblem zu lösen, ist es erforderlich, daß eine andere Art der Leiterbahnerstellung durchgeführt wird. Da das Verlegen von einzelnen Drähten nicht eng genug durchgeführt werden kann, müssen die Verbindungen so erstellt werden, daß hierbei Platz eingespart wird. Die beste Möglichkeit, dies zu realisieren, ist das Anlegen von frei definierbaren Leiterbahnen. Dabei werden die Einschränkungen, die durch die Anordnung der Löcher auf der Rasterplatine erzeugt werden, umgangen. Das Anlegen der frei definierbaren Leiterbahnen erfolgt mit Hilfe eines Verfahrens, das Sie in der Regel nicht selbst durchführen können. Dabei werden die benötigten Leiterbahnen inklusive der zugehörigen Lötaugen für die Bauteile zuerst wie eine Zeichnung auf einem Blatt Papier bzw. einer Folie erzeugt.

Die so angelegten Verbindungen müssen dann auf eine bestimmte Platine übertragen werden. Diese Platine ist ähnlich der Ihnen bekannten Lochrasterplatine, allerdings sind dort keine Löcher enthalten. Außerdem besteht die Kupferschicht nicht aus Ringen, sondern bedeckt eine gesamte Seite der Platine. Sind die beiden benötigten Dinge, die Leiterbahnvorlage und die kupferbeschichtete Platine, vorhanden, dann werden mittels eines optischen und anschließend ätzenden Verfahrens die Leiterbahnen von der Vorlage auf die Platine übertragen, so daß anschließend nur noch die vorgegebenen Leiterbahnen als Kupferschicht zurückbleiben.

Da dieses Verfahren recht aufwendig ist und nur unter bestimmten Voraussetzungen durchgeführt werden kann, sollen Ihnen die Informationen lediglich als kurze Erläuterung dienen. Es ist nicht erforderlich, daß Sie selbst die Arbeit des Platinenätzens durchführen. Wer allerdings schon Erfahrungen mit dieser Art Arbeit gesammelt und zudem noch die entsprechenden Möglichkeiten hat, der kann dies natürlich auch selbst durchführen. In der Regel haben Sie die Möglichkeit, diese Arbeit über einen Elektronik-Händler abwickeln zu lassen. Ist der Händler, bei dem Sie Ihre Bauteile beziehen, nicht in der Lage, eine Platine für Sie zu ätzen, kann dieser Ihnen sicherlich eine Firma nennen, die dies erledigen kann.

Die Layoutvorlage

Damit eine Firma die erforderliche Platine ätzen kann, benötigt sie die entsprechende Vorlage für die Leiterbahnen, das sogenannte *Platinenlayout*. Diese sollen Sie natürlich nicht selbst zeichnen. Aus diesem Grund ist die Leiterbahnseite der benötigten Platine als Zeichnung in diesem Buch abgedruckt. Da Sie die Zeichnung für Ihre Arbeiten in Originalgröße benötigen, finden Sie sie aus Platzgründen innerhalb des Anhangs abgedruckt. Die Zeichnung ist in diesem Buch spiegelverkehrt abgedruckt, so als wenn Sie von oben auf die Bauteilseite und dann durch die Platine hindurch die Leiterbahnseite sehen würden. Orientieren können Sie sich an den Buchstaben und Zahlen, die in der Zeichnung enthalten sind. Letztendlich muß die Platine so geätzt werden, daß diese Zeichen normal lesbar sind, wenn Sie direkt auf die Leiterbahnseite sehen.

Die Aufschrift

```
LS
8*8 OUT
R.M.5.96
```

müssen Sie normal auf der Platine lesen können.

Die Zeichnung hat den Maßstab 1:1, d. h., die Größe, so wie Sie sie abgedruckt vorfinden, entspricht genau den Maßen, die auch die Platine haben muß. Daß die Größe eingehalten und entsprechend genau umgesetzt wird, ist besonders wichtig. Wird die Zeichnung verkleinert oder vergrößert übertragen, passen die IC-Sockel und die ICs nicht in die dafür vorgesehenen Plätze. Schon kleine Veränderungen in den Abständen der Löcher können dafür sorgen, daß die Bauteile nicht mehr eingesetzt werden können.

Die Vorlage für die Leiterbahnanordnung steht Ihnen somit zur Verfügung. Ein Problem ist es allerdings, diese der Firma zugänglich zu machen, die die Platine anfertigen soll. Hier bieten sich Ihnen mehrere Möglichkeiten.

1. Die erste Möglichkeit besteht darin, daß Sie die Zeichnung aus dem Buch entnehmen. Dies bedeutet, daß Sie die Zeichnung aus dem Buch ausschneiden und der Firma zukommen lassen. Da durch das Heraustrennen der Seite das Buch entsprechend beschädigt wird, ist diese Möglichkeit nur bedingt empfehlenswert. Sie stellt nur eine Notlösung dar.
2. Um das Buch intakt zu lassen, bietet sich eine andere Vorgehensweise an: Sie können die Zeichnung aus dem Buch kopieren und die Kopie entsprechend weitergeben. Dies bringt allerdings andere Probleme mit sich. Die Kopie muß exakt und von guter Qualität sein. Ist dies nicht der Fall, können entweder die schon oben angesprochenen Abstände nicht mehr stimmen oder es könnte noch etwas viel Schlimmeres eintreten. Ist die Kopie unsauber, dann können durch die zusätzlichen Flecken oder andere unsaubere Gegebenheiten ungewollte Verbindungen entstehen. Bedenken Sie, daß alles, was auf dieser Kopie zu sehen ist, auch auf die Platine übertragen wird, auch wenn es noch so klein oder kaum sichtbar ist. Dies kann dazu führen, daß auf der Platine Kontakte zwischen Leiterbahnen entstehen, die die gesamte Funktion der Platine beeinträchtigen. Auf der anderen Seite können Leiterbahnen durch das Kopieren auch Unterbrechungen erfahren, die dann ebenfalls auf die Platine übertragen werden. Auch wenn diese Unterbrechungen minimal und fast nicht sichtbar sind, führen sie dennoch zu Problemen.
3. Die beste Möglichkeit besteht darin, daß die Zeichnung in digitaler Form an die Firma übergeben wird. Das bedeutet nichts anderes, als daß Sie die Zeichnung als Datei an die Firma übergeben. Voraussetzung für diese Vorgehensweise ist natürlich, daß die Firma die Datei verarbeiten und als Layoutvorlage nutzen kann. Damit Sie diese Möglichkeit nutzen können, ist die Zeichnung als Datei im PostScript-Format auf der beiliegenden CD-ROM

vorhanden. Sie finden sie unter der Bezeichnung *Modell.ps* im Verzeichnis *Kap_29\Layout* vor. Haben Sie mit der Firma abgeklärt, daβ sie die Datei verwerten kann, kopieren Sie diese auf eine Diskette und lassen Sie von der Layout-Datei eine Platine ätzen.

4 Sollten die drei vorherigen Möglichkeiten nicht genutzt werden können, möchte ich Ihnen noch ein Angebot unterbreiten. Haben Sie Probleme beim Herstellenlassen der Platine, dann nehmen Sie Kontakt zu mir auf. Vielleicht kann ich Ihnen bei Ihrem Problem helfen. Vereinzelt bleiben bei mir für weitere Tests fertiggestellte Platinen über, so daβ Sie diese eventuell erwerben können. Wie Sie den Kontakt zu mir herstellen können, erfahren Sie im Anhang dieses Buches.

H

Ist die Platine geätzt worden, dann sind die notwendigen Leiterbahnen auf der Platine vorhanden. Doch was dann noch nicht vorhanden ist, sind die Löcher, um die Bauteile von der gegenüberliegenden Platinenseite aufstecken und anschließend verlöten zu können. Sollte die Firma nicht nur das Ätzen, sondern auch das Bohren der Löcher übernehmen können, sollten Sie davon Gebrauch machen. Die Firmen haben in der Regel gute Bohrmaschinen, die diese Aufgabe hervorragend erledigen. Sollten Sie die Löcher selbst bohren wollen, dann benutzen Sie wenn möglich eine Standbohrmaschine. Das freie Bohren mit der Hand führt oftmals nicht zum gewünschten Erfolg. Schnell wird beim Durchbohren durch Verkanten eine Leiterbahn beschädigt, oder die Löcher sind anschließend schräg, so daß das Einsetzen der Bauteile nicht mehr reibungslos erfolgen kann.

Das Anfertigen einer geätzten Platine ist nicht so leicht, wie Sie soeben erfahren haben. Doch haben Sie die Platine dann fertig vor sich liegen, ist die weitere Vorgehensweise relativ einfach, da Sie das aufwendige Verdrahten auf dem Lochraster nicht mehr durchführen müssen.

29.3 Der Aufbau der Schaltung

Ist die Platine angefertigt und mit den entsprechenden Löchern versehen, müssen Sie diese als nächstes bestücken. Dies bedeutet, daβ Sie die benötigten Bauteile besorgen und diese anschlieβend entsprechend den vorgegebenen Positionen auf die Platine aufstecken und verlöten müssen. Anders als bei der Leiterbahnseite ändert sich bei der Bauteilseite kaum etwas gegenüber den bisherigen Schaltungen. Lediglich die Orientierung auf der Platine ist nicht ganz so einfach, da die Löcher kein Raster bilden. Sie können hier also nicht abzählen und dann die Bauteile in die so lokalisierten Löcher einfügen. Doch dies sollte bei dieser Platine kein Problem darstellen.

H

▶ Achten Sie bei der Plazierung der Bauteile jedoch darauf, daß Sie diese nicht in die falschen Löcher stecken. Dies kann leicht dann passieren, wenn beim Bohren versehentlich ein Loch nicht gebohrt wurde. Letztendlich wird sich das Fehlen eines Lochs bemerkbar machen, doch das Lösen einer bestehenden Verbindung stellt wiederum Arbeit und eine potentielle Fehlerquelle dar. Arbeiten Sie also mit sehr viel Sorgfalt, und überstürzen Sie das Anbringen der Bauteile nicht.

Die Lage der einzelnen Bauteile ersehen Sie wie gewohnt aus einer Zeichnung.

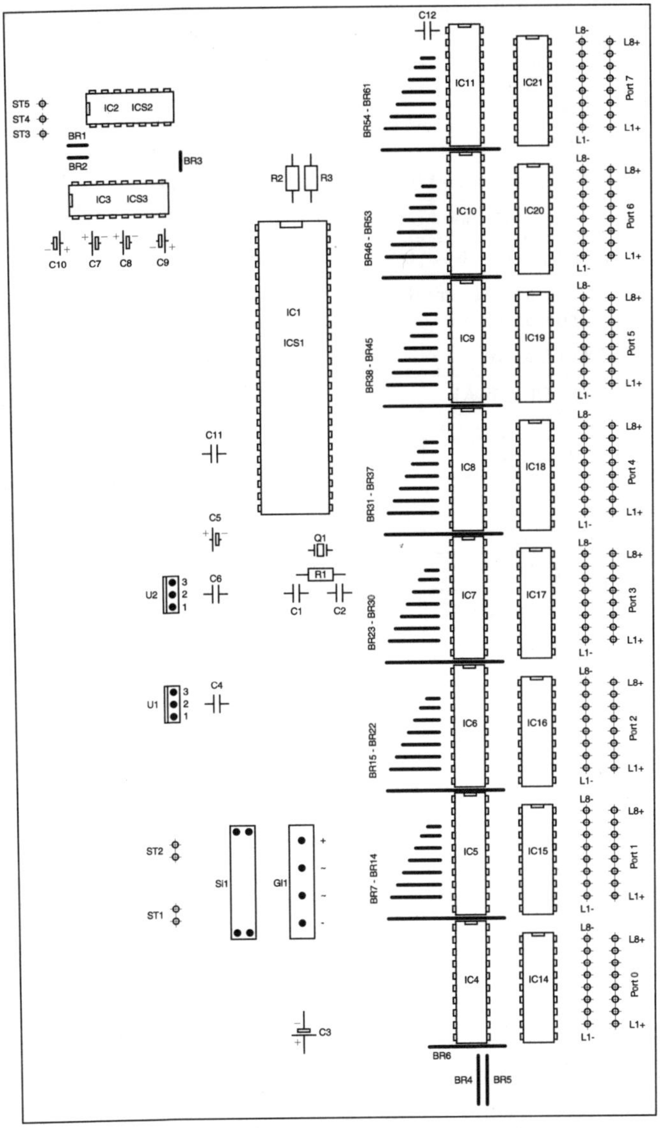

Die Lage der Bauteile auf der Bauteilseite der Platine

Damit Sie auch hier zuordnen können, bei welcher Bezeichnung es sich um welche Bauteile handelt, erhalten Sie nachfolgend die Stückliste.

Die Stückliste

Kennzeichnung	Bezeichnung	Bauteilart
BR1 - BR62	Leiterbahnbrücken	Schaltdraht
R1	1 MΩ	Widerstand
R2, R3	10 kΩ	Widerstand
C1, C2	22 pF	Kondensator
C3	4700 µF 25 V	Kondensator
C4, C6, C11, C12	100 nF	Kondensator
C5	220 µF 16 V	Kondensator
C7 - C9	1 µF	Kondensator (Tantal)
C10	10 µF	Kondensator (Tantal)
U1	78S08 + kleinen Kühler	Spannungsregler
U2	78S05 + kleinen Kühler	Spannungsregler
GL1	Gleichrichter 8 A/50 V	Gleichrichter
S1	Sicherungshalter inklusive Sicherung 8 A	Sicherung
Q1	8.000 MHz	Quarz Mini
IC1	MC 68HC11A1	IC, programmiert durch die Brennerschaltung des vorherigen Kapitels
IC2	SN 74HC08	IC
IC3	MAX 232	IC
IC4 bis 11	74HC573	IC
IC14 bis 21	ULN 2803A	IC
ICS1	IC-Sockel 48polig	IC-Sockel
ICS2	IC-Sockel 14polig	IC-Sockel
ICS3	IC-Sockel 16polig	IC-Sockel

Nachdem Sie alle benötigten Bauteile besorgt haben, können Sie sie auf die Platine aufstecken und entsprechend anlöten. Bei den zu verwendenden Bauteilen gibt es nichts Besonderes anzumerken, lediglich die Tatsache, daß die Spannungsregler U1 und U2 bei dieser Schaltung jeweils mit einem kleinen Kühlkörper versehen werden sollten. Diese werden an die Rückseiten der beiden Bauteile angeschraubt. Sie beugen einer Überhitzung der Bauteile vor.

Beim Controller-Baustein müssen Sie die erforderlichen Steuerungsinformationen zuerst mit der Brennerschaltung des vorherigen Kapitels in den Baustein laden. Erst wenn der Controller damit vorbereitet wurde, kann er in dieser Schaltung ordnungsgemäß seine Arbeit verrichten.

H

Im Normalfall werden alle benötigten Bohrungen auf der Platine in ein und derselben Größe durchgeführt. Sie werden eventuell feststellen, daß der Gleichrichter oder die Halterung für die Sicherung nicht in die entsprechenden Löcher passen, weil diese nicht groß genug sind. In diesem Fall müssen Sie die Löcher mit einem größeren Bohrer erweitern. Beachten Sie dabei jedoch, daß der Bohrer nicht zu groß ist, da Sie ansonsten die Leiterbahn bzw. das Lötauge auf der Leiterbahnseite zerstören könnten.

Bauen Sie die Platine entsprechend den Vorgaben auf. Das Ergebnis sollte ähnlich wie die nachfolgenden Abbildung aussehen.

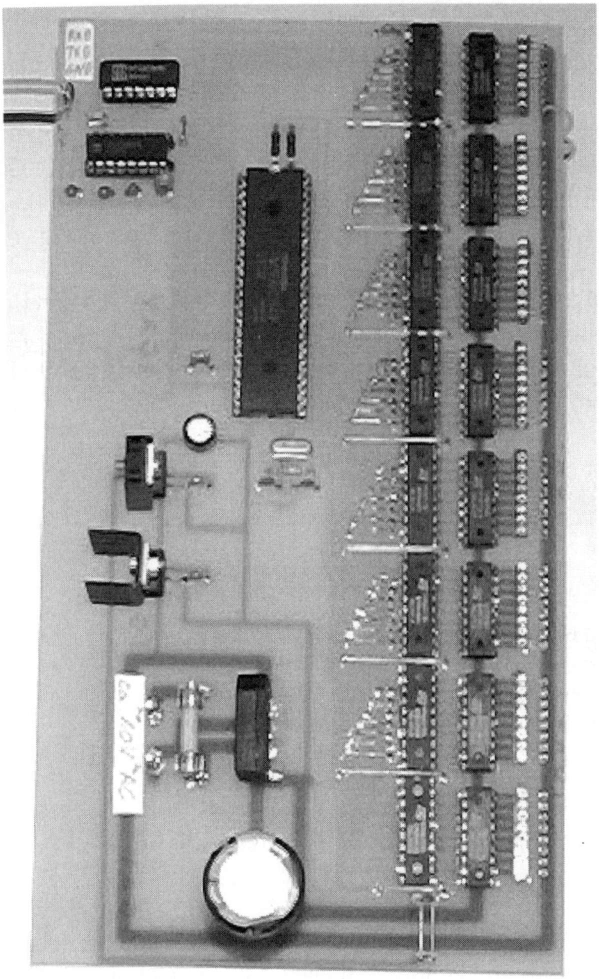

Die fertig aufgebaute Platine

29.4 Ergänzende Arbeiten an der Schaltung

Haben Sie die Platine mit allen Bauteilen bestückt, dann fehlen noch zwei wichtige Dinge, die für die Funktion der Schaltung unbedingt notwendig sind.

Die Spannungsversorgung

Die Schaltung benötigt eine eigene Spannungsversorgung. Sie haben bislang Schaltungen kennengelernt, die eine zusätzliche Spannungsversorgung über ein separates Netzteil erhalten haben. Bei dieser Schaltung ist ein anderer Weg gegangen worden.

Die Schaltung benötigt zur Ausführung ihrer Funktion eine Wechselspannung. Sie haben bislang in diesem Buch keine elektronischen Kenntnisse benötigt. Das soll auch in diesem Fall so bleiben. Deshalb soll hier nur erwähnt werden, daß die Schaltung so konzipiert ist, daß in der Schaltung selbst die benötigte Gleichspannung erzeugt wird, die sowohl die auf der Platine vorhandenen Bauteile als auch die an den Ausgängen angeschlossenen Lampen mit Spannung versorgt.

Dafür ist es erforderlich, daß die 220 Volt Wechselspannung, die aus der Steckdose kommt, über einen Transformator auf ca. 9 Volt Wechselspannung reduziert wird. Diese 9 Volt reichen der Schaltung aus, um die erforderlichen Funktionen durchführen zu können. Wie erhalten Sie aber die 9 Volt?

Es ist eigentlich nicht sehr schwierig, wenn da nicht etwas wäre, was unbedingt angesprochen werden muß.

A

▶ **Die nachfolgend angesprochenen Arbeiten zur Erlangung der 9-Volt-Wechselspannung sollten von einem versierten Elektrofachhändler durchgeführt werden, da hier mit 220 Volt Wechselspannung gearbeitet werden muß. Diese Spannung kann bei unsachgemäßer Handhabung zu Verletzungen bzw. Gesundheitsschäden führen. Da nur sehr wenige, nicht sehr umfangreiche Arbeiten erforderlich sind, sollten Sie die anfallenden Kosten in Kauf nehmen und sich an einen Fachmann wenden, der die Arbeiten sachgemäß für Sie erledigt.**

Das, was Sie benötigen, ist vergleichbar mit dem Netzteil, das Sie schon von einigen vorherigen Schaltungen kennen. Lediglich das Innenleben und die Ausgangsspannung des hier benötigten „Netzteils“ ist anders.

Grundlage dieser Spannungsversorgung ist der schon oben angesprochene Transformator. Sie benötigen hier einen Transformator, der für eine Primärspannung von 220 Volt ausgelegt ist. Die Sekundärspannung, also die Ausgangsspannung, muß 9 Volt betragen. Im Elektronikhandel sind diese Angaben geläufig, so daß man Ihnen dort beim Kauf weiterhelfen kann.

Wichtig ist, daß Sie die richtige Größe, d. h. die erforderliche Leistung, berücksichtigen. Je mehr Lampen Sie gleichzeitig betreiben wollen und je höher die Leistung pro Lampe ist, desto größer muß die Leistung des Transformators gewählt werden.

Der Aufbau der Spannungsversorgung

Der Transformator hat zwei Anschlußpaare. An das eine Paar wird das sogenannte Netzkabel angelötet, wobei hier noch ein Sicherungshalter mit einer Sicherung in einer der beiden Netzleitungen zwischengeschaltet werden sollte. Die Sicherung muß der Leistung des Transformators angepaßt werden. Das Netzkabel hat an einem Ende einen Stecker für die normale 220-Volt-Steckdose. Diese Kabel sind im Elektrofachhandel zu beziehen.

Der Aufbau des Transformators in Verbindung mit dem Sicherungshalter und der Zuleitung kann sehr einfach auf einer Lochrasterplatine erfolgen. Das andere Anschlußpaar wird dann mit einem zweiadrigen Kabel verbunden, welches dann, mit Pfostensteckern versehen, auf die Stifte ST1 und ST2 der Schaltung gesteckt wird. Eine Anordnung, welches Kabel auf welchen Stift kommt, ist in diesem Fall nicht notwendig, da dies bei Wechselspannung keine Rolle spielt.

A

▶ Beim Transformator werden 220 Volt angeschlossen. Lassen Sie die Spannungsversorgung von einem Fachmann erstellen, der diese dann mit einem Gehäuse versieht, so daß keine spannungsführenden Teile mehr zugänglich sind. Erst wenn die gesamte Spannungsversorgung gesichert aufgebaut ist, dürfen Sie das Netzkabel in die Steckdose stecken. Stecken Sie niemals, ich wiederhole, niemals das Netzkabel in die Steckdose, wenn spannungsführende Teile berührbar sind. Es kann dann nie ausgeschlossen werden, daß Sie mit diesen Stellen in Berührung kommen und einen Stromstoß erhalten.

Es gibt Gehäuse, bei denen der Anschlußstecker für eine Steckdose integriert ist, ähnlich wie Sie es von einem normalen Netzteil kennen. Wird der Transformator in einem solchen Gehäuse eingebaut, fällt hier die Netzleitung weg. Die erforderlichen Verbindungen werden dann nur innerhalb des Gehäuses verlegt, so daß sie von außen nicht zu berühren sind. Dadurch wird die Sicherheit erhöht.

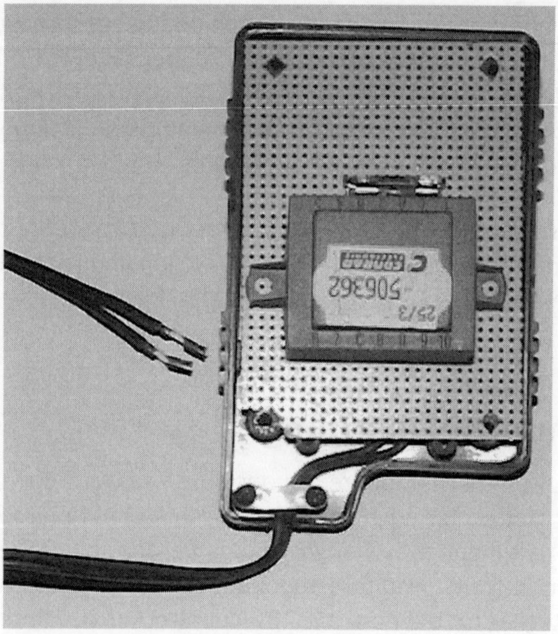

Die Spannungsversorgung

Das Kabel zum Computer

Haben Sie die Spannungsversorgung sichergestellt, fehlt der Schaltung noch die Verbindung zum Computer. Da die Schaltung über die serielle Schnittstelle angesteuert wird, ist ein zweiadriges abgeschirmtes Kabel ausreichend. Die Abschirmung ist wichtig, da hierüber die Masseverbindung erfolgt. Die Länge des Kabels sollten Sie nicht zu kurz bemessen, damit Sie die Schaltung frei plazieren können.

1. Das eine Ende des Kabels wird über drei Pfostenstecker mit der Schaltung verbunden. Am anderen Ende wird ein 25poliger Sub-D-Stecker (weiblich) angelötet, der dann in die Buchse der seriellen Schnittstelle des Computers gesteckt wird.
2. Nehmen Sie das Kabel und legen Sie fest, welche Ader Leitung 1 ist. Diese sollten Sie an beiden Enden des Kabels eindeutig identifizieren können. In der Regel sind die Adern unterschiedlich gefärbt, so daß dies nicht schwerfallen wird. Die andere Ader ist dann Leitung 2. Die Abschirmung wird als Masse bezeichnet.
3. Als erstes löten Sie Leitung 1 an den Kontakt 2 des Steckers an. Da der Stecker numeriert ist, sollten Sie den richtigen Kontakt leicht finden. Es handelt sich um den zweiten von links in der oberen, der längeren Kontaktreihe (von hinten auf die Kontakte gesehen).
4. Anschließend verbinden Sie Leitung 2 mit Kontakt 3 des Steckers. Die Abschirmung drehen Sie zu einer Leitung zusammen und verbinden diese mit Kontakt 7.

5 Zudem sind noch zwei Brücken erforderlich, die jeweils zwei Kontakte des Steckers verbinden. Legen Sie eine Brücke von Kontakt 4 zu Kontakt 5. Die zweite Brücke legen Sie von Kontakt 6 zu Kontakt 20 in der unteren, schmaleren Kontaktreihe. Achten Sie beim Löten darauf, daß durch das Lötzinn keine unbeabsichtigten Verbindungen zu anderen Kontakten oder zwischen den Adern entstehen.

6 Anschließend können Sie noch ein Gehäuse um den Stecker anbringen, falls Sie dies möchten. Beachten Sie allerdings die Zugentlastung für das Kabel.

7 Am anderen Ende des Kabels löten Sie je einen Pfostenstecker an eine Ader. Ebenso drehen Sie auch hier die Abschirmung zusammen und löten anschließend einen Pfostenstecker an. Zuletzt stecken Sie Leitung 1 auf den Stift ST5 und Leitung 2 auf Stift ST4 der Schaltung. Die Masseleitung stecken Sie auf den Stift ST3.

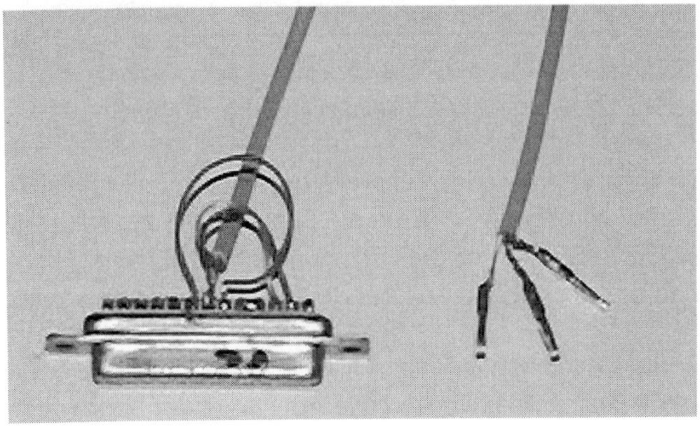

Das Verbindungskabel zum Computer

Damit sind alle erforderlichen Arbeiten für die Schaltung durchgeführt.

29.5 Die Software der Schaltung

Zur Ansteuerung der Schaltung ist auf der CD-ROM im Buch eine Software enthalten. Die Windows-Version finden Sie im Verzeichnis *Kap_29\Windows*. Die Installationsdateien finden Sie dort im Unterverzeichnis *Install*. Sollten Sie die Software ändern wollen, benutzen Sie die Dateien im Unterverzeichnis *Source*.

Nach der Installation der Software können Sie diese wie bekannt starten. Nach dem Start des Programms bietet sich Ihnen folgendes Bild.

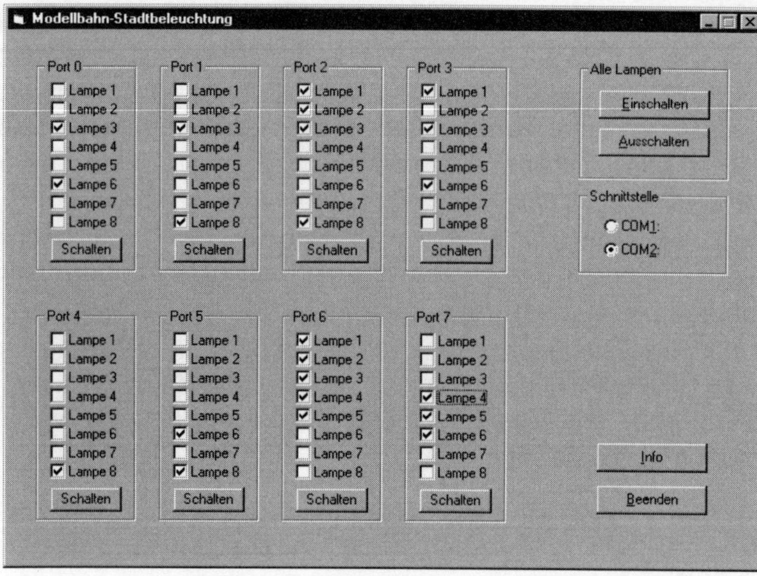

Das Programm zur Steuerung der Modellbahn-Stadtbeleuchtung

Sie finden am rechten Rand des Fensters zum einen die Möglichkeit vor, die Schnittstelle auszuwählen, an der Sie die Schaltung angeschlossen haben. Vorgegeben ist COM2. Sollten Sie die Schaltung an COM1 betreiben, klicken Sie als erstes nach dem Start die entsprechende Optionsschaltfläche an.

Über den Schnittstellen-Schaltflächen finden Sie zwei weitere Schaltflächen. Mit der Schaltfläche *Einschalten* werden alle Ausgänge der Schaltung aktiviert, d. h., alle Lampen werden eingeschaltet. Mit der Schaltfläche *Ausschalten* bewirken Sie das Gegenteil. Alle Lampen, d. h. alle Ausgänge, werden ausgeschaltet.

Mit den beiden Schaltflächen in der unteren rechten Ecke des Fensters können Sie eine kurze Information zum Programm abrufen bzw. das Programm beenden.

Interessant sind die *Port*-Bereiche, die fast das gesamte Fenster abdecken. Dort können Sie über die Kontrollfelder eine genaue Auswahl treffen, welche Lampe von welchem Port (de)aktiviert werden soll. Ein aktiviertes Kontrollfeld bedeutet auch einen aktivierten Ausgang. Allerdings wirken sich Einstellungsänderungen erst dann aus, wenn Sie die jeweilige *Schalten*-Schaltfläche des entsprechenden *Port*-Bereichs angeklickt haben.

29.6 Der Einsatz der Schaltung

Auf der Platine sind acht sogenannte Ports enthalten, die jeweils acht Ausgänge besitzen. Jeder Ausgang besteht sowohl aus einem Plus- als auch aus einem Minus- bzw. Masse-Kontakt. Es sind folglich 64 Kontaktpaare vorhanden, an die die Lämpchen der Modellbahn angeschlossen werden können.

Um die Schaltung einsetzen zu können, sollten Sie folgendermaßen vorgehen.

1. Verlegen Sie als erstes die Leitungen für die Lampen so, daß diese alle an der Platine enden. An die Ausgänge können Sie 12-Volt-Lämpchen anschließen, die dann mit maximal 500 mA Strom versorgt werden können.

H

▶ **Da die Platine so aufgebaut ist, daß alle Kontaktpaare einen gemeinsamen Plus-Anschluß haben, besteht die Möglichkeit, daß lediglich z. B. acht Signalleitungen in einem bestimmten Bereich der Modellbahn verlegt werden und zusätzlich eine gemeinsame Plus-Leitung, die dann in diesem Bereich aufgeteilt und zu den einzelnen Lampen gelegt wird.**

2. Sobald Sie alle gewünschten Leitungen zu den Lampen gelegt und mit den Kontakten bzw. den Kontaktpaaren verbunden haben, stellen Sie die Verbindung zum Computer her. Starten Sie diesen anschließend. Erst dann sollten Sie die Schaltung mit Spannung versorgen, also die Zuleitung zum Trafo in die Steckdose stecken.
3. Damit ist die Schaltung einsatzbereit. Starten Sie anschließend die Software und nehmen Sie die Einstellungen entsprechend Ihren Wünschen vor.

Was zu beachten ist

Die Schaltung ist für insgesamt 64 Anschlüsse konzipiert. Sie können sich vorstellen, daß entsprechend viel Strom und damit auch viel Leistung verarbeitet wird, wenn alle 64 Ausgänge gleichzeitig mit der maximalen Auslastung belastet werden. In einem solchen Fall kann es dazu kommen, daß einzelne Elemente der Schaltung sehr stark erhitzt werden, unter anderem auch die Leiterbahnen der Platine.

Sie können an der Breite verschiedener Bahnen erkennen, daß diesem Umstand schon Rechnung getragen wurde. Dennoch sollten Sie in solchen Einsatzfällen Vorsorgemaßnahmen treffen.

Die Maßnahmen sehen wie folgt aus: Löten Sie zum einen auf die bereits vorhandenen breiten Leiterbahnen zusätzlich Drähte auf, die Sie bereits von den Lochrasterplatinen kennen.

Verwenden Sie außerdem Lämpchen, die eher weniger als mehr Leistung benötigen.

30. Das Telefonkartenschloß

Finden Sie es nicht auch interessant, wenn eine Tür nicht mit einem Schlüssel geöffnet oder ein elektrisches Gerät nicht mit einem Schalter in Gang gesetzt wird? Wenn bestimmt werden kann, wer Zugang zu bestimmten Räumen oder Zugriff auf bestimmte Geräte erhält? Diese Möglichkeiten sollen mit dem *Telefonkartenschloß* realisierbar sein.

Wie Sie aus der Bezeichnung der Schaltung leicht erkennen können, werden diese Möglichkeiten nicht mit Hilfe eines Schlüssels, sondern auf einem elektronischen Weg in Verbindung mit normalen, handelsüblichen Telefonkarten umgesetzt.

Auch die Realisierung dieser Schaltung erfordert eine bislang noch nicht eingesetzte Art von Arbeit. Es ist erforderlich, daß die für die Schaltung benötigte Software in einen elektronischen Baustein übertragen und gespeichert wird. Dieser Speicher-Baustein arbeitet dann mit dem schon aus der vorherigen Schaltung bekannten Controller-Baustein zusammen. Auch der Aufbau dieser Schaltung kann nicht auf einer Lochrasterplatine erfolgen. Es ist wiederum erforderlich, mit dem notwendigen Leiterbahnenlayout eine Platine zu ätzen.

30.1 Die Funktion der Schaltung

Die Telefonkartenschloß-Schaltung ist in der Lage, Informationen von zehn Telefonkarten einzulesen und auszuwerten. Die Informationen beziehen sich allerdings nicht auf die noch auf der Telefonkarten enthaltenen Gebühreneinheiten, sondern auf interne Informationen, so daß diese identifiziert und damit voneinander unterschieden werden können.

Nachdem sich die Schaltung zehn Telefonkarten „gemerkt" hat, können ausschließlich diese Telefonkarten die Schaltung anschließend dazu bewegen, einen Kontakt zu schließen. Über diesen Kontakt können Sie dann einen elektrischen Türöffner oder elektronische Geräte einschalten.

Wird eine nicht zuvor registrierte Telefonkarte in das Lesegerät der Schaltung geschoben, wird der Kontakt nicht geschlossen und der Zugang bzw. der Zugriff verweigert.

30.2 Die Leiterbahnseite der Schaltung

Wie schon angesprochen, ist es auch bei dieser Schaltung nicht möglich, sie auf einer Lochrasterplatine aufzubauen. Die zu verlegenden Verbindungen sind zu vielfältig und zu nah beinanderliegend. Wie schon bei der Schaltung im vorherigen Kapitel, muß auch für diese Schaltung eine Platine geätzt werden. Das zur Herstellung einer solchen Platine im vorherigen Kapitel Gesagte trifft auch hier zu, so daß es an dieser Stelle nicht noch einmal erläutert werden muß. Lesen Sie bei Bedarf im Kapitel 29.2 die gewünschten Informationen nach.

Die Layoutvorlage

Was sich bei der Platine gegenüber der vorherigen Schaltung verändert hat, ist natürlich die Anordnung der Leiterbahnen und der Lötaugen. Aus diesem Grund erhalten Sie für das Telefonkartenschloß eine andere Layoutvorlage. Sie ist genauso einzusetzen, wie Sie es schon erfahren haben. Auch diese Layoutvorlage ist aus den schon im vorherigen Kapitel genannten Gründen innerhalb des Anhangs abgedruckt. Die Zeichnung ist wiederum spiegelverkehrt abgedruckt. Hier können Sie sich daran orientieren, daß nach dem Ätzen auf der Rückseite der Platine, also auf der Leiterbahnseite, folgendes korrekt zu lesen ist.

```
Tel.-Schloß
R.M.5.96
LS
```

Verwenden Sie auch diese Zeichnung im Maßstab 1:1. Beachten Sie auch die Hinweise im vorherigen Kapitel, was die Übertragung der Zeichnung auf die Platine angeht. Haben Sie die Möglichkeit, daß eine Firma die Platine für Sie ätzt, können Sie die Zeichnung als Datei im PostScript-Format übergeben; benutzen Sie die auf der CD-ROM befindliche PostScript-Datei. Sie finden sie unter der Bezeichnung *Telefon.ps* im Verzeichnis *Kap_30\Layout* vor.

H

► **Haben Sie keine Möglichkeit, eine Platine zu ätzen bzw. ätzen zu lassen, möchte ich Ihnen auch hier das Angebot unterbreiten, Kontakt mit mir aufzunehmen. Wie bei der vorherigen Schaltung sind vielleicht noch Restbestände dieser Platine vorhanden, die Sie bei mir erwerben können. Wie Sie den Kontakt zu mir herstellen, erfahren Sie im Anhang dieses Buches.**

Beauftragen Sie jemanden mit dem Herstellen der Platine, dann achten Sie wieder auf das Bohren der Löcher. Das schon Gesagte gilt auch hier.

30.3 Der Aufbau der Schaltung

Liegt die Platine im fertigen Zustand vor, müssen Sie diese noch bestücken. Lokalisieren Sie die Position der einzelnen Bauteile anhand des nachfolgenden Bauteileplans. Gehen Sie auch hier mit äußerster Sorgfalt vor, damit Sie nicht aus Versehen falsche Verbindungen herstellen.

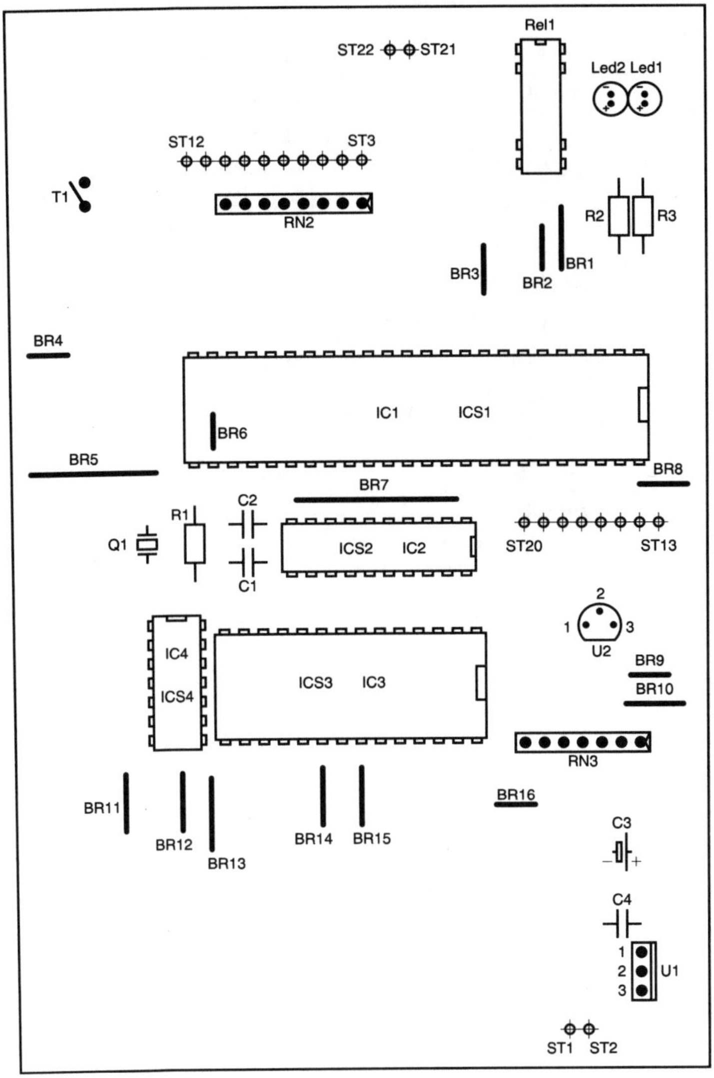

Die Lage der Bauteile auf der Bauteilseite der Platine

Die nachfolgende Stückliste gibt Ihnen wieder die Möglichkeit, die Bauteile zu identifizieren.

Die Stückliste

Kennzeichnung	Bezeichnung	Bauteilart
BR1 - BR16	Leiterbahnbrücken	Schaltdraht
R1	1 MΩ	Widerstand
R2, R3	330 Ω	Widerstand
RN1	6*10 KΩ	Widerstandnetzwerk
RN2	7*47 KΩ	Widerstandnetzwerk
C1, C2	22 pF	Kondensator
C3	22 µF 16 V	Kondensator (Tantal)
C4, C5	100 nF	Kondensator
U1	7805	Spannungsregler
U2	MC34064	Reset-Baustein
Q1	8.000 MHz	Quarz Mini
LED1	Leuchtdiode grün 3 mm	Leuchtdiode
LED2	Leuchtdiode rot 3 mm	Leuchtdiode
T1	Minitaster 1*schließen	Minitaster
Rel1	Relais DIL 16-polig / 1*ein	Relais
IC1	MC 68HC11A1	IC
IC2	74LS573	IC
IC3	27C256	Eprom
IC4	74LS00	IC
ICS1	IC-Sockel 48polig	IC-Sockel
ICS2	IC-Sockel 20polig	IC-Sockel
ICS3	IC-Sockel 28polig	IC-Sockel
ICS4	IC-Sockel 14polig	IC-Sockel

Zu den Bauteilen gibt es bei dieser Schaltung einiges zu sagen.

1. Als erstes sollten Sie bei der Reihenfolge, in der Sie die Bauteile anbringen, folgendes berücksichtigen: Unter dem IC-Sockel ICS1 muß eine Brücke gelegt werden. Diese müssen Sie vor dem Sockel einlöten.
2. Den Reset-Baustein U2 kennen Sie bereits von der Brenner-Schaltung in Kapitel 28. Beachten Sie die dortigen Hinweise, was das Erwerben dieses Bauteils angeht.
3. Wenn Sie den Minitaster kaufen, achten Sie darauf, daß er die erforderlichen Ausmaße hat, um problemlos in die Löcher eingesetzt zu werden. Sollten Sie einen solchen Taster nicht bekommen, dann können Sie auch einen anderen Minitaster kaufen und diesen über ein Kabel mit der Platine verbinden.
4. Das Relais muß für 5 Volt Spannung ausgelegt sein. Es gibt verschiedene Arten von Relais. Achten Sie darauf, daß das Relais in die Bohrungen der Platine paßt.

5 Beachten Sie im Hinblick auf das Eprom das nachfolgende Unterkapitel. Hier erfahren Sie, welche Arbeiten notwendig sind, damit dieses richtig eingesetzt werden kann.

Haben Sie die Bauteile besorgt, dann bauen Sie die Platine entsprechend den Vorgaben auf. Die nachfolgende Abbildung zeigt das Ergebnis.

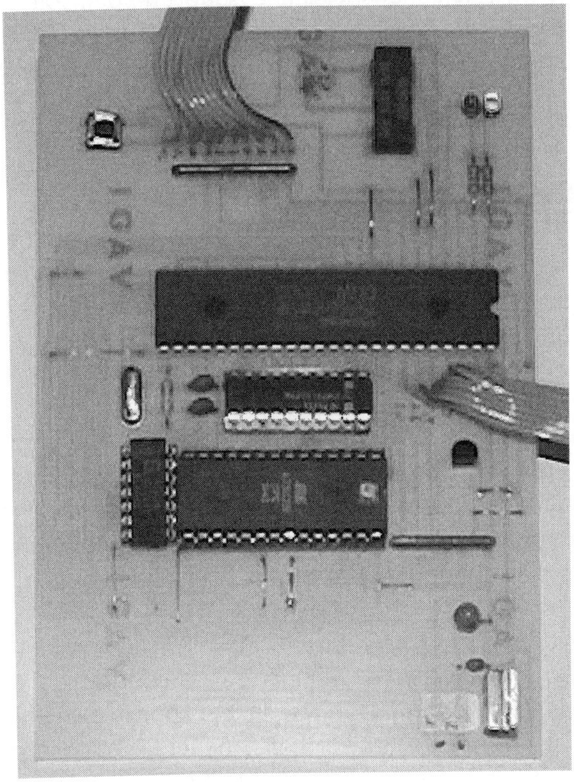

Die fertig aufgebaute Platine

30.4 Ergänzende Arbeiten an der Schaltung

Damit die Schaltung ordnungsgemäß funktionieren kann, sind einige zusätzliche Arbeiten erforderlich. Dies betrifft zum einen die Programmierung des Eproms und zum anderen die Anbringung von zusätzlichen Bauelementen und der Spannungsversorgung.

Die Spannungsversorgung

Die Schaltung benötigt eine eigene Spannungsversorgung. In diesem Fall können Sie allerdings das schon im Teil II des Buches verwendete Netzteil benutzen. Es ist für diese Schaltung eine Spannung von ca. 7,5 Volt bis 9 Volt zu verwenden.

Verwenden Sie das schon im Teil II angesprochene Adapterkabel, so daß Sie das Pluskabel mit Hilfe des Pfostensteckers auf den Pfosten ST1 bzw. das Massekabel auf den Pfosten ST2 aufstecken können. Beachten Sie bitte wieder genauestens die Polarität.

Das Brennen des Eproms

Zum Thema Brennen (Software) haben Sie in diesem dritten Teil schon einiges erfahren. In dieser Schaltung wird ein Speicherbaustein, ein sogenanntes *Eprom*, eingesetzt, das in der Lage ist, Informationen aufzunehmen und diese zu speichern.

Die für die Schaltung erforderliche Software ist auf der CD-ROM im Verzeichnis *Kap_30\Software* enthalten. Die Dateien tragen die Bezeichnungen *Telefon.out* bzw. *Telefon.sr*. Der Inhalt einer dieser Dateien muß in den Speicherbaustein übertragen werden, damit die Informationen anschließend in Verbindung mit dem Controller-Baustein die Funktion der Schaltung realisieren können.

Was sich hier so einfach anhört, bedeutet für Sie eine zusätzliche Arbeit. Um die Datei in das Eprom laden und speichern zu können, ist es erforderlich, daß Sie einen sogenannten *Eprom-Brenner* im Zugriff haben. Sie können sich über die im Anhang genannten Bezugsadressen einen solchen Brenner leicht besorgen. Dies bedeutet allerdings einen finanziellen Aufwand für Sie. Sollten Sie sich einen Eprom-Brenner zulegen, achten Sie darauf, daß dieser das Eprom mit der Bezeichnung 27C256 brennen kann.

Wie die Datei letztendlich mittels der dem Brenner beigelegten Software in den Baustein übertragen wird, entnehmen Sie der Anleitung, die dem Brenner bzw. der Software beigelegt ist.

H

► **Da es sich in den meisten Fällen nicht lohnt, sich einen Eprom-Brenner für das einmalige Brennen eines einzigen Eproms zuzulegen, möchte ich für die Leser, die auch sonst keine Möglichkeit haben, das Eprom in einer Firma brennen zu lassen, wieder einen Hinweis geben. Setzen Sie sich mit mir in Verbindung. Vielleicht kann ich Ihnen mit noch vorhandenen schon programmierten Eproms weiterhelfen.**

Der Kartenleser

Die Bezeichnung *Kartenleser* ist an dieser Stelle vielleicht nicht der richtige Ausdruck, denn es ist damit der Einschub gemeint, in den die Telefonkarten eingeschoben werden müssen, um den Kontakt zur Schaltung herzustellen. Die Telefonkarten enthalten einen kleinen Chip, der über die Kontakte des Kartenlesers mit der Schaltung verbunden werden muß. Erst dadurch ist es der Schaltung möglich, die notwendigen Informationen aus der Telefonkarte zu lesen. Bei dem Kartenleser handelt es sich in der Regel um ein flaches Plastikgehäuse mit kleinen Kontaktdrähten, die beim Einschieben der Telefonkarte den Kontakt zum Chip herstellen. Neben den acht Kontakten befindet sich in der Regel ein Schließer mit zwei zusätzlichen Kontakten in dem Gehäuse. Dieser Schließer wird auf mechanischem Weg geschlossen, wenn eine Karte bis zum Anschlag in den Kartenleser eingeschoben wird. Das Schließen des Kontaktes signalisiert der Schaltung, daß eine Karte eingelegt ist und das Programm mit dem Auslesen der Daten beginnen kann.

Das Vorbereiten des Kartenlesers erledigen Sie durch die folgenden Arbeitsschritte:

1. Über ein 10adriges Flachbandkabel müssen die Kontakte des Kartenlesers mit der Schaltung verbunden werden. Schneiden Sie das Flachbandkabel auf eine Länge von ca. 20 cm ab. Markieren Sie die Leitung 1, wenn diese nicht schon durch eine eigene Farbe hervorgehoben ist.
2. Löten Sie auf eine Seite des Kabels an jede Ader einen Pfostenstecker an. Diese Seite wird dann auf die Platine aufgesteckt, und zwar so, daß Leitung 1 mit Pfosten ST3 verbunden ist, Leitung 2 mit Pfosten ST4 usw., bis letztendlich Leitung 10 mit Pfosten ST12 verbunden ist. Das Aufstecken des Kabels sollten Sie allerdings erst dann durchführen, wenn Sie die andere Seite des Flachbandkabels mit dem Kartenleser verbunden haben.
3. Die andere Seite des Kabels müssen Sie mit dem Kartenleser verbinden. Hier werden die Adern direkt an die dafür vorgesehenen Kontakte gelötet. Beachten Sie hier die richtige Zuordnung.

   Die Telefonkarte hat, wie schon erfahren, acht Kontakte. Sie sind folgendermaßen angeordnet.

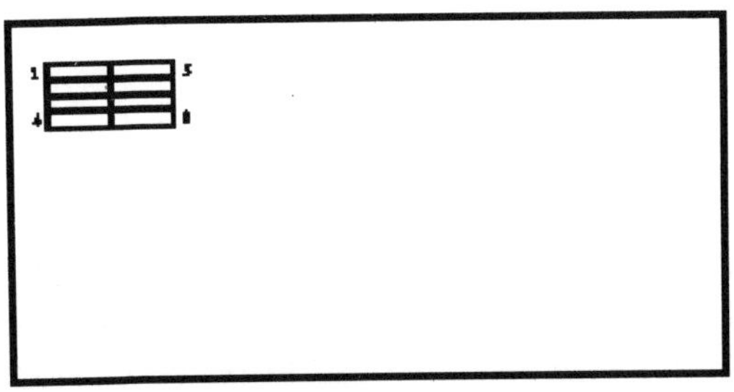

Die Kontakte auf der Karte

Die Ansicht ist von oben dargestellt, so daß Sie auf der Telefonkarte direkt auf den Chip sehen können. Die Anordnung der Kontakte auf dem Lesegerät ist dann identisch.

4. Löten Sie jetzt Leitung 1 an Kontakt 1 des Lesegerätes, Leitung 2 an Kontakt 2 usw., bis Sie Leitung 8 an Kontakt 8 angeschlossen haben. Leitung 9 löten Sie an den Kontakt des Schließers, der neben Kontakt 1 angebracht ist. Leitung 10 löten Sie entsprechend an den anderen Kontakt des Schließers an. Anschließend müssen Sie noch eine Brücke zwischen Leitung 5 und Leitung 10 einlöten. Dadurch kann über den Schließer ein Signal ausgegeben werden.

Der Kartenleser mit dem angelöteten Flachbandkabel

Der Kartenleser ist damit fertig und kann an die Platine angesteckt werden.

Das Display

Als letzte zusätzliche Arbeit müssen Sie ein Display mit einem Flachbandkabel an die Platine anschließen. Bei dem Display handelt es sich um eine LCD-Anzeige mit zwei Zeilen von je 16 Zeichen Breite. Über dieses Display werden Ihnen die Meldungen und die Aufforderungen vom Programm mitgeteilt.

Das Display, das bei dieser Schaltung ohne Probleme eingesetzt wurde, ist bei Conrad electronic unter der Bestellnummer 18 33 42-56 erhältlich. Es kann mit 5 Volt Betriebsspannung eingesetzt werden und erfüllt die notwendigen Voraussetzungen.

Das Display wird über ein 8adriges Flachbandkabel mit der Schaltung verbunden. Über die Pfosten ST13 bis ST20 auf der Platine wird die Verbindung hergestellt.

1. Löten Sie deshalb als erstes an einem Ende des Kabels die bekannten Pfostenstecker an. Markieren Sie auch hier die erste Leitung, falls dies nicht schon der Fall ist. Leitung 1 wird auf den Pfosten ST13 gesteckt, Leitung 2 auf den Pfosten ST14 usw.

2. Das andere Ende des Flachbandkabels verbinden Sie mit den Kontakten des Displays. Diese sind dort von 1 bis 14 numeriert. Löten Sie Leitung 1 an Kontakt 1 des Displays an. Leitung 2 verbinden Sie mit Kontakt 2. Als nächstes löten Sie Leitung 4 an Kontakt 4 des Displays. Leitung 3 wird hier außer der Reihe mit Kontakt 6 verbunden.
3. Die anderen vier Leitungen verbinden Sie wie folgt:

Leitung 5	Kontakt 14
Leitung 6	Kontakt 13
Leitung 7	Kontakt 12
Leitung 8	Kontakt 11

4. Als nächstes fehlen noch zwei Brücken, die Sie mit einem kurzen Kabel zum einen zwischen Kontakt 1 und Kontakt 3 und zum anderen zwischen Kontakt 1 und Kontakt 5 einlöten.
5. Als letztes fehlen noch zwei Verbindungen, die an die Seite des Displays geführt werden müssen. Dort sind zwei Anschlußmöglichkeiten vorhanden. Sie sind mit zwei Buchstaben gekennzeichnet. Kontakt K steht für *Kathode* und Kontakt A für *Anode*. Löten Sie jetzt ein Kabel von Kontakt 2 zu Kontakt A. Ebenso löten Sie ein Kabel an Kontakt 1 an. Am anderen Ende des Kabels löten Sie einen 10-Ω–Widerstand an. Das andere Ende des Widerstands löten Sie an Kontakt K an. Das Display ist damit fertiggestellt und einsatzbereit.

Die nachfolgende Abbildung soll Ihnen das Ergebnis zum Vergleich zeigen.

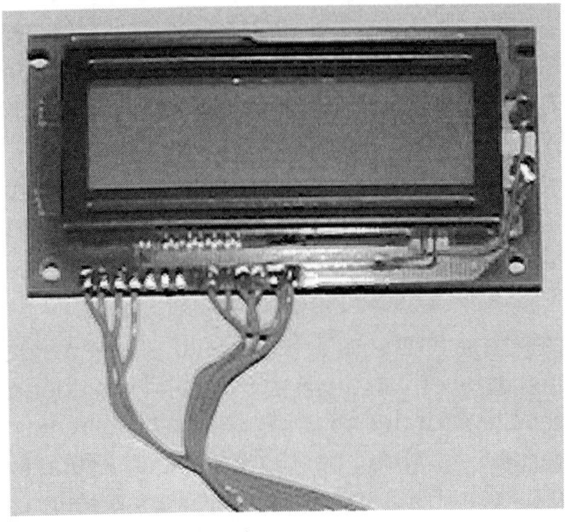

Das verdrahtete Display

30.5 Der Einsatz der Schaltung

Die Schaltung eignet sich gut als Zugangskontrolle für Türen, Garagentore, PCs oder andere Geräte, die nur von berechtigten Personen benutzt werden dürfen. Die Funktion der Schaltung ist recht einfach.

Wird in den Kartenleser eine Telefonkarte gesteckt, die vorher registriert wurde, schließt das Relais Rel1 seine Kontakte für 4 Sekunden. Damit lassen sich Baugruppen und Geräte ein- bzw. ausschalten. Nachfolgende Schritte sollten Sie durchführen, um die Schaltung in Betrieb zu nehmen.

1. Legen Sie vor dem Einschalten der Schaltung die zehn Telefonkarten bereit, die die Schaltung registrieren soll. Hierbei ist es nicht unbedingt erforderlich, daß Sie zehn verschiedene Karten einschieben. Möchten Sie lediglich fünf Karten registrieren lassen, besteht die Möglichkeit, daß Sie die letzte Karte insgesamt sechs Mal einschieben.
2. Nachdem die Spannungsversorgung über das externe Netzteil hergestellt ist, drücken Sie als erstes auf den Minitaster. Auf dem LCD-Display erscheint die Meldung *Programmierung wird vorbereitet* und anschließend *Bitte Karte einschieben*.
3. Wenn Sie nun die erste Telefonkarte einschieben, erscheint auf dem Display *Karte wird gelesen* und danach die Meldung *Okay*. Nach der *Okay*-Meldung kann die Karte wieder entnommen werden. Das Speichern der Daten dauert in der Regel ca. 3 Sekunden.
4. Nach dem Abspeichern der Daten der ersten Karte erscheint auf dem Display die Aufforderung *Naechste Karte einschieben*. Jetzt ist die zweite Karte an der Reihe. Dieser Vorgang wiederholt sich zehn Mal. Die Schaltung kann sich maximal zehn Telefonkarten merken. Werden weniger gebraucht, kann z. B. sechs Mal die gleiche Karte eingeschoben werden.
5. Nach dem Einlesen der Telefonkartendaten wird die Registrierung abgeschlossen, und die Schaltung ist für den Einsatz bereit. Es erscheint auf dem Display *Bitte Karte einschieben*. Während dieser Zeit werden die Leuchtdioden mit ca. 4 Hz abwechselnd eingeschaltet.

   Sobald Sie mit der Kartenprogrammierung fertig sind, können Sie sie folgendermaßen überprüfen: drehen Sie die Karte um und schieben Sie sie so in den Einschub, daß der Chip auf der falschen Seite ist. Sollte jetzt die Karte als richtig erkannt werden, so wurde bei der Programmierung eine Karte nicht richtig erkannt. In diesem Fall wiederholen Sie die Kartenprogrammierung.

6 Wird jetzt eine der registrierten Telefonkarten eingeschoben, erkennt die Schaltung dies, und das Relais schließt für ca. 4 Sekunden den Kontakt. Es leuchtet dabei nur die grüne Leuchtdiode, und die Meldung *Vergleich Okay, Funktion Aktiv* wird auf dem Display ausgegeben. Bei einer nicht registrierten Karte wird die Meldung *Fehler.....Bitte noch mal* ausgegeben. Der Kontakt des Relais wird dabei nicht geschlossen.

Wie Sie die Schaltung einsetzen und wo Sie diese unterbringen, bleibt Ihnen überlassen. Sie kann flexibel den gewünschten Bedürfnissen angepaßt werden.

31. Anhang

Innerhalb dieses Anhangs finden Sie neben zwei Zeichnungen für die Kapitel 29 und 30 auch die Hinweise zu einigen Bezugsquellen, wo Sie Ihre Bauteile beziehen können.

Zudem bekommen Sie hier noch einige Informationen, wie Sie Kontakt zum Autor des Buches aufnehmen können.

31.1 Die Layoutvorlage der Modellbahn-Stadtbeleuchtung

Nachfolgend finden Sie die Layoutvorlage für die Leiterbahnseite der Modellbahn-Stadtbeleuchtung-Platine abgedruckt. Wie Sie diese Zeichnung einsetzen, ist in Kapitel 29 „Die Modellbahn-Stadtbeleuchtung" erläutert.

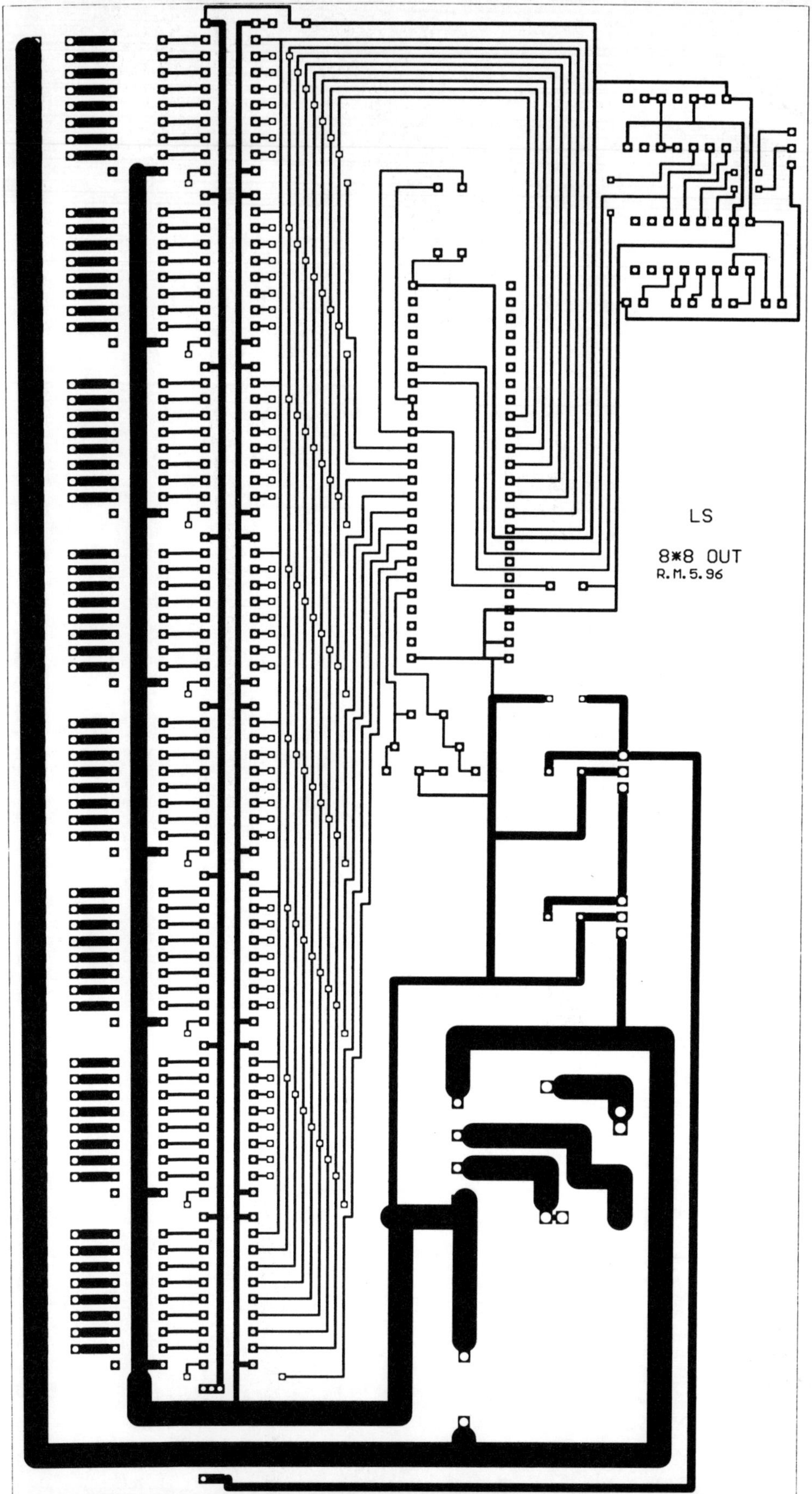

LS
8*8 OUT
R.M.5.96

31.2 Die Layoutvorlage zum Telefonkartenschloß

Auch die Layoutvorlage der Platine für das Telefonkartenschloß erhalten Sie hier im Anhang abgedruckt. Die Gründe kennen Sie bereits von der Modellbahn-Stadtbeleuchtung. Setzen Sie die nachfolgend abgedruckte Zeichnung entsprechend genauso ein.

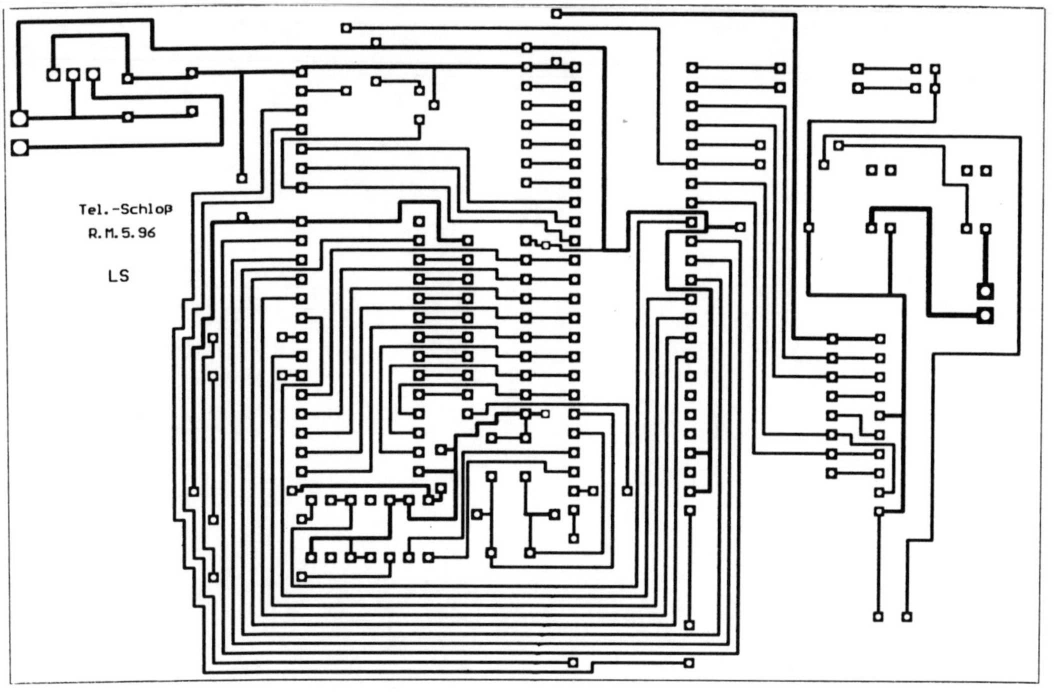
Tel.-Schloß
R.M.5.96
LS

31.3 Bezugsquellen

Falls Sie in Ihrer näheren Umgebung kein Elektronikfachgeschäft ausfindig machen können, können Sie elektronische Bauteile auch bei einigen Versendern telefonisch bestellen. Zu den beiden nachfolgend genannten Firmen können Sie Kontakt aufnehmen, um dort Ihre elektronischen Bauteile zu beziehen.

Conrad electronic

Ein großer Anbieter von elektronischen Bauteilen ist die Firma Conrad electronic. Von dieser Firma sind auch die meisten Bauelemente bezogen worden, die für die Versuchsaufbauten dieses Buches erforderlich waren.

Conrad electronic bietet zum Preis von DM 5,- einen umfangreichen Produktkatalog an, in dem Sie fast alle erforderlichen Elemente für die Schaltungen finden werden. Unter der nachfolgenden Adresse bzw. Telefon- und Faxnummer können Sie Kontakt aufnehmen:

```
Conrad electronic
Klaus-Conrad-Straße 1
92240 Hirschau
Telefon: 0180/5312111
Fax: 0180/5312110
```

Völkner

Die Firma Völkner ist ein weiterer Anbieter von elektronischen Bauteilen. Die Firma bietet ebenfalls die Möglichkeit, telefonisch oder per Fax Bestellungen aufzugeben.

Nachfolgend erhalten Sie die Adresse der Firma Völkner, um eventuell einen Katalog bzw. die benötigten Bauelemente zu beziehen.

```
Völkner
Postfach 4743
38095 Braunschweig
Telefon: 0180/55551
Fax: 0180/55552
```

Der Autor

In einigen Kapiteln dieses Buches hat der Autor Ihnen Hilfe angeboten, speziell wenn es um die zu ätzenden Platinen geht.

Der Kontakt zum Autor kann über das Internet aufgenommen werden. Über die Homepage

`http://ourworld.compuserve.com/homepages/bernd_zoller/`

können Sie die neuesten Infos zum Buch und zu den Schaltungen nachlesen.

Falls Sie dem Autor eine E-Mail zukommen lassen möchten, dann berücksichtigen Sie die E-Mail-Adresse:

`100306.1723@compuserve.com`

Danksagung

Ich möchte mich bei den Freunden und Bekannten bedanken, die die Schaltungen für dieses Buch entwickelt haben und mir bei der Erstellung des Buches hilfreich zur Seite standen.

Mein besonderer Dank gilt Herrn Schaus, Herrn Gomez, Herrn Mroz, Herrn Röder, Herrn Huptasch und Herrn Diekmann. Sie haben die Entwicklung der Schaltungen vorangetrieben, so daß ich sie für Sie beschreiben konnte.

Ebenso möchte ich mich bei Herrn Schulz vom Verlag DATA BECKER bedanken, der viel Geduld mit mir hatte und mir bei Problemen jederzeit mit Rat und Tat zur Seite stand.

31.4 CD zum Buch

Verzeichnisse Kap_08 bis Kap_30

Auf dieser CD-ROM ist in den Unterverzeichnissen für die einzelnen Kapitel innerhalb des *Windows*-Verzeichnisses neben dem *Source*-Unterverzeichnis ein weiteres mit der Bezeichnung *Install* vorhanden. In diesem Unterverzeichnis ist die fertig programmierte und einsatzbereite Software zur jeweiligen Schaltung enthalten. Sie stellt praktisch das Ergebnis der Sourcecode-Dateien dar.

Die Installation wird über die Datei *Setup.exe* ausgeführt. Nachdem Sie diese Datei gestartet haben, wird das Setup-Programm alle notwendigen Schritte ausführen, um die Software auf Ihrem Computer zu installieren. Dabei können Sie gegebenenfalls Einfluß auf bestimmte Dinge nehmen, wie z. B. das Verzeichnis bestimmen, in dem die Software auf Ihren Computer eingerichtet werden soll.

Ist die Installation durchgeführt worden, können Sie die entsprechende Software über die bekannten Wege starten. Beachten Sie dabei die Hinweise und Anmerkungen in den einzelnen Unterkapiteln zur jeweiligen Schaltung.

Verzeichnis Windows

Die meisten Sourcecode-Dateien benötigen zum Ansprechen der Schnittstellen eine spezielle DLL (**D**ynamic **L**ink **L**ibrary). Diese ist ebenfalls auf der CD-ROM enthalten. Sie befindet sich im Unterverzeichnis *Windows* und trägt die Bezeichnung *Portio.dll* für die 16-Bit-Variante. Beabsichtigen Sie, die Software auf die 32-Bit-Variante anzupassen, berücksichtigen Sie die Datei *Portio32.dll*. Es handelt sich hierbei um die 32-Bit-Version dieser DLL.

Die Shareware-Idee

Profitieren Sie vom Shareware-Prinzip: Software ausgiebig testen und nur bei Gefallen kaufen. Sie haben also die Möglichkeit, jedes Programm ausführlich zu testen, bevor Sie sich entscheiden, das Nutzungsrecht zu erwerben oder sich erneut auf die Suche nach einem anderen Programm machen.

Das Nutzungsrecht erhalten Sie durch die Registrierung (nach Überweisung des im Programm angegebenen Betrags) beim jeweiligen Autor. Damit verbunden ist in den meisten Fällen die Zusendung der neuesten Programmversion, Informationen über spätere Updates, geplante Erweiterungen, Hilfestellung bei Problemen usw. Finden Sie bei den Angaben zur Registrierung den Hinweis: "keine" oder "Freeware", besitzen Sie das uneingeschränkte Nutzungsrecht bereits und brauchen auch keinen Betrag an den oder die Autoren zu entrichten.

Bitte beachten Sie auch die Nutzungshinweise in den vom Shareware-Autor beigefügten Dateien (z. B. Readme.txt, License.doc o. ä.).

PC-Trace und Schematic Plus

Pfad auf der CD: \Pctrace (75$ - PC Trace, 45$ - Schematic Plus, 95$ zusammen)

```
Ehlers Technical Consultants
4520 S. 58th St.
Lincoln, NE 68516
Doug Ehlers: 70322.1762@compuserve.com (PC-Trace)
```

Steve Poulsen: spoulsen@aol.com (Schematics Plus)

FAX:: 001-402 489-8440

PC-Trace und Schematic Plus repräsentieren ein komplettes CAD-System, um Layouts für elektronische Schaltungen zu erstellen.

Stichwortverzeichnis

E

F

G

H

I

K

R

S

T

U

V

W

Z

▶▶▶ Jetzt können Sie Ihr Shareware-Wunder erleben!

Schluß mit dem mühsamen Stöbern nach halbwegs brauchbarer Shareware und teuren Downloads aus dem Internet! Hier ist Ihre Shareware-Komplett-Ausstattung. Damit haben Sie für jeden Zweck das passende Programm sofort griffbereit.

Damit Sie in der gigantischen Datenflut nicht den Überblick verlieren, steht Ihnen ein Browser zur Verfügung, mit dessen Hilfe Sie sich bequem ein Bild von jedem Programm machen können. Mit detaillierter Bewertung, cleveren Such- und Sortierfunktionen sowie druckfertigen Registrierungsformularen.

- Fast 3 GByte Top-Shareware für Windows 3.1x/95/NT & DOS
- Über 900 Spiele, 300 Textverarbeitungs- und Grafikprogramme, Tools u. v. a. m.
- Angucken, auswählen und per Mausklick entpacken
- Clevere Such- und Sortierfunktionen

Das Riesen Shareware-Paket
5.000 Programme
unverb. Preisempfehlung:
5 CD-ROMs, DM 49,95
ISBN 3-8158-6995-1

nur DM 49,95

DATA BECKER

Internet: http://www.databecker.de

▸▸▸ Abenteuer Lexikon: Wissen erleben wie nie zuvor!

Wie wär's? Ein Rendezvous mit Mona Lisa, dann ein Kurztrip nach Paris, zur Entspannung Beethovens Neunte und danach noch ein paar aktuelle Begriffe nachschlagen? Nur zu: Das große Lexikon '97 lädt mit faszinierenden Bildern, Klängen und Videos zum Stöbern im Wissensschatz der Menschheit!

Auf zwei randvollen CDs gibt's täglich etwas Neues zu entdecken: multimediale Erlebnisseiten, lebendige Themengruppen, interaktive Landkarten, verblüffende Animationen und informative Lexikonartikel. Damit kommen Ihre Sinne ebenso auf ihre Kosten wie Ihre Allgemeinbildung.

- **Das tolle Erlebnis-Lexikon mit 55.555 Stichwörtern**
- **Über 90 Minuten Spitzen-Sounds, 150 Minuten Videos und 5.000 Fotos**
- **300 multimediale Erlebnisseiten & interaktive Landkarten**
- **Spannendes Lexikon-Quiz**

Das große
DATA BECKER Lexikon '97
unverb. Preisempfehlung:
2 CD-ROMs, DM 49,95
ISBN 3-8158-6248-5

nur DM 49,95

DATA BECKER

Internet: http://www.databecker.de